천연 향료가 향수가 되기까지

향료
A to Z

DE LA PLANTE À L'ESSENCE

Copyright © 2020 Nez

Korean translation rights © 2024 MISULMUNHWA

This edition is published by arrangement with Nez in conjunction with its
duly appointed agents Agence Deborah Druba, France and Amo Agency, Korea.
All rights reserved.

이 책의 한국어판 저작권은 AMO 에이전시를 통해 저작권자와 독점 계약한 미술문화에 있습니다.
저작권법에 의해 한국 내에서 보호를 받는 저작물이므로 무단 전재와 무단 복제를 금합니다.

향료 A to Z
천연 향료가 향수가 되기까지

초판 인쇄 2024. 12. 5.
초판 발행 2024. 12. 12.

지은이 콜렉티프 네
엮은이 잔 도레
옮긴이 김태형

펴낸이 지미정
편집 문혜영, 황현경
디자인 조예진
마케팅 박장희, 김예진

펴낸곳 미술문화 | 주소 경기도 고양시 덕양구 동축로 70, AA 701호
전화 02)335-2964 | 팩스 02)788-2965 | 홈페이지 www.misulmun.co.kr
이메일 misulmun@misulmun.co.kr
포스트 https://post.naver.com/misulmun2012 | 인스타그램 @misul_munhwa
등록번호 제2014-000189호 | 등록일 1994.3.30.

한국어판 ⓒ 미술문화, 2024

ISBN 979-11-92768-29-8(13400)

천연 향료가 향수가 되기까지

향료
A to Z

콜렉티프 네 지음 · 장 도레 엮음 · 김태형 옮김

숲속길

서문

"좋은 향기를 만들기 위해서는 좋은 원료들이 필요하다."

"Creating a beautiful perfume requires beautiful ingredients"

조향계의 가장 아름다운 원료들을 탐험하게 될 여러분을 환영합니다. 본서는 올해로 30주년을 맞이하는 향료 생산자와 조향사들의 정기적인 모임을 기념하기 위해 만들어졌습니다. 이들의 만남은 '국제 향료 박람회SIMPPAR'로 형식화되어, 향기를 사랑하는 모든 이들의 삶 속에서 놓칠 수 없는 이벤트로 거듭나게 되었습니다. 조향사와 향료 생산자들은 긴밀하게 협업하며 단단한 유대감을 형성합니다. 좋은 향기를 만들기 위해서는 좋은 원료들이 필요하기 때문입니다. 천연 향료가 처방전 안에서 마법과도 같은 공명을 일으킨다면, 합성 향료는 마린 노트나 프루티 노트처럼 천연물로 구현할 수 없는 영역까지 조향사의 창의성을 확장시킵니다. 혁신적인 합성물에 대한 연구, 새로운 추출법, 식물의 재배 및 가공 기술 등은 사람과 환경을 생각하고 제품의 질을 향상시키는 방향으로 꾸준히 발전하고 있습니다. 이 분야에는 헤아릴 수 없을 만큼 높은 가치를 갖는 다양한 역할들이 있습니다. 프랑스 남부 그라스 지방의 향수 관련 기술이 2018년 유네스코 인류무형문화유산에 등재된 것이 이를 증명합니다. 조향사와 생산자는 '최고의 향을 만들어 소비자에게 풍부한 감정을 전달한다'라는 공동의 목적 아래 하나로 연결됩니다. 향기를 사랑하는 당신은 이미 다양한 향수를 통해 훌륭한 원료들을 감상해왔을 겁니다. 그렇다면 이들은 추억과 감정에 밀접하게 연결된 채 당신 안에 남아 있을 겁니다. 식물, 향기, 그리고 감정의 세계를 향한 여정을 즐기시기 바랍니다. 그럼 좋은 여행 되세요!

— 프랑스 조향사 협회장(SFP, Société française des parfumeurs) 베로니크 뒤퐁

차례

서문 5 | 향료의 여정 10 | 합성 향료의 기원 14 | SIMPPAR: 30년의 역사를 이어 오다 18 | 뚜르네르 에키프망, 변신의 기술 22

조향계 원료들의 세계 일주

핑크 페퍼 · · · · · · · · · · · · · 26
베르가못 · · · · · · · · · · · · · 32
엠버 우드 · · · · · · · · · · · · · 38
아가우드 · · · · · · · · · · · · · 44
블랙커런트 버드 · · · · · · · · 50
로만 캐모마일 · · · · · · · · · · 56
시나몬 · · · · · · · · · · · · · · · 62
카르다몸 · · · · · · · · · · · · · 68
버지니아 시더우드 · · · · · · · 74
시스투스/랍다넘 · · · · · · · · 80
레몬 · · · · · · · · · · · · · · · · 86
코파이바 · · · · · · · · · · · · · 92
프랑킨센스 · · · · · · · · · · · · 98
오렌지 블라썸 · · · · · · · · · 104
스위트 버날그라스 · · · · · · 110
구아이악우드 · · · · · · · · · 116
로즈 제라늄 · · · · · · · · · · 122
진저 · · · · · · · · · · · · · · · 128

암브레트 시드 · · · · · · · · · 134
아이리스 · · · · · · · · · · · · 140
재스민 그란디플로럼 · · · 146
락톤 원료들 · · · · · · · · · · 152
라벤더 · · · · · · · · · · · · · 158
만다린 · · · · · · · · · · · · · 164
머스크 · · · · · · · · · · · · · 170
뮤게 노트 · · · · · · · · · · · 176
파촐리 · · · · · · · · · · · · · 182
파인 유도체 · · · · · · · · · · 188
블랙 페퍼 · · · · · · · · · · · 194
다마스크 로즈 · · · · · · · · 200
샌달우드 · · · · · · · · · · · · 206
튜베로즈 · · · · · · · · · · · · 212
바닐라 · · · · · · · · · · · · · 218
베티버 · · · · · · · · · · · · · 224
일랑일랑 · · · · · · · · · · · · 230

미래의 조향계

ACS 인터내셔널의 차세대 머스크, 암브레톨리드 HC ·········238

다음 10년을 위한 피르메니히의 천연 추출법 ················242

지보단의 파이브카본 패스 ·····························246

만, E-퓨어 정글 에센스로 냉침법을 재발명하다 ···············249

나투라몰의 생명 공학 기술로 만들어 내는 천연 원료들········252

향이 나는 식물을 선순환적인 방식으로 재배하는

모로코 기업, 피토프로드 ······························256

심라이즈를 위한 혁신의 땅, 마다가스카르 ···················260

부록

향수 용어 사전 266 | 더 알고 싶다면 268 | 감사의 말 269 |
저자 소개 270 | 역자 후기 271 | 도판 크레딧 272

역사적 배경

수천 년 동안 향이 나는 천연물은 인간에 의해
태워지고, 운반되고, 거래되고, 배합되고,
또 증류와 같은 방식으로 추출되었다.
이는 모두 그들의 정수, 즉 귀중한 향료를
얻어내기 위함이었다. 하지만 진정한 의미의
'현대' 조향계가 탄생한 것은 합성 분자가
조향사의 팔레트에 등장한 20세기 초부터다.
고대부터 오늘날까지 향이 나는 식물들의
각기 다른 여정과 산업계 전반에 걸쳐 혁명을
일으킨 합성 화합물이 사용된 처방전의 등장을
함께 되짚어 보자.

향료의 여정

— 마틸드 코쿠알

고대로부터 인간은 제사나 의술, 그리고 조향에 필요한 향료를 얻기 위해 무역이나 전쟁 등 가능한 모든 방법을 동원하였다.

"오랜 세월 동안 사람들은 지구 곳곳에 흩어져 서로를 발견하지 못한 채 살아갔다. 상인은 선교사들보다 먼저 활동한 최초의 개척자였다. (…) 주석과 비단을 나르던 실크로드가 만들어지기도 전에 향신료와 향료의 무역로가 존재하였다. 왜냐하면 향료는 원래 신에게만 허락된 가장 고귀한 물질 중 하나였기 때문이다." 1931년, 조향사이자 역사 애호가인 가브리엘 마주이에는 「오대주에서 찾은 프랑스의 향수들」이라는 기사에서 향료가 인간들 사이에서 거래되던 가장 중요한 물질이라고 보았다.

고대로부터 향료는 신과 죽은 자를 기리고 평범한 사람들 사이에서 자신을 돋보이게 하거나 질병을 치료할 때 혹은 타인을 유혹하는 데 사용되었으며 인간은 이것을 얻기 위해 아주 먼 거리를 여행했다. 중세까지 향이 나는 식물은 끊임없는 연구 대상이었다. 그 후 여행자들은 유럽 열강의 아메리카, 아시아, 오세아니아, 아프리카 탐험과 식민지화 같은 새로운 물결을 타고 지금까지 알려지지 않았던 자원을 발견할 수 있었다. 초콜릿과 타바코, 바닐라, 파촐리, 클로브(정향), 일랑일랑, 스타 아니스(팔각), 로즈우드를 비롯한 여러 향료들이 바로 그 결과물이며, 이들 중 대부분이 조향사의 팔레트를 서서히 물들여 갔다. 이러한 원료들의 공급망은 환경적 변화나 국가 주도의 대외 정책, 또 각국의 사회 경제적 상황에 따라 형성과 해체를 반복하였다.

미르(몰약)와 인센스(유향)
인류가 사용한 향이 나는 물질 중 가장 오래된 것으로 인센스와 미르가 꼽힌다. 이들의 중요성은 인센스나 미르를 생산하는 나무가 없었던 지역에서조차 해당 향료를 종교적 의식에서 체계적으로 사용하였다는 것으로 방증할 수 있다. 이집트인과 메소포타미아인, 유대인, 그리스인, 그리고 로마인들은 이 향료를 구하기 위해 수천 킬로미터를 오갔다. 보스웰리아 사크라Boswellia sacra와 콤미포라 미르Commiphora myrrha의 지리적 분포는 하드라마우트(오늘날의 예멘)와 도

파르(오늘날의 오만 왕국), 또 소말리아와 에리트레아 혹은 수단의 일부에 해당하는 '푼트 지방'으로 제한된다.

이집트에서 발견된 인센스의 첫 용례는 기원전 2,400년으로 거슬러 올라간다. 이때부터 기원전 13세기까지 인센스와 미르의 수입은 팔레스타인 방향으로 영향력을 확장하던 이집트의 군사적 원정을 통해서 이루어졌다. 푼트 지방에서 이집트 제국이 벌인 가장 유명한 군사 작전은 기원전 15세기 때였다. 해당 작전을 명한 하트셉수트 여왕은 원정대가 돌아오자 장제전 외관에 미르나무 형상을 새겼다. 이러한 거래는 기원전 13세기까지 해상 무역의 방식으로 유지되었지만, 이집트인들이 아라비아반도와 지중해 사이의 사막 횡단로를 개척하여 인도와 메소포타미아, 지중해 지역을 연결하였다. 새로운 무역로에서는 동양에서 온 목화와 기름, 향신료 등이 지중해의 산호와 발트해의 엠버로 교환되었다.

카라반의 왕래

그리스와 크레타 문명이 부상하면서 알렉산더 대왕의 영향 아래 있던 향료 무역에 새로운 변화가 일어나게 된다. 알렉산더 대왕은 기원전 4세기 중반부터 실크로드의 경제적 중요성을 파악한 최초의 유럽인이다. 그의 야망은 스스로를 아시아로 이끌었으며, 그 여정에서 바빌론 정원의 향기를 발견하게 된다. 그는 훗날 실크로드로 불리게 될 위대한 교역로에서 새로운 향기의 세계와 무역 파트너들을 만나 강렬한 영감을 받은 채 그리스로 돌아왔다. 동쪽에서 서쪽으로 통하는 이 경로는 동양과 서양, 또 중동의 제국과 지중해 사이를 잇는 접점이 되었다. 사실 실크로드는 하나의 길이 아니라 동서양 사이의 유통망을 형성하는 수많은 도로들을 총칭하는 표현이다. 홍수로 강이 범람하거나 폭설이 내릴 때면 새로운 길을 찾아야 했다. 일찍이 동양과의 무역이 갖는 가능성을 내다본 알렉산더 대왕은, 카스피해에서 아랄해까지 영토를 확장한 중앙아시아의 스키타이족과 카라반의 자유로운 통행을 보장하는 협정을 맺기도 하였다.

기원전 3세기부터는 알렉산드리아가 지중해 권역에서 향신료와 향료 무역의 중심지가 되었다. 중국을 통일한 한 왕조가 등장한 기원전 2세기부터 동서양의 무역량은 꾸준히 증가하였으며, 그 사이 로마는 지중해 권역에서 영향력을 점차 확대하여 갔다. 기원후 4세기까지 콘스탄티노플(과거 비잔티움으로 불렸으며 오늘날의 이스탄불)의 대도시권은 이러한 귀중하고 값비싼 상품들의 유통에 있어 중추적인 역할을 하였다.

권력 다툼에 휘말리다

1453년 오스만 제국이 콘스탄티노플을 점령하자 아시아로부터 식료품을 수입하고 공급하던 전통적인 유통망은 혼란에 빠졌다. 서기 7세기에서 15세기 사이 중국은 실크로드의 카라반을 노리는 이슬람 세력의 공격과 몽골 제국의 확장에 계속해서 맞섰다. 동시에 유럽에서는 기독교적 관습에 의해 종교적 목적이나 의학적 용도가 아닌 향료의 사용을 금지하였다. 이때부터 향이 나는 식물들은 오직 정원에서만 살아남게 되었다. 하지만 이처럼 명백한 쇠퇴의 시기에 기독교 문화권의 서양 세계와 그렇지 않은 동양 세계는 미묘하게 다른 양상을 보였다. 중세 시대의 이슬람 세계는 장미 에센셜 오일과 증류 기술을 유럽에 전파하였고, 로자 다마세나종의 재배를 불가리아 국경까지 확장하며 수익성 있는 무역을 발전시켰다. 또 예멘의 아덴까지 왕래하며 관세를 납부하던 인도의 향신료 상인들은 사향과 장뇌향, 용연향, 백단향과 같이 비싸고 귀중한 원료들을 서양에 전달하였다. 향이 나는 식물들은 지중해 양쪽 연안이 벌이는 분쟁의 중심에 있었다. 십자군 전쟁 당시 기독교 기사들은 금은보화뿐만 아니라 식물들도 약탈하였다. 그 결과, 1002년 시칠리아에서는 비터 오렌지 나무가, 1240년경 프로방스에서는 '갈릭' 장미로 불리는 로자 갈리카가 재배되었다. 15세기경 아라비아를 여행한 토스카나 공작은 재스민을 이탈리아로 가져왔는데, 그것의 향기가 전하는 행복을 홀로 즐기고 싶어 자신의 정원에서 단 한 송이의 반출도 허락하지 않았다.

한때 인류의 교류를 상징했던 향이 나는 식물들은 점차 권력 다툼의 중심에서 탐욕의 대상으로 변질되었다. 스페인과 포르투갈이 아메리카와 인도, 그리고 인도네시아를 식민지화하면서 몇몇 향이 나는 원료들을 포함한 자원들을 차지하기 위한 다툼이 시작되었다. 아메리카 대륙의 바닐라와 초콜릿, 인도네시아의 정향, 아시아 사향노루에서 추출한 머스크, 커피 등 많은 원료들이 육로와 해로를 통해 유럽으로 향했다. 15세기 포르투갈은 주요 해상 항로를 장악하고 세계적인 무역망을 조직하여 이국적인 식료품의 소비를 활성화시켰다.

"십자군 전쟁 당시 기독교 기사들은 금은보화뿐만 아니라 비터 오렌지 나무, 로자 갈리카, 재스민과 같은 식물들도 약탈하였다."

거래 독점

17-18세기 유럽 3개국이 정향을 차지하기 위해 벌인 다툼에서 알 수 있듯, 특정 원료에 대한 통제권은 곧 한 국가의 위대함을 나타내는 증표로 통했다. 15세기 포르투갈은 인도네시아 동부의 말루쿠 제도에 자생하는 정향나무를 인근 섬에 재배함으로써 유럽 대륙에 합리적인 가격으로 향신료를 공급하고 생산할 수 있었다. 1605년 네덜란드는 인도네시아 군도에서 포르투갈을 몰아내고 정향나무의 재배를 암본에 집중시켰다. 이들은 재배와 거래를 엄격하게 규제하며 당시 인기를 끌던 정향을 독점하였다. 1770년대에는 프랑스 섬(오늘날의 모리셔스)과 부르봉 섬(오늘날의 레위니옹)의 관리자였던 피에르 푸아브르가 국왕을 설득하여 말루쿠 제도에 정향나무를 훔치기 위한 원정대를 보냈다. 프랑스 선원들은 여러 차례의 격렬한 전투 끝에 프랑스 섬과 부르봉 섬에 정향나무를 들여오는 데 성공하였다. 이때 육두구나무와 일랑일랑도 함께 가져왔다. 피에르 푸아브르는 정향나무를 보존하고 그 수를 늘리기 위해 카옌을 거쳐 도미니카, 마르티니크, 그리고 서인도 제도의 다른 섬들로 재배를 확장했다.

새로운 지역

향이 나는 식물들의 보급은 유럽의 식민 지배가 본격화된 현대에 이르러 급격하게 확산되었다. 향을 좇는 현상은 19세기 유럽의 부르주아와 귀족뿐 아니라 전 세계 엘리트 계급 사이에서 유행처럼 번져나갔다. 이처럼 원료 유통의 역사는 향 산업의 발전, 유럽의 식민지화, 사상과 무역의 세계화, 기술적 및 문화적 진보, 그리고 화학적 혁신으로 변화하며 새로운 국면으로 접어들었다.

19세기 중반부터 프랑스 조향사들, 특히 그라스 출신의 조향사들은 이탈리아와 불가리아 같은 나라들과 협약을 맺거나 마그레브, 레바논, 기니, 인도차이나반도, 인도네시아, 레위니옹, 마다가스카르, 코모로 제도, 타히티, 기아나 및 남아메리카의 새로운 식민지에 농장을 설립하는 방식으로 원료 재배 지역을 전 세계로 확장하였다. 이들의 목적은 지중해 주변에서 사용 가능한 향이 나는 식물들의 수를 늘리고, 프랑킨센스나 머스크, 로즈우드와 같이 해외 특정 지역에만 존재하는 원료들을 발견하는 것이었다.

앞서 언급된 몇 가지를 제외하면, 대부분의 향이 나는 식물들은 더 이상 원산지에서 재배되지 않는다. 필리핀을 원산지로 하는 일랑일랑은 1873년 마닐라에서 처음 추출되었지만, 한 세기가 지난 뒤에는 마다가스카르의 북서부와 코모로 제도에서만 재배되었다. 남아프리카에서 온 제라늄의 경우 알제리와 레위니옹에서 재배되고, 바닐라는 타히티, 마다가스카르, 서인도 제도가 자랑하는 필수 자원이 되었으며, 정향의 재배지는 마다가스카르, 잔지바르 군도의 펨바, 스리랑카로 옮겨졌다. 또한 기니는 포르투갈의 스위트오렌지를, 모로코는 5월의 장미로 알려진 센티폴리아 로즈를 받아들였다. 2세기에 걸쳐 향이 나는 식물 수백 종이 전 세계적으로 재배되면서 생산지의 분산이 일어났고, 새로운 원료 재배 지도가 만들어지는 계기가 되었다. 현재 이러한 생산지들은 서로 경쟁하기보다는 상호 보완적이고 의존적인 방식으로 존재하며, 조향사의 팔레트를 더욱 풍부하게 만들어 주는 천연 향료를 공급하고 있다. 천연 향료의 공급과 유통은 과거 불평등한 식민지 관계를 기반으로 구축되었지만, 오늘날 환경과 생산자, 가공자 및 소비자를 존중하는 관점에서 기후, 경제, 사회 문제를 점진적으로 고려하는 동시에 지속 가능한 개발 모델을 구현하는 방향으로 나아가고 있다.

합성 향료의 기원

— 외제니 브리오

오늘날 쿠마린, 헬리오트로핀, 바닐린과 같은 분자 이름이 널리 알려진 것은 이러한 합성물을 발견하고 생산할 수 있게 해준 19세기 화학의 발전 덕분이다. 이것은 현대 조향계를 탄생시킨 혁명이라 할 수 있다.

19세기 말 조향사의 팔레트는, 냉침법과 진공 증류법처럼 향상된 추출 기술이나 최근 개발된 휘발성 용매 추출법을 통해 탄생한 새로운 원료들로 풍성해졌다. 이러한 혁신의 최전선에는 향수 제조 방식에 큰 변화를 가져온, 일명 '인공 향기'의 발명이 있었다. 천연 향료를 분석해 온 화학자들은 1860년대 후반부터 향 분자들을 인공적으로 합성하였는데, 이를 위해서는 해당 분자가 존재하는 천연 향료의 성분을 분석하여 그것의 특성과 구조를 알아내야 했다.

오귀스트 카우르, 샤를 게르하르트, 오토 발라흐의 연구를 바탕으로 1834년에는 아일하르트 미처리히가 비터 아몬드 향이 나는 니트로벤젠을, 1868년 윌리엄 퍼킨이 잘린 건초 향이 나는 쿠마린을, 1869년 루돌피 피티히와 W. H. 밀크가 헬리오트로프 향이 나는 헬리오트로핀 혹은 피페로날을 합성하였다. 바닐린은 1874년 페르디난트 티만과 빌헬름 하르만이 코니페린으로부터 최초로 합성하였으며, 1876년에는 하르만과 카를 라이머, 조르주 드 레르가 아세틸 오이게놀을 통해 합성에 성공하였다. 이어서 1888년에는 알베르트 바우어의 인공 머스크가, 1893년에는 티만과 폴 크뢰거, 드 레르의 제비꽃 향이 나는 이오논이 등장하였다.

향이 나는 분자가 만들어지는 경로는 다양하다. 일반적으로 이들의 합성이 성공하는 것은 여러 연구자들이 오랜 기간 노력한 결과다. 그러나 19세기 유기 화학은 다양한 분야에서 활용되었기 때문에 우연한 결과로 새로운 분자가 발견되는 경우도 존재했다. 예를 들어, 런던 왕립화학대학의 조교 윌리엄 퍼킨은 약용으로 사용하기 위해 퀴닌을 합성하는 과정에서 연보라색을 띤 염료 모베인을 발견하게 된다. 몇 년 후인 1868년, 그는 오늘날 자신의 이름을 딴 화학 반응, 즉 퍼킨 반응을 통해 쿠마린을 합성했다.

일부 화학자들은 경력을 쌓는 동안 전공 분야를 변경하기도 한다. 처음에는 염료 연구로 이름을 알렸던 조르주 드 레르가 좋은 예다. 그는 1860년대에 샤를 지라르와 함께 로자

닐린의 파란색과 보라색, 그리고 또 다른 여섯 가지 색상의 염료를 발견하였으며 이 염료들에 대한 특허는 곧 프랑스 남동부 도시 리옹에 본사를 둔 르나르 프레르 & 프랑 회사에서 사용되었다. 하지만 드 레르는 1876년 파리 남서부 그르넬에 바닐린 제조 공장을 설립하면서 인공 향기라는 새로운 분야에 발을 담그게 된다. 그는 그해 프랑스에서 아세틸 오이게놀을 이용한 바닐린 합성에 대한 특허를 등록하면서 독일인 화학자인 티만, 하르만과 함께 향 분자 합성의 선두 주자로 올라서게 되었다. 1893년 드 레르와 티만은 수년간 붓꽃의 뿌리를 체계적으로 연구한 끝에 제비꽃 향을 구현하는 데 사용되는 첫 번째 인공 물질 이론irone 그리고 곧이어 이오논을 발명하였다.

대중화의 시작

인공 물질들은 생산비 절감으로 향 제품의 가격을 낮춰준다. 대표적인 예로 머스크가 있다. 사향노루의 생식샘에서 분비되는 동물성 천연 향료 머스크는 공급원과 시기에 따라 가격이 달라졌지만 매우 높은 가격대에서 취급되어 왔다는 사실에는 변함이 없었다. 전문 간행물인 『라 파퓨머리La Parfumerie』에 따르면 알베르트 바우어가 최초의 인공 머스크를 합성해내기 바로 전날까지도 천연 머스크는 킬로그램당 1,400~1,600프랑, 그러니까 금의 절반 정도의 가격으로 거래되었다고 한다. 따라서 제품에 이물질을 섞는 변조 사기 행위가 조직적으로 이루어졌으며 원료의 공급도 불안정했다. 이러한 맥락에서 1888년 바우어의 인공 머스크 합성은 새로운 가능성을 열어주었다. 초창기 열 배 희석된 인공 머스크의 가격은 킬로그램당 2,000프랑에 판매되었지만 관련 특허가 만료된 이후 100프랑으로 떨어졌다. 마찬가지로 헬리오트로핀의 가격은 1879년 킬로그램당 3,790프랑에서 1899년 37.50프랑으로, 쿠마린의 가격은 1877년 2,550프랑에서 1900년 55프랑으로, 또 바닐린의 가격은 1876년 8,750프랑에서 1900년 100프랑으로 떨어졌다. 대부분의 합성 원료들이 강한 향 세기를 가지고 있어 소량만 사용되었다는 점을 고려한다면 향수의 대중화를 이루는 초석을 다졌다고 볼 수 있다.

이처럼 향 물질의 합성은 19세기 향 산업의 급성장에 매우 중요한 역할을 하였다. 특히 저렴하게 향을 입힌 비누나 오드콜뉴, 향초(香醋) 등이 새로운 인구 계층에 보급되면서 향 제품의 소비가 증가하게 되었다. 이와 같은 경제적 측면 외에도 새로운 원료가 조향계에 제공한 훌륭한 후각적 기여와 창의적 가능성을 조명해야 한다. 루르 베르트랑 피스 & 쥐스탱 뒤퐁의 책임자이자 화학자였던 쥐스팽 뒤퐁은 동식물로부터 얻어낸 천연 향료는 모든 향기의 근간으로 남겠지만 이것만으로는 제한된 수의 향 조합을 만들 수밖에 없을 것이라며 합성 향료의 중요도를 인정했다. 1921년 샤넬 향수 No. 5를 탄생시킨 조향사 에르네스트 보에게도 합성 향료는 완전히 새로운 후각적 가능성을 제시하며 조향계에 현대성을 불어넣는 요소였다. 그는 "1898년까지 조향사의 기술이라 하면 제한된 수의 향료를 준비하고 혼합하는 것만을 의미했습니다. (…) 바닐린, 헬리오트로핀, 쿠마린, 머스크 바우어가 산업적으로 만들어지기 이전의 향 처방은 매우 단순했기 때문에 오늘날의 조향사들이 보기에 투박하고, 무엇보다도 다양성이 부족해 보일 것입니다"라고 말했다.

장애물과 선입견

합성 향료에 대한 부정적인 선입견은 초창기부터 존재했다. 그중에서도 가장 중심적인 의견은 합성으로 만들어진 물질들이 위험하다는 것이었다. 이러한 분위기는 비터 아몬드 향을 내기 위해 비누 제조에 사용된 최초의 향 분자 니트로벤젠의 불행한 일화에 기인한다. 1851년 만국박람회에는 수많은 향을 입힌 비누 견본들이 전시되었는데, 1865년 조향사 셉티머스 피에스가 해당 물질들에 독성이 있었다는 사실을 폭로했다. 이 사건은 일반 대중이 기존에 가지고 있던 화학 전반에 대한 비합리적인 두려움과 더해지면서 합성 물질에 대한 이미지는 강력한 타격을 입게 되었다.

여기에 과일 향을 내는 초기 합성 향료들의 낮은 품질 때문에 합성 물질은 나쁜 향미를 낸다는 인식까지 더해졌다. 식품 향료로 사용하던 물질은 주로 배, 사과, 파인애플, 모과, 딸기 등의 향기를 모방하기 위해 합성된 에테르류 화합물이었다. 셉티머스 피에스는 논란의 여지가 있는 이들의 향 품질에 대해 다음과 같이 설명했다. "화학적 분석을 통해 천연 향료 안에 존재하는 에테르류 화합물을 찾아낸 이래로 그들을 합성하여 재생산할 수 있게 되었습니다. 하지만 그들의 산업적 결과물이 나오는 데까지 그리 오랜 시간이 걸리지 않았다 보니, 특정 식품용 과일 향이나 화장품용 꽃 향의 제조에 사용되는 에테르류 화합물의 생산에 불쾌한 향을 내는 요

"합성 향료가 천연 제품의 무역에 피해를 끼친다는 비난을 받고 있지만, 조향사들은 오히려 인공물의 합성에는 천연물이 필요하다고 역설한다."

소들이 섞이는 경우가 종종 있었습니다."

특허가 만료되고 합성 향료의 가격이 하락하자 이들은 더 많은 대중을 대상으로 하는 제품에 사용되었고, 결국 부유층 소비자들에게 합성 향료가 사용된 것은 곧 낮은 품질의 제품이라는 인식이 자리 잡았다. 이것이 오늘날 머스크 향이 폄하되는 주된 이유다. 한편 합성 향료에게는 예상치 못했던 요소가 하나 더 있었는데, '독일산 불량품'이라는 제노포비아적 낙인이 만연했다는 점이다. 이는 새로운 향 분자를 합성하는 데 독일이 큰 역할을 차지하고 있었기 때문이다. 1870년 프로이센-프랑스 전쟁과 제1차 세계대전으로 인해 프랑스 화학 업계가 막대한 물적 및 인적 피해를 입게 되자 합성 물질들에 대한 평판은 더욱 나빠졌다.

조향사들은 이러한 사회적 편견을 깨트리기 위해 소비자들을 다방면으로 설득하고 있다. 합성 향료가 천연 제품의 무역에 피해를 끼친다는 비판에는 오히려 인공물을 합성하기 위해서는 천연물이 필요하다고 역설한다. 또 합성 향료가 이루어낸 향 제품의 대중화가 시장을 확대시킴으로써 천연 제품에 대한 수요도 함께 증가한다고 이야기할 수 있다. 더 나아가 합성 향료는 천연 원료가 가진 고유의 특성을 뛰어넘게 함으로써 더 큰 소비를 불러일으킬 만한 트렌드를 형성시킨다. 쥐스팽 뒤퐁은 1910년대부터 재스민 향 제품에 대한 수요가 증가했으며, 이는 향 시장 전체의 성장률을 크게 상회한 것이라고 보고했다. 그는 하이드록시시트로넬랄과 재스민의 향기가 어우러진 은방울꽃이나 라일락 향 제품이 그 당시 유행했던 점 외에는 이러한 현상을 설명할 다른 이유를 찾을 수 없다고 말했다. 합성 향료가 필요한 마지막 이유는 심미적인 부분에 관한 것이다. 합성 향료와 천연 향료가 함께할 때 비로소 완전한 후각적 가치를 드러낼 수 있으므로 이 둘을 적절히 조화시키는 것이야말로 조향사의 기술이라 할 수 있다.

무스 드 삭스, 릴라 Ⅶ, 멜리로티스
합성 향료가 촉발한 혁명의 주요한 결과물 중 하나는 예술가로서의 조향사가 등장하게 된 것이다. 합성 향료의 강한 특성은 제어가 어렵기 때문에 이들을 다루려면 조향에 대한 전문 지식이 필수적이었다. 향료 공급업체들은 조향의 편의성을 향상시키기 위해 제조하는 합성 향료의 특성을 강화시킨 향 조향물인 '베이스'를 본인들의 제품 카탈로그에 추가했다. 드 레르는 바닐린을 사용하여 유명 베이스인 '앙브르Ambre 83'을 만들었고, 이소부틸 퀴놀린이 사용된 베이스 '무스 드 삭스Mousse de Saxe'는 몰리나르의 향수 '아바니타'와 카롱의 향수 '라 뉘 드 노엘'에 적용되었다. 1895년 지보단은 피르메니히와 함께 제네바 지역에서 합성 향료 제조 분야의 선두업체로 활약하였으며, 소속 조향사 마리우스 르불은 자상트 엑스트레Jacinthe Extrait(1906), 겔랑의 미츠코와 랑방의 아르페쥬에 사용된 릴라Lilas Ⅶ(1911-12), 멜리로티스Mélilotis(1916), 뮤게Muguet 16(1916) 등 여러 베이스를 만들어 냈다.

향료 회사들은 새로운 합성 향료가 사용된 베이스를 개발하면서 향 처방전을 구성하는 역량을 키울 수 있었다. 이들의 활동은 원료를 생산하는 것에서 조합 향료를 제조하는 것으로 점차 확장되었으며, 이로 인해 오늘날 향 산업이 기반을 두고 있는 조합 향료 회사의 모델이 탄생하게 되었다.

합성 향료의 발견은 새로운 소비자를 시장에 유입시키는 것을 시작으로 창조적인 혁명을 이끌었으며, 예술가로서의 조향사를 탄생시키고, 조합 향료 회사가 출현할 수 있는 환경을 조성하였다. 이러한 맥락 속에서 향료 생산의 기계화가 더해지면서 태동한 현대 조향계는 제1차 세계대전이 발발하면서 마침내 세상에 모습을 드러냈다.

SIMPPAR:
30년의 역사를 이어 오다

— 실비 주르데

1991년 프랑스 조향사 협회SFP가 창설한 '조향계 원료를 위한 국제 박람회Salon international des matières premières pour la parfumerie'는 업계 전체의 핵심 행사로 자리 잡았다. 처음에는 비공개 행사로 시작하였으나 전시업체와 방문객이 급증하면서 대규모 박람회로 성장하였다. SFP의 전 회장이자 크레아상스 대표이며, 이스투아르 드 파르팡의 여러 향수를 만든 니치 향수 디자이너 실비 주르데가 30주년을 맞이한 SIMPPAR의 기원과 발전 과정, 특징에 대해 이야기한다.

SIMPPAR는 어떻게 탄생하게 되었나?

1991년, SFP는 콘퍼런스 프로그램의 일환으로 '원료의 날'을 제정하고 파리의 세르클 레퍼블리캥salons du Cercle républicain에 여러 업체들을 초대하였다. 그 이후로도 행사는 수년간 다양한 장소에서 개최되었지만, 소수의 조향사들만을 대상으로 하는 소규모 행사에 불과했다. '원료의 날'이 본격적으로 제도화된 것은 내가 SFP의 회장으로 취임한 2005년부터라고 볼 수 있다. 나는 원료에 관심이 많았기 때문에 티에리 뒤클로의 회사인 TA 이벤츠Events와 함께 소규모 팀을 구성하여 전문적인 조직을 만들었다. 마침내 2006년, SIMPPAR는 레스파스 샹페레l'espace Champerret에서 2년마다 정기적으로 열리는 박람회로 거듭났고, 가파른 상승세를 타고 성장하였다.

30년이 지난 현재, SIMPPAR는 어떤 모습인가?

박람회의 성장에 우리는 매우 만족하고 있다. SIMPPAR는 조향계 원료를 취급하는 유럽의 박람회 중 가장 크고 오래되었으며, 매년 더 많은 업체들이 참여하고 있다. 2019년에는 천연 향료 생산업체, 조합 향료업체, 패키징 관련업체, 장비 및 소프트웨어 공급업체 등 22개국에서 백여 개의 업체가 참가하였다.

SIMPPAR가 다른 박람회와 차별화된 점은 무엇인가?

SFP는 조향사와 원료 생산자를 비롯한 향 업계 관계자로 구성된 회원들에게 서비스를 제공하는 비영리 협회로, 설립 초기부터 박람회를 개최해 왔다. 우리는 합리적인 가격으로 부스를 제공하고 있으며, 이는 중소기업과 대기업이 모두 동등한 입장으로 참여한다는 것을 의미한다. SIMPPAR는 성장했지만 초창기의 철학을 고스란히 유지하고 있다. 우리는 부스의 비용이 월등히 높아서 많은 업체가 배제되는 세계 향수 박람회WPC 같은 행사와 경쟁하고 싶지 않다.

SIMPPAR의 목표 고객은 누구인가?

SIMPPAR는 처음에는 SFP 회원에게만 공개되었다. 그러나 우리는 곧 SFP 너머에 더 큰 수요가 있다는 것을 깨달았다. 특히 조합 향료업체들은 본인의 고객인 향수 회사에게 박람회에 방문할 기회를 제공하기를 원했다. SIMPPAR의 목표는 언제나 원료 공급업체와 사용자, 즉 조향사는 물론이고 원료 구매자, 영업사원, 기술자 및 연구원, 마케터, 규제 관리자를 한자리에 모으는 것이다. SIMPPAR는 모두가 함께 어울리며 즐거운 시간을 보낼 수 있는 자리다. SFP와 국제 조향사 협회SIPC의 회원, 조향 학교 학생은 무료로 입장할 수 있다. SIMPPAR는 일반인에게 공개되지 않으며, 참여업체와 잠재적 고객을 이어주는 데 중점을 둔 전문 박람회다.

"SIMPPAR는 조향계 원료를 취급하는
유럽의 박람회 중 가장 크고 오래되었다."

SIMPPAR는 SFP가 젊은 조향사에게 국제 조향사-창작자 상을 수여하는 자리이기도 하다. 이 상에 대해 자세히 설명해줄 수 있나?

이 상은 1957년 젊은 조향사들의 창의성을 장려하기 위해 만들어졌다. 2019년에는 플로리앙 갈로의 타바코 노트가 주제로 선정된 데 이어, 2021년에는 조향계에서 중요하게 사용되는 일랑일랑 노트가 뽑혔다. 국적이나 SFP 회원 여부에 상관없이 35세 미만이라면 누구나 지원할 수 있다. 대신 조향사는 국제 향료 협회IFRA 권장 사항을 준수하여야 한다. 우선 조향사 및 평가자 십여 명으로 구성된 기술심사위원단이 익명으로 출품된 향 조합물 중 주제에 가장 부합하고 독창성을 지닌 향수 3~5개를 선정한다. 그 다음 외부 조향사나 언론인, 작가나 피아니스트처럼 다른 분야의 전문가로 구성된 심사위원단이 심미적인 측면을 평가한다. 일반적으로 박람회 기간에 수여되는 이 상은, 지난해 접수된 출품작 130개 중에서 선정된 한 명의 우승자에게 아름다운 미래를 선사할 것이다.

프랑스 조향사 협회
La Société Française des Parfumeurs, SFP

프랑스 조향사 협회는 1942년 가브리엘 마주이에와 쥐스탱 뒤퐁, 마르셀 비오, 세바스티앙 사베테이로 이루어진 조향사 모임 '퍼퓨머리 테크니컬 그룹Groupement technique de la parfumerie'의 주도하에 설립되었다. 이 단체는 1901년 제정된 프랑스 법에 따른 비영리 협회로서 오늘날 조향사, 마케팅 관리자, 향 평가사, 향료 전문 화학자, 영업사원, 품질 관리사, 포장 및 생산 관리자, 규제 관리자 등 9백여 명에 가까운 향수 산업 전문가들로 구성되어 있다. 프랑스뿐 아니라 전 세계의 제도 및 대중들에게 조향사의 이미지와 명성을 견고히 하는 데 일조하고, 그들의 전문성과 향의 예술성, 그리고 향이 다른 형태의 예술적 표현과 맺는 관계성을 돋보이게 하여 조향사라는 직업을 널리 알리는 것을 사명으로 삼고 있다. 협회의 활동으로는 연간 회원 명부 및 격년제 원료 안내서 발간, 콘퍼런스 및 연수 여행 계획, SIMPPAR 창립 및 개발, 오스모테크Osmothèque 창립 및 지원 등이 있다. 열다섯 명의 조향사로 구성된 SFP 기술 위원회는 매달 회의를 통해 새로 출시된 향수를 평가하고 후각 계열을 기반으로 하는 향수 분류 체계에 편입시킨다.

오스모테크
Osmothèque

세계 유일의 향 보관소 '오스모테크'는 장 파투의 전속 조향사이자 SFP 기술 위원회 소속이었던 장 케를레오의 아이디어에서 시작되어 1990년 설립된 기관이다. 이곳에는 원처방을 통해 재현된 사라진 명작과 전설적인 향기부터 현대적인 작품까지 5천 종 이상의 향수가 보관되어 있다. 오스모테크는 보존을 위해 맡겨진 처방전들을 통해 2백여 종의 단종 향수를 재탄생시켰으며, 이러한 향수를 다시 구현하는 데 필요한 역사·문화적 의미를 가진 희귀한 원료와 베이스들 또한 보관하고 있다. 이곳의 향수와 원료들을 만나볼 수 있는 시향 세션이나 콘퍼런스는 일반인에게도 열려 있다. 오스모테크는 현재 고고학자, 역사학자, 화학자 등 여러 분야의 전문가와 협력하여 세인트헬레나의 퍼퓸 로열이나 나폴레옹의 오 드 꼴론 같은 역사적인 향수를 재구성하는 연구를 진행 중이다. 설립 이래로 베르사유의 조향 대학원 ISIPCA 안에 자리 잡고 있지만, 컬렉션을 안전하게 보관하고 소장 중인 작품들의 가치에 걸맞은 전시를 선보일 수 있도록 파리로 이전하기 위한 야망 있는 프로젝트를 SFP 및 국제 조향사 협회와 함께 추진하고 있다.

국제 조향사 협회
La Société Internationale des Parfumeur-Créateurs, SIPC

국제 조향사 협회는 2015년 모리스 모랭과 레몽 샤이앙을 필두로 하는 열한 명의 창립 회원을 중심으로 설립된 비영리 협회다. 2017년부터 칼리스 베커가 이끌고 있는 이곳은 전 세계의 조향사들을 결집시켜 그들의 전문성을 보호하고 널리 알리며, 향 창작이 지적 영역의 작업이라는 사실을 대중에 각인시키는 것을 목적으로 한다. 단체가 보유한 삼백오십 명 이상의 회원은 전 세계 조향사의 3분의 1에 해당한다. 국제 조향사 단체가 수행한 첫 번째 활동은 '조향사-창작자'라는 명칭을 프랑스지적재산권협회INPI에 등록시키는 것이었다. 또 조향사-창작자 헌장을 최초로 발행하여 조향사라는 직업의 범위와 업무 수행 방식을 정의했다. 이 헌장은 교육, 국제 향료 협회의 권장 사항, 윤리적 태도, 복제 문제 등 다양한 주제를 통해 조향사의 권리와 의무에 대해 다루고 있다. SIPC의 주요 임무로는 파리에서 대중과 전문가들이 모두 접근할 수 있는 장소를 물색하여 추후 오스모테크를 유치하는 것이 포함되어 있다. 또 조향사들이 국제 향료 협회IFRA 권장 사항을 준수하는 것을 장려하여 향료 사용에 대한 정보와 전문 지식을 확장시킬 수 있도록 돕고 있다.

뚜르네르 에키프망, 변신의 기술

식물을 천연 향료로 변화시키려면 정교한 장비가 필요하다. 약 2세기에 걸친 노력 끝에, 뚜르네르 에키프망TE은 해당 분야의 전문가로 거듭나게 되었다. 이 회사는 고객들에게 맞춤형 장비와 요리법을 제공하는 조향계의 '스타 셰프'가 되는 것을 꿈꾸고 있다.

"이것이 바로 뚜르네르입니다!" 뚜르네르 에키프망이 추출물에 포함된 아주 작은 용매까지 증발시키는 진공 증발기를 개발한 지 한 세기가 지났지만, 업계는 여전히 이 원통형 장치에 열광하고 있다. TE는 향장향 및 식품향 산업을 위한 거의 모든 종류의 기기를 설계 및 개발하여 귀중한 천연물을 에센셜 오일이나 콘크리트, 레지노이드, 앱솔루트로 변신시키고 있다. TE의 마케팅 및 영업 관리자 니콜라스 테타르는 다음과 같이 설명했다. "우리는 식물원에서 테스트용으로 사용되는 사노플로레와 같은 소형 장비부터 인도네시아의 정향 공정처럼 수 톤을 처리해야 하는 대규모 생산 시설까지 다양하게 공급하고 있습니다."

TE는 원래 보일러 생산업체였지만 1833년부터 그라스의 향료 추출 공장에 에센셜 오일을 담는 원통형 구리 용기(추후 알루미늄으로 교체)를 공급하며 해당 사업을 시작했다. 1950년부터는 제약 및 정밀 화학 산업에 사용되는 합성용 장비를 만들기 위해 역량을 발전시키는 동시에 천연물 분야에서도 기술 혁신을 거듭했다. TE는 조향계의 발전에 발맞추어 천연 향료 추출에 가장 널리 사용되는 두 가지 공법 '증류 추출'과 '휘발성 용매 추출'을 개선해왔다. 이러한 방식을 통해 씨앗과 허브, 과일, 꽃, 수지, 송진, 뿌리, 나무, 껍질, 잎 등 식물의 모든 부분을 다룰 수 있게 되었다.

롤스로이스급 추출기

1961년 TE는 최초의 부유식 필터 추출기를 개발하였다. 그라스의 한 조향사를 위해 고안된 이 장치는 업계에 혁신을 가져왔다. 기존 장치에서는 필터가 막히는 문제로 추출하기 어려웠던 수지와 송진을 원료로 향 제품을 추출할 수 있게 된 것이다. 1987년에는 나무 톱밥이나 코코아와 같은 분말 형태의 원료에 적합한, 교반식 바닥 필터링 시스템을 갖춘 롤스로이스급 추출기가 등장하였다. 추출 기술이 현대화됨에 따라 여과 장치, 건조 방식, 증발 장치, 정류 기둥 등의 장비도 완비되었는데, 추출 후에도 정제와 탈색 혹은 정류 과정을 거쳐야 했기 때문이다. 이러한 공정에 사용되는 진공 정류법이나 분자 증류 추출법은 알레르겐과 같은 원치 않는 물질들을 제거하거나 혹은 후각적으로 보다 가치 있는 화합물의 농도를 높이는 데 사용된다.

TE는 이미 2015년부터 천연물에 대한 새로운 트렌드를 감지하였다. 사업 총괄자인 프랑크 바르디니는 TE의 주요 시장인 천연물 분야에서 선두업체가 되겠다는 야망을 가지고 해당 사업에 박차를 가했다. 특히 생명 공학 기술의 발달로 천연 향료를 추출하는 공정이 날로 다양해지고 있다.

TE는 2019년 알프마리팀 주의 생 세자르 쉬르 시아뉴에 위치한 '플로럴 콘셉트Floral Concept'의 새로운 생산 시설에 모든 장비를 공급했다. 현재 IFF의 자회사가 된 라보라투아르 모니크 레미LMR의 설립자의 딸 프레데리크 레미가 설립에 참여한 플로럴 콘셉트는 천연 향료 생산업체로 한때 스페인 남부 공장과 협업하다 추후 프랑스로 이전했다. 프랑크 바르디니는 다음과 같이 설명하였다. "우리는 증류 추출기, 용매 추출기, 정류기, 콘크리트-앱솔루트 이중 변환기 등 다양한 장비를 공급하면서 주방 설치업자와 같은 역할을 수

"우리는 소형 장비부터 대규모 생산 시설까지 다양하게 공급하고 있습니다."

행했습니다." TE는 향료업체의 생산 시설을 위한 올인원 솔루션뿐 아니라 맞춤형 서비스도 제공한다. 수율 품질을 평가하는 시범 연구를 위한 소규모 장비가 필요한가? TE의 개발 및 시험 협업 플랫폼인 WiNatLab은 자신의 고객들에게 식물성 원료의 중심부에 정확하게 접근할 수 있는 마이크로파 기술이나 사탕수수와 옥수수의 속대를 이용한 생분해성 친환경 용매 추출 기술과 같은 혁신적인 노하우를 갖춘 전문적인 파트너 업체와의 상담을 제공한다. 또 TE는 2021년부터 지역 협회 '레 플뢰르 데셉시옹 뒤 페이 드 그라스Les Fleurs d'exception du pays de Grasse'가 운영하는 시험 센터에서 헥산을 대체하는 새로운 용매를 사용하여 재스민과 튜베로즈를 가공하기 시작했다.

새로운 시장

2021년 스마트 공장을 추구하는 것으로 유명한 ADF 그룹이 TE를 인수하였다. 이제 TE는 고객에게 친환경적이고 에너지 효율이 높은 설비를 제공할 수 있게 되었다. 이번 인수를 통해 TE는 통합적인 공장 설립 프로젝트들을 운영해 온 경험을 토대로 천연가스 및 생명 공학과 같은 새로운 시장에 진출을 앞두고 있다. 그라스 본사의 직원 사십여 명 중 열 명은 2021년 이후 신규 채용된 사람들이다. 이미 향장향 및 식품향 분야가 사업의 60퍼센트 이상을 차지하고 있음에도 불구하고 TE는 더 먼 곳을 바라보며 연구 개발에 힘을 싣기로 결정했다. 천연물을 가공하기 위한 공정에서 더 많은 실험을 진행할수록 다채롭고 후각적으로 흥미로운 특징을 가진 조향계 향료들이 개발될 가능성이 높아지기 때문이다. 프랑크 바르디니는 다음과 같이 정리하였다. "오늘날 우리는 평범한 요리사의 역할에 그치지 않고 고객에게 참신한 요리법과 혁신적인 제품을 지원하는 미슐랭 스타 셰프로 발돋움하는 중입니다."

조향계 원료들의 세계 일주

인도에서 시칠리아, 호주에서 그라스, 일본에서 독일까지… 조향사의 팔레트에 존재하는 매우 희귀하고 상징적인 최고급 원료들을 엄선하여 당신에게 소개한다. 소규모 생산자와 국제적인 기업, 재배와 가공, 원자재의 수확과 향료의 사용, 그리고 점점 더 엄격해지는 환경적 기준을 고려하는 합성 분자의 생산… 이 장에서는 후각적 세계 안에서 역사적, 농업적, 사회학적, 경제적, 문화적, 그리고 가장 중요한 인간과 감정적인 영역을 탐구한다.

핑크 페퍼  캉디스

마다가스카르

핑크 페퍼는 1990년대부터 향수의 탑 노트를 빛내주었다. 핑크 페퍼가 유럽에 도입되는 데 기여한 티에리 뒤클로는 현재 캉디스Quimdis에서 이 향료의 지속적인 유통망을 책임지고 있다. 핑크 페퍼의 성공은 CO_2 추출법과 밀접한 관련이 있다.

'핑크 페퍼콘' 또는 '로즈 페퍼'로도 불리는 핑크 페퍼는 페루의 스키누스 몰레 품종과 브라질, 아르헨티나, 파라과이의 스키누스 테레빈티폴리우스 품종에 혼용되는 명칭이다. 1980년대 유럽에서 수입된 품종은 후자다. 캉디스의 에센셜 오일 관리자인 티에리 뒤클로는 세관에서 막힌 바닐라 운송 건으로 찾아온 모리셔스의 공급업체 직원을 떠올렸다. 회의가 끝날 즈음 그는 주머니에서 밝은 색깔의 작은 열매 몇 개를 꺼내 보였다. 당시 유럽에는 이 원료가 전혀 알려지지 않았기 때문에 뒤클로는 새로운 제품을 찾고 있던 향신료 회사 듀크로스에 열매들을 샘플로 보냈다. 반응은 가히 열광적이었다. 그들은 레위니옹과 모리셔스로 곧장 향했고 해당 원료의 생산 능력을 시험했다. 그 덕분에 핑크 페퍼는 유럽 시장에 소개될 수 있었다. 특히 다섯 종류의 페퍼를 함께 사용하는 '파이브 페퍼' 블렌드는 요리 업계에 혁명을 일으켰다.

원료 신분증

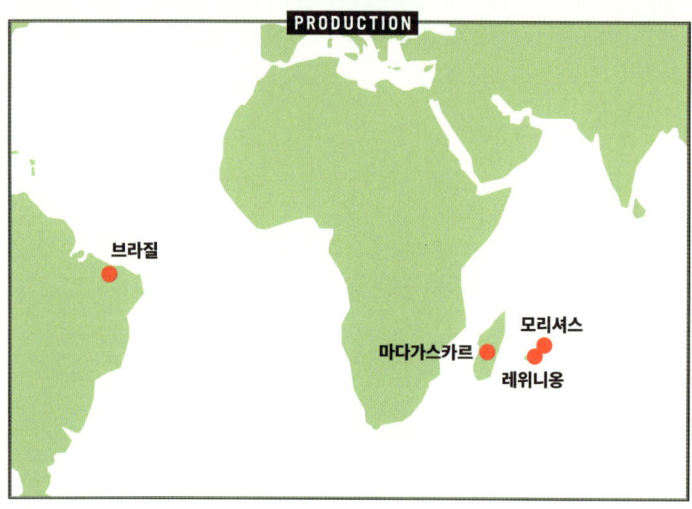

라틴명
Schinus terebinthifolius
향료명
Pink pepper, pink peppercorn, rose pepper
분류
Anacardiaceae

수확 시기

추출법

증류 추출법
초임계 CO$_2$ 추출법

수율

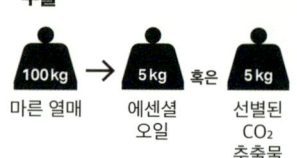

마른 열매 → 에센셜 오일 5kg 혹은 선별된 CO$_2$ 추출물 5kg (100kg)

어원
종의 이름은 비슷한 수액을 생산하는 '유향 나무'의 그리스어 스키누스 schinus와 '피스타치오 나뭇잎'을 의미하는 라틴어 테레빈티폴리우스 terebinthifolius에서 유래되었다.

역사
야생에서 자생하는 관목으로, 원산지는 남아메리카다. 향기로운 녹색 잎과 작고 하얀 꽃을 가지고 있으며, 조미료로 사용되는 달콤하고 톡 쏘는 향미의 선홍색 열매를 맺는다. 1970년대 핑크 페퍼가 도입된 레위니옹은 오늘날 마다가스카르와 모리셔스 못지않은 주요 생산지로 자리 잡게 되었다.

향 노트
향신료, 후추, 테르펜, 송진, 나무, 플로럴, 상쾌한

주요 성분
알파-펠란드렐, 리모넨, 게르마크렌-D, 델타-3-카렌, 사비넨

가짜 페퍼
핑크 페퍼는 후추와 닮았다고 해서 붙여진 명칭이다. 하지만 핑크 페퍼는 Piper 속이 아니기 때문에 프랑스에서는 거래 사기 방지법에 의해 해당 명칭의 사용이 금지되었다.

마른 핑크 페퍼의 전 세계 연간 생산량

800-1000t

핑크 페퍼 나무 한 그루가 생산하는 열매량

3-5kg

침입한 외래종

캉디스는 마다가스카르의 수도인 안타나나리보 서쪽 고원에 자리 잡으며 20헥타르 규모의 농장을 인수했다. 이는 크레올족 정착민들이 핑크 페퍼를 처음으로 재배한 곳이다. 5미터에서 10미터 높이까지 자라는 핑크 페퍼 나무는 13-25도의 온도와 900-2,500밀리미터의 연간 강수량 환경에서 가장 잘 자란다. 줄기 다발을 수확하고 나면 짧은 채찍으로 두드려 잘 익은 열매를 털어내고 포대에 담아 포장한다. 이후 열매를 선반에 펼쳐 놓고 현장에서 바로 건조시키거나, 수작업으로 분류되는 특수 건조장으로 운반한 다음 뜨거운 공기를 쐬어 수분 함량을 8-10퍼센트까지 떨어뜨린다. 초기 선별 과정을 통해 식용으로 사용될 최상품의 열매를 선별하고, 나머지는 추출을 위해 껍질을 벗겨 운반된다. 다행스럽게도 핑크 페퍼는 껍질보다 씨앗에 더 많은 기름 성분을 함유하고 있기 때문에 더 나은 수율을 기대할 수 있다.

추출 과정

핑크 페퍼는 독일로 운송되어 50톤 단위로 추출된다. 캉디스는 수개월에 걸친 연구를 통해 최상의 추출 시간과 온도 및 압력 조건을 찾아내 지속적인 품질 보장과 개별 고객에 맞춘 블렌딩을 제공한다. 또 휘발성 성분만을 함유한 각 원산지별 선별적 추출물과 지방 성분이 풍부한 전체적 추출물을 따로 제공한다. 캉디스는 각기 다른 십여 가지의 제품으로 구성된 핑크 페퍼 라인업을 통해 후각적 특징을 세밀히 나누고 일정한 품질을 보장하고 있다.

티에리 뒤클로는 그의 창고를 거치는 수많은 물류 팔레트를 점검하면서 식용으로 사용하기에는 너무 손상된 핑크 페퍼가 골칫거리라는 점을 파악했다. 이를 해결하기 위해 핑크 페퍼를 증류 추출해 보았지만 결과물은 만족스럽지 못했다. 두 번째로 시도한 방법은 CO_2 추출법이었다. IFF의 조향사 막스 가바리는 해당 프로젝트에 참여하여 선택적 추출법을 제안하는 등 자신의 후각적 전문성을 제공하였다. 마침내 핑크 페퍼는 1995년 출시된 에스티 로더의 플레져Pleasures에 사용되며 수요를 입증했다. 업계는 이미 만반의 준비가 되어 있었기 때문에 이제 남은 것은 유행의 물결을 타는 일뿐이었다.

"핑크 페퍼는 베이스 노트의 일부를 탑 노트로 끌어올리는 힘을 가지고 있습니다." — 마크 벅스턴

영국에서 태어난 마크 벅스턴은 하르만 & 라이머와 심라이즈에서 경력을 쌓고, 루지의 프리랜서 컨설턴트로 일하고 있다. 자신의 브랜드 마크 벅스턴 퍼퓸을 론칭한 그는 와인과 고급 요리를 즐기는 조향사이며 파리에 위치한 향수 편집숍 노즈Nose의 공동 설립자이기도 하다.

핑크 페퍼를 어떻게 생각하나요?
핑크 페퍼는 놀라운 상쾌함과 세련된 터치로 남성 향수나 여성 향수, 유니섹스 향수에 모두 잘 어울립니다. 요리에서 사용될 때와 마찬가지로 핑크 페퍼는 역동적이고 강력한 탑 노트를 제공합니다. 저는 높은 가격에도 불구하고 그것을 감당할 수 있는 니치 브랜드 향수를 조향할 때 핑크 페퍼를 자주 사용했습니다.

핑크 페퍼가 사용된 향수로는 무엇이 있나요?
마크 벅스턴 퍼퓸에서 출시된 '어 데이 인 마이 라이프A Day in My Life'는 핑크 페퍼의 CO_2 추출물이 처방의 2퍼센트를 차지하는 스파이시 우디 로즈 향수입니다. 몇몇 스파이시한 로즈 노트는 장미 향기를 탑 노트까지 끌어올리는 핑크 페퍼와 완벽한 조화를 이룹니다.

핑크 페퍼와 어울리는 또 다른 향 노트가 있나요?
핑크 페퍼는 잘린 잎의 향기를 내는 합성 향료 트리플알이 살짝 터치되어 그린한 느낌을 주는 시트러스 노트를 놀라울 정도로 끌어올립니다. 복숭아나 살구 같은 프루티 노트를 북돋아 주기도 하죠. 저는 이것을 다바나, 타게테스, 그리고 타바코 노트와 조합하는 것을 즐깁니다. 마지막으로 핑크 페퍼는 베이스 노트인 시더우드가 내는 연필심 같은 향기를 탑 노트로 끌어올린다는 사실이 인상 깊었습니다.

이 제품을 개발하기 위해 캉디스와 어떻게 협력했나요?
에스티 로더의 플레져가 인기를 끌 당시 캉디스는 제게 핑크 페퍼의 품질을 개선하는 작업을 요청했습니다. 저는 손으로 으깬 신선한 열매에서 나는 느낌을 찾아 나섰습니다. 테르펜 향이나 합성 향이 강하지 않으면서도 프루티 노트를 가진 선별적 추출물을 골라내는 작업이었죠. 스키누스 테레빈티폴리우스는 더 스파이시하고 블랙 페퍼 같은 반면 스키누스 몰레는 살구나 포도, 라이트 타바코 같은 효과를 주며 과일 향이 느껴집니다. 하지만 핑크 페퍼가 2퍼센트를 초과할 경우 처방전의 모든 향기에 영향을 미칠 수 있으니 반드시 주의해야 합니다!

핑크 페퍼가 사용된 향수들

미라클
MIRACLE

브랜드	랑콤
조향사	알베르토 모리야스, 앙리 프레몽
출시년도	2000년

탑 노트에서 리치와 배의 옅은 프루티 노트가 산뜻하게 느껴지는 미라클은 진저와 핑크 페퍼의 상쾌한 스파이시 노트를 장미와 바이올렛의 부드러움과 연결한다. 이어서 엠버 노트와 함께 머스크 노트가 두드러지는 파우더리 어코드 속에 빠져들게 한다. 미라클은 CO_2 추출법을 이용한 최초의 핑크 페퍼가 사용된 향수다. 새로운 세기의 문을 연 2000년에 스파이시 플로럴을 재해석한 미라클은, 눈부시게 빛나는 깨끗함과 당당한 여성상을 통해 순백의 세계를 떠올리게 한다.

보테가 베네타
BOTTEGA VENETA

브랜드	보테가 베네타
조향사	미셸 알메이락
출시년도	2011년

이탈리아 가죽 브랜드 보테가 베네타의 첫 번째 오 드 파르팡으로, 유연하고 섬세한 가죽 노트에 승부를 걸었다. 핑크 페퍼가 돋보이는 스파이시 노트와 달콤하고 따뜻한 모피를 연상시키는 부드러운 과일 절임의 향기가 탑 노트를 지배한다. 마치 꿀처럼 황금빛 갈색을 내비치는 가죽은 시간이 지나면서 파우더리한 바이올렛과 부드러운 재스민으로 전이되고, 아름다운 우디 시프레 어코드로 마무리되며 깊은 여운을 남긴다.

몽 농 에 루즈
MON NOM EST ROUGE

브랜드	마즈다 베칼리
조향사	세실 자로키안
출시년도	2012년

이 향수의 핵심은 로즈 노트다. 핑크 페퍼와 엘레미의 상쾌한 스파이시 노트는 톡톡 튀는 페퍼처럼 장미에게 활력을 불어넣는다. 공기와 접촉하며 고운 거품을 터뜨리는 샴페인을 상상해 보라. 차가운 금속처럼 메탈릭하고 아로마틱한 제라늄의 향기와 마찰을 일으키는 장미는 시나몬, 카르다몸, 진저, 커민 등 또 다른 스파이시 노트와 프랑킨센스로 다듬어진다. 베이스 노트에서는 엠버 우드 노트가 풍성하게 펼쳐지며 막을 내린다.

베르가못 카푸아

이탈리아

감귤류 과일인 베르가못은 칼라브리아에 연고를 둔 가족 경영 기업 카푸아Capua의 대표 상품이자 회사가 투자를 이어갈 수 있도록 하는 원동력이다. 베르가못 덕분에 카푸아는 조향계 회사들에 더욱 다양한 천연 향료들을 제공할 수 있으며 지속 가능성 또한 높이고 있다.

레조디칼라브리아에 위치한 카푸아의 사무실 벽면에는 4대 가족 경영자인 잔프랑코 카푸아의 사진이 오늘날 가장 유명한 조향사들과 함께 걸려 있다. 감귤류 과일에 특화되어 있는 카푸아의 명성은 조향 업계에 익히 알려져 있다. 카푸아는 레몬, 만다린, 오렌지, 그리고 클래식 오 드 꼴론 계열의 향수들부터 매우 가치 있는 오리엔탈 계열의 향수까지, 수많은 작품에서 발견되는 천연 향료들을 다양한 브랜드와 향료 회사에 공급한다. '칼라브리아의 녹색 황금'이라 불리는 베르가못은 카푸아를 상징하는 원료 중 하나다. 이는 1880년 회사가 처음 세워졌을 때부터 5대째 가족 경영을 이어온 오늘날까지 꾸준히 판매되는 상품이자 카푸아의 혁신성과 전문성을 가장 잘 표현하는 원료다. 1970년대 이후 카푸아는 대규모 투자를 감행하여 다양한 향 분자 분리 기술을 통해 천연 향료를 정제할 수 있게 되었다. 아버지 잔프랑코 밑에서 형 잔도메니코와 함께 증조부가 설립한 회사를 경영하고 있는 로코 카푸

원료 신분증

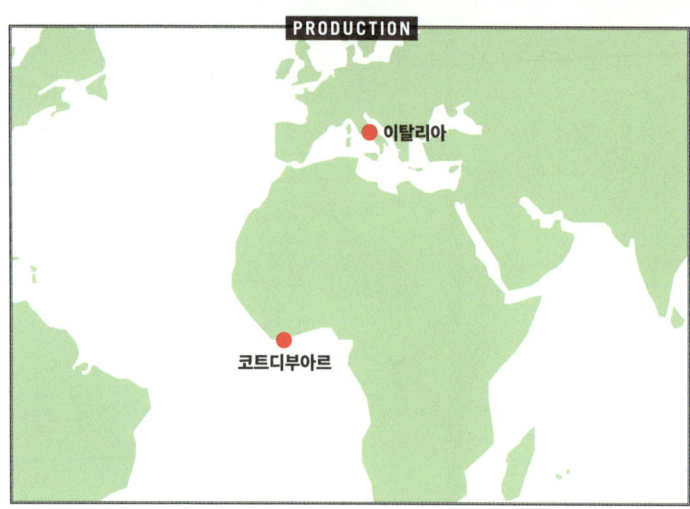

라틴명
Citrus Bergamia
향료명
Bergamot
분류
Rutaceae

수확 시기

① ② ③ ④ ⑤ ⑥
⑦ ⑧ ⑨ ⑩ ⑪ ⑫

추출법

냉압법

수율

열매 → 에센셜 오일
250 kg → 1 kg

어원

이탈리아어로 왕자나 왕비의 배를 의미하는 베르가모토Bergamotto는 터키어 베그 아르무디Beg-Armudi에서 유래된 것으로 보인다. 혹은 고대 도시 페르가몬의 오스만 터키어인 베르가마Bergama에서 유래되었을 수도 있다.

향 노트

레몬, 아로마, 플로럴, 쌉싸름한, 귤껍질, 풀잎

주요 성분

리모넨, 리날로올, 리날릴 아세테이트

역사

17세기 후반부터 레조디칼라브리아 지방에서 재배된 베르가못 나무는 레몬 나무와 비터 오렌지 나무의 교배종이다. 베르가못의 열매는 껍질이 두껍고 수확기에는 녹색에서 노란 오렌지색으로 변한다. 처음 증기 추출을 통해 얻은 베르가못의 에센셜 오일은 1709년 요한 마리아 파리나의 오 드 꼴론에 사용되었다. 19세기 이후에는 껍질의 향을 그대로 보존할 수 있는 냉압법으로 추출되었다.

매년 칼라브리아 지방에서 생산되는 베르가못 에센셜 오일의 양	베르가못 나무 한 그루가 생산하는 열매량
210t	**50-60kg**

95%

베르가못 에센셜 오일의 전 세계 생산량 중 칼라브리아의 점유율

30%

겔랑의 향수 샬리마 처방전에서 베르가못의 함량

아는 다음과 같이 말했다. "우리는 고객의 모든 요구에 부응하고 매우 정확한 분석 및 후각적 요구 사항을 준수합니다." 단일 감귤류 과일에서 서로 다른 후각 프로필을 가진 무한한 수의 천연 향료를 생산할 수 있다는 점은 카푸아의 독보적인 능력이다. 베르가못은 모든 감귤류 과일 중에서 가장 다채로운 면모를 가지고 있다. 베르가못이 가장 많이 생산되는 이탈리아 남단의 칼라브리아는 140킬로미터 길이의 해안가를 따라 펼쳐진 1,700헥타르 규모의 재배지를 품고 있다. 바로 이곳에서 베르가못은 고유의 향기를 꽃피운다. 남쪽으로 갈수록 상쾌해지고 북쪽으로 갈수록 플로럴함이 짙어지는 베르가못의 섬세한 향기는 토양, 일조량, 바람 등의 영향을 받으며 미묘하게 달라진다. 로코는 다음과 같이 정리했다. "재배되는 토양의 고유한 성질 외에도 수확 시기와 같이 베르가못의 특징을 결정짓는 여러 요소들이 존재합니다. 초반에 수확한 베르가못은 풀잎과 귤껍질 같은 향기가 난다면, 후반부로 갈수록 기름내와 과일 향이 두드러집니다."

무한한 가능성

카푸아의 공장에는 감귤류 과일의 다채로운 면모를 드러내는 여러 냉압법이 존재한다. 펠라트리체는 과일의 껍질만을 갈아내는 반면 스푸마 토치오는 과일 전체를 분쇄하여 껍질 속 에센셜 오일에 주스가 가진 특징을 입힌다. 각 요소들의 조합은 무한한 가능성으로 이어진다. "우리 회사는 천연 향료의 개수를 정해 놓지 않습니다. 거의 모든 고객들이 자신만의 차별화된 특징을 지닌 원료들을 제공받

고 있습니다. 각 고객에 맞는 기술적 '표준'이 설정되면 우리는 1년 내내 해당 원료를 공급할 수 있습니다"라고 로코는 말했다. 현재 카푸아는 투자의 상당 부분을 지속 가능한 개발에 집중하고 있다. 회사는 최근 이오니아 해안에 28헥타르 규모의 토지를 매입하여 지속 가능한 유기농 농법으로 그들의 감귤류 과일을 재배할 수 있는 '팹 팜Fab Farm'을 설립했다. 이곳에서는 현대식 관개 기술을 이용하여 수자원을 절약하는 데 중점을 두고 있다. 이러한 도전은 여러 세대에 걸쳐 가족처럼 지내온 파트너 생산자와도 함께하고 있다. "농업 생산자들과의 연결이 모든 차이를 만들어 냅니다. 우리는 기술 지원, 농업 컨설팅, 토지 품질 및 나무 분석을 포함한 360도 지원을 통해 이들과 개인적인 관계를 맺고 있습니다. 우리가 사용하는 원재료는 그들이 제공하는 감귤류 과일입니다. 식탁 위에 빵을 올리는 사람이 바로 그들이라는 사실을 결코 잊으면 안 됩니다." 현재 카푸아가 생산하는 베르가못의 3분의 1 이상이 생명윤리무역연합의 인증을 통해 지속 가능성을 인정받았다. 카푸아는 2022년 말까지 이 비율을 절반 이상으로 늘리는 것을 목표로 하고 있다.

베르가못이 사용된 향수들

베르가못
BERGAMOTE

브랜드	더 디퍼런트 컴퍼니
조향사	장 클로드 엘레나
출시년도	2003년

베르가못 칼라브리아
BERGAMOTE CALABRIA

브랜드	겔랑
조향사	티에리 바세
출시년도	2017년

마 베르가못
MA BERGAMOTE

브랜드	프라고나르
조향사	나탈리 그라시아 세토
출시년도	2017년

베르가못이 전반을 지배하는 이 향수는 산도와 과즙미가 느껴지고 풀잎 향이 나며, 감귤류 껍질이 떠오르는 유쾌한 노트들로 이루어져 있다. 탑 노트부터 미들 노트까지 빙글빙글 회전하며 춤을 추는 베르가못은 식욕을 자극하는 스파이시한 진저와 함께 톡 쏘는 등장을 선보였다가 플로럴한 향기들을 조금씩 드러내기 시작한다. 아로마틱한 뉘앙스를 가진 오렌지 블라썸이 자신의 꽃잎들을 향기 속으로 끌어들이자, 그 향기는 루바브와 머스크의 침대 위에 드리운 엠버 향의 은밀한 자취 안에서 시트러스의 산미를 잃지 않은 채 막을 내린다.

베르가못과 프레시한 스파이스들을 결합한 이 짧은 처방의 향수는 여름을 위해 태어난 빛나는 크리에이션이다. 스파클링한 도입부에서는 레몬 나무의 잎과 가지를 추출한 쁘띠그랑 시트로니에 에센셜 오일과 연결된 살짝 쌉싸름하면서 과즙미가 느껴지고 감귤류 껍질 같은 시트러스의 향기가 잘 드러난다. 향기는 놀랍도록 따뜻하고 부드러우며 시프레 같이 느껴지기도 하는 엠버 향의 베이스 노트로 나아가면서 빈티지하고 우아한 분위기를 자아낸다.

햇살을 떠올리는 이 상쾌한 향수는 나무에서 갓 딴 열매처럼 기분 좋게 쌉싸름하고 스파클링한 향기를 정확하게 표현하며, 꼴론의 정신 속에서 시트러스의 덜 익은 쌉쓸함이 강조되는 쁘띠그랑 노트를 동반한다. 드러나지 않는 엠버리한 재스민에 의해 향기는 피부 곁을 맴돌며 떠나지 않는다. 차를 떠올리고 옅은 송진 냄새를 품은 이 플로럴 뉘앙스는 장뇌 향이 나고 톡 쏘는 베르가못을 부드럽게 만든다.

엠버 우드 심라이즈

독일
풍부한 잔향, 힘 있는 후각적 볼륨감, 탁월한 지속력… 엠버 우드라 불리는 계열에는 여러 합성 향료들이 속해 있으며, 심라이즈Symrise가 다방면으로 노력하여 탄생시킨 이러한 분자들 덕분에 조향사들은 최고의 만족감을 얻고 있다.

'톡 쏘는 나무'라는 별명을 가진 엠버 우드는 빠르게 성장 중인 합성 원료 계열 중 하나다. 이들은 엉브르 그리나 가죽 향, 꼬릿한 애니멀릭한 냄새 등이 나는 복잡한 분자로, 코를 자극시키고 싶지 않다면 배합량에 세심한 주의를 기울여야 한다. 엠버 우드 계열은 지난 15년간 남성 향수 시장에서 특히 강한 영향력을 행사해 왔다. 심라이즈의 글로벌 마케팅부 수석 매니저인 다니엘라 눕은 다음과 같이 설명했다. "강한 향 세기와 높은 지속력을 원하는 소비자들이 많은 중동 시장의 영향으로 엠버 우드 계열은 폭발적으로 성장했습니다. 시장은 때로 과도하게 사용될 정도로 인기가 높아진 이 계열의 예상치 못한 사용에 대비하고 있었습니다." 우디 노트와 엠버 노트를 공존시키기 위해 실험실에서 펼쳐진 모험은 아주 깊은 바다에서 시작되었다. 향유고래의 소화계가 만들어 낸 천연 분비물 엉브르 그리는 지난 수십 년간 전 세계 해안가에서 발견되었다. 바다를 부유하며 강렬한 햇빛을 받은 결과로 광물

원료 신분증

챔피언
경이로운 향 세기, 매우 낮은 감지 역치값, 날카롭고 강렬한 특징, 끝없는 지속력과 직물에서의 뛰어난 잔향력. 엠버 우드 노트는 모든 분야에서 뛰어나다!

목재 같은 원료
해당 계열에서 가장 많이 사용되는 원료는 1973년 IFF의 존 B. 홀 박사가 특허를 낸 이소 이 슈퍼다. 미르센을 합성하여 만들어지는 이 원료는 시더우드, 베티버, 엉브르 그리, 그리고 플로럴한 면을 연상시키며, 후각적으로 명확하여 목재와 같이 향의 중심 구조를 구성할 수 있는 기적적인 향기를 지녔다. 에르메스의 테르 데르메스는 처방전의 절반 이상이 엠버 우드로 채워져 있으며, 라리크의 페르르에는 적어도 80퍼센트 이상 함유되어 있다!

역사
엠버 우드 노트의 역사는 1949년 향유고래가 바다로 토해낸 엉브르 그리 향 성분을 연구하던 피르메니히의 막스 스톨 박사가 클라리 세이지로부터 추출한 암브록스로 시작되었다. 이후 여러 향료 회사의 화학자들이 드라이한 엠버 우드 노트를 지닌 유도체들을 합성해냈고, 그중 삼십 종 이상이 제품으로 출시되었다.

주의사항
부드럽고 따뜻한 분위기에서 거칠고 남성적인 느낌까지, 원료의 종류나 용량에 따라 향의 인상이 달라진다. 과도한 처방은 타는 듯한 효과를 내거나 콧속을 송곳으로 뚫는 것 같은 기분을 들게 할 수 있다. 그들의 별명인 '톡 쏘는 나무'처럼 말이다.

> "암브로세나이드는 엠버 우드계의 비아그라라 할 수 있습니다." — 모리스 루셀

수천만 원을 호가하는 천연 엉브르 그리와 대비되는 암브록스 1kg의 가격

70만원

1990년 이후 암브록스가 사용된 향수의 비율

40%

동일 계열의 원료들

1949년
암브록스
(피르메니히)

1973년
이소 이 슈퍼
(IFF)

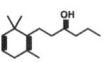
1978년
팀베롤
(드라고코/심라이즈)

1987년
카라날
(유니레버)

1997년
암브로세나이드
(드라고코/심라이즈)

2001년
엠버 익스트림
(IFF)

2010년
암브로스타
(심라이즈)

이나 나무 냄새, 그리고 바다의 짠내가 묻어나게 된다. 원래 암브레인이라는 성분은 특정한 향이 나질 않지만 습도와 빛의 영향을 받아 산화되면서 따뜻하고 애니멀릭한 향취를 강하게 내뿜는 암브록스와 같은 다양한 화합물로 서서히 변화해간다. 암브록스는 천연 엉브르 그리 팅크에서 극소량만 발견되지만, 클라리 세이지에서 추출한 천연 화합물 스클라레올에서 합성할 수 있다. 이는 100퍼센트 친환경적인 방식으로 합성한 물질로, 시대의 흐름에 부합하는 제품이기도 하다.

암브록스는 삼나무나 전나무와 같은 천연물로 수많은 인공 향 분자들을 합성하게 해준 출발점이었다. 1970년대부터 심라이즈 화학자들이 개발한 향 분자들은 오늘날 엠버 우드 계열의 주축이 되었다. 숲과 바다와는 거리가 있을지언정 그들의 실험실에서는 향수나 세제에 사용되는 향의 성능과 지속력을 향상시키기 위한 연구가 수년에 걸쳐 계속되고 있다.

울림과 힘

심라이즈는 매년 수백 개의 향 분자를 개발한다. 그중 가장 유망한 분자들은 화학자의 실험실을 떠나 조향사의 팔레트에 들어갈 수 있으며, 부드러운 엠버 노트의 암브록사이드 크리스털이나 엠버 우드 F, 팀베롤 등이 이에 해당한다. 심라이즈는 녹색 화학green chemistry에 대한 연구를 바탕으로 환경에 영향을 미치지 않으면서 향 전반에 드라이 우드 노트의 분위기를 가져올 수 있는 차세대 우디 계열의 향 분자들을 개발하고 있다. 이에 해당하는 이즈엠버 K는 합성된 순간부터 재생 가능하고 생분해될 수 있는 몇 안 되는 분자 중 하나다.

이들은 우디 계열 천연 향료에 울림과 힘을 더하고 있다. 또 분자 내에 탄소 원자 수가 많기에 증발 속도가 매우 느리고, 향에 깊이와 지속력을 부여하는 데 있어 타의 추종을 불허하여 처방전에서 고정제의 역할을 수행하고 있다.

다이아몬드 원석

무엇이든 과유불급이다. 심라이즈 파리 지부의 조향사 모리스 루셀은 1997년에 특허를 받은 세드렌의 유도체 암브로세나이드를 '엠버 우드계의 비아그라'라고 빗댄 적이 있다. 볼륨감 있는 잔향을 만들어 내는 데는 소량의 암브로세나이드면 충분하다. 다니엘라 눕은 다음과 같이 말했다. "조향사, 향 평가사, 소비자 모두 드라이한 엠버 우드 노트의 놀랍도록 강력한 향취를 가진 이 독특한 원료에 익숙해져야 했습니다. 다른 향 노트를 강화하고 볼륨감을 더해주지만, 원료들 사이의 조화를 가져오기 위해서는 신중하게 다루어야 합니다." 심라이즈 팀은 견고하고 오래 지속되지만 아직은 날카로운 향기를 지닌 암브로세나이드를 다이아몬드 원석에 비유했다. 향수에 사용된 암브로세나이드는 귀중한 보석과 같은 아름다움으로 예상치 못한 후각적 효과를 줄 수 있다. 심라이즈 독일 지부의 조향사 알렉상드르 일랑은 2010년에 개발된 암브로스타가 암브로세나이드의 스테로이드제를 맞은 동생이라며 재미난 비유를 들었다. 캡티브 원료[개발한 회사에서 일정 기간 독점하여 사용하는 원료-역자]인 암브로스타는 그의 형제와 동일한 세기의 효과를 가지지만, 탑 노트가 피어오르자마자 쏘는 듯 느껴지는 점이 다르다고 설명했다. "암브로스타는 스파이시 노트를 불타오르게 만들고 아로마틱 노트에 활기를 불어넣으며, 모든 면에서 뛰어난 지속력과 잔향을 만들어냅니다."

2018년에 공개되었지만 이미 15년 전부터 심라이즈 조향사들에게 독점적으로 사용되어 온 시므록산은 앞서 소개된 동류들에 비해 덜 인상적이지만 훨씬 다양한 면모를 선보인다. 이 새로운 물질은 석유 화학을 통해 만들어지지 않고 히말라야 시더우드 에센스에 존재하는 테르펜에서 유래되어 91퍼센트의 재생 가능성을 가지고 있다. 시므록산은 부드러운 베티버와 산뜻한 담뱃잎, 말린 과일, 블랙베리의 향기가 어우러지는 감미로운 후각 프로필로 조향사들을 매료했다.

심라이즈의 화학자들은 블랙 페퍼나 가죽, 프랑킨센스 노트와 같은 엠버 우드가 가진 극단적인 측면을 개발하기 위해 연구에 매진하고 있으며 앞으로도 분명 더 많은 후각적 즐거움을 제공할 것이다. 오늘날 이들이 직면한 과제는 혁신적이면서도 친환경적인 합성 분자를 계속해서 찾아내는 일이다.

엠버 우드가 사용된 향수들

블라마주
BLAMAGE

브랜드	나소마토
조향사	알레산드로 괄티에리
출시년도	2014년

독일어에서 차용된 프랑스어 단어 '블라마주'는 실수나 잘못을 의미한다. 나소마토는 이 향수를 실수로 인해 우연히 탄생한 창조물이라 설명한다. 엠버 우드 노트에 점령된 클래식한 오리엔탈 계열 향수로, 탑 노트에서 암브로세나이드가 느껴진다. 메탈릭하게 다가오는 덜 익은 과일들의 향기는 머스크와 암브록스가 감싸는 바닐라 향의 타르칠 된 가죽과 만나며 합성 원료의 완전한 미학에 도달한다.

바카라 루즈 540
BACCARAT ROUGE 540

브랜드	메종 프란시스 커정
조향사	프란시스 커정
출시년도	2015년

향의 중심에서 부드럽게 피어나는 재스민에도 불구하고, 바카라 루즈 540은 풍성한 엠버 우드와 사프란 노트를 앞세우는 오리엔탈 구르멍 계열의 향수다. 천연 노트와 합성 노트의 조합은 기분을 전환시키는 동시에 달콤한 부드러움을 선사한다. 시더우드는 드라이함을 가져오고 테르펜 노트의 쌉쌀한 상쾌함을 더하지만, 향의 전반적인 인상은 설탕에 절인 과일처럼 달콤하다. 엠버 우드 노트는 엉브르 그리의 이끼 같은 측면을 부각하며 강력한 볼륨감을 뽐낸다.

카보네움
CARBONEUM

브랜드	에테르
조향사	아멜리 부르주아, 안 소피 베하겔
출시년도	2016년

네오프렌 잠수복의 냄새에서 영감을 받아 탄생한 카보네움은 브랜드의 다른 모든 향수와 마찬가지로 합성 원료로만 구성되어 있다. 깨끗한 나무 향기가 그리는 추상적 배경 위에서 팀베롤의 드라이한 엠버 노트는 메탈릭한 알데하이드와 마린 노트, 약간의 아몬드와 과일 향, 그리고 스웨이드를 연상시키는 머스키한 가죽과 타바코를 만나 조화를 이룬다. 이는 마치 기억의 에테르 속에 가려진 어느 휴일의 꿈을 떠올리게 한다.

아가우드 아그로포렉스 컴퍼니

라오스

'신들의 나무' 혹은 '액체로 된 황금'이라 불리는 아가우드(아랍어로는 우드)는 조향계에서 사용되는 가장 비싸고 신비로운 원료 중 하나다. 아그로포렉스 컴퍼니Agroforex Company는 30년 전부터 라오스에 윤리적이고 지속 가능한 공급망을 구축하여 해당 천연 자원을 보존하고 지역민들에게 혜택을 돌려주는 한편 서양의 조향 업계에 아가우드의 가치를 알리기 위해 힘써왔다.

아퀼라리아는 키가 크고 가느다란 상록수로, 수령이 10년이 되면 높이가 약 8-12미터에 달한다. 이 나무는 라오스와 베트남 국경을 따라 남북으로 뻗어 있는 안남산맥의 비가 많이 오는 고원 지대에서 자생하며, 가축들을 풀어놓는 방목지에서 자유롭게 자란다. 수령이 50년 이상 된 아퀼라리아는 보석과도 같은 아가우드를 품게 됨으로써 행운의 나무라는 의미의 '마이 바드사나Mai Vadsana'라 불리게 된다. 중동과 동아시아에서 귀하게 여겨지는 아가우드는 전통적으로 향으로 태우거나 '아타르' 혹은 향유를 만드는 데 사용되었다. 나무와 가죽 같은 향기를 내면서 육감적인 애니멀릭 뉘앙스를 풍기는 아가우드는 2000년대 초반부터 서양 향수 시장을 점령하기 시작했다. 하지만 이 귀중한 원료의 명성은 이미 오래 전부터 알려져 있었다. 프랑시스 샤노는 "시암 제국의 왕이 베르사유에 대사를 보냈을 때 라오스 왕국에서 온 아가우드가 담긴 병을 루이 14세에게 선물로 바쳤습니다"라고 전했다. 그는

원료 신분증

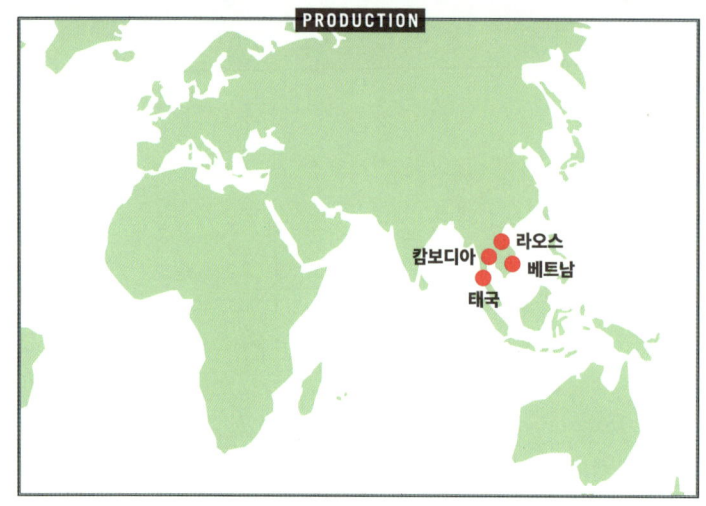

라틴명
Aquilaria crassna

향료명
Agarwood, oud, aloeswood, agaru, gaharu, eaglewood

분류
Thymeleaceae

어원
산스크리트어로 아가Agar는 아퀼라리아 속의 알로에 나무를 의미한다. 아퀼라Aquila는 라틴어로 '독수리'를 의미하며, 알 우드al oud는 아랍어로 '나무'를 의미한다.

역사
동남아시아의 숲이 원산지인 아퀼라리아 속은 약 스무 종의 다양한 나무들로 구성되어 있다. 인간이 의도적으로 곰팡이에 노출시키거나 곤충이 구멍을 내면서 자연적으로 감염되어 '아가우드' 혹은 '우드'라 불리는 향이 나는 수지를 분비한다. 이것의 향기는 시간이 흐름에 따라 그리고 종에 따라 달라질 수 있다. 중동과 동아시아에서는 전통적으로 아가우드를 훈증 요법 등 여러 방식으로 활용하였다. 일본에서는 향을 태우는 '코도' 의식에 사용되기도 하였다. 산스크리트어 문헌에 따르면 인도에서는 1,000년경부터 아가우드를 증류해왔을 것으로 추정된다.

향 노트
나무, 스모키한, 가죽, 기름, 산미 있는, 과일, 애니멀릭한, 배설물, 염소 치즈

주요 성분
아가로스피롤, 히네솔, 발레리아놀, 진코-에레몰, 디하이드로-진코-에레몰, 디하이드로카라논, 카라논

수확 시기
① ② ③ ④ ⑤ ⑥
⑦ ⑧ ⑨ ⑩ ⑪ ⑫

추출법
증류 추출법

추출 시간
72-96시간

수율

나무 100kg → 에센셜 오일 500-800g

지난 20년 동안 서양 조향계에서는 아가우드가 직접 사용되기도 하였지만 다른 원료들로 대체되기도 하였다. 왜냐하면 아가우드의 가격이 매우 비쌀뿐더러 그것의 강력한 향기가 서양인들의 코에 부담스럽게 느껴졌기 때문이다.

1992년 라오스의 국가 자원인 아가우드의 개발을 촉진하기 위해 아그로포렉스 컴퍼니를 설립하였다. 원래 벤조인의 생산 재개를 맡았던 아그로포렉스는 1993년 아가우드 개발에 대한 정부 허가를 따냈다. "아가우드의 무역은 수세기 동안 라오스 국왕이 독점해 온 까닭에 정작 무역의 교차로인 라오스에서는 제대로 거래되지 않았습니다. 이 천연 자원은 1989년 라오스가 개방되면서 음지를 벗어나 빛이 드는 땅으로 나올 수 있었습니다. 많은 사람들이 탐내던 아가우드는 사기와 부정 거래의 대상이었습니다. 아가우드는 제품의 표준화에 오랜 시간이 걸렸고 남획의 위협으로부터 보호하기 위해 CITES 목록에 등재되어야 했습니다. 그럼에도 우리는 벤조인과 마찬가지로 윤리적이고 책임감 있는 선구적 접근 방식을 통해 아가우드를 다루었습니다."

매년 120킬로그램의 아가우드 에센셜 오일을 생산하는 아그로포렉스는 마을 공동체와 자원 사용권을 위한 장기 계약을 맺고 1만 2천 그루의 나무를 심는 등 상생을 위해 노력하고 있다.

벌레와 곰팡이

최상급의 아가우드 에센셜 오일이 킬로그램당 25,000달러에 달할 정도로 비싼 이유는 무엇일까? 아가우드는 매우 독특한 과정을 거쳐 생성된 결과물이기 때문이다. 프랑시스 샤노는 다음과 같이 설명한다. "나무가 자라는 동안 곤충들이 수액을 먹기 위해 구멍을 내고, 그 안에 들어간 개미들이 영역을 표시하기 위해 아퀼라리아를 자극하는 물질을 분비합니다. 나무는 공격 받은 부분에 나무를 단단하게 하고 색깔을 띠게 하는 수지를 점차 생성합니다. 그것이 아가우드입니다."

인간들은 나무에 상처를 입히거나 도끼로 깊게 패어 피알로포라Phialophora parasitica와 같은 곰팡이에 감염시키는 전통적인 방식을 통해 아가우드를 생성한다. 이러한 생성 과정에는 최소 수십 년이 걸리는데, 진정한 아가우드가 생성되려면 수령이 25년 이상이 되어야 한다. 아그로포렉스는 지역 사회의 소득 창출을 위해 10년 된 아퀼라리아에서 채취한 에센셜 오일을 개발했다. 프랑시스 샤노는 다음과 같이 강조했다. "만약 우리가 천 그루의 나무를 심으면 25년 동안 기다리는 대신 그 중 일부를 일찍 간벌할 수 있습니다. 이렇게 하면 남은 아퀼라리아에도 도움이 되고 재배자에게는 조기 수입이 주어지게 되며, 무엇보다도 서양 향수 산업에 합리적인 가격의 제품을 제공할 수 있으므로 좋은 타협점이 됩니다."

긴 가공 과정

나무의 성장 단계와 관계없이 아가우드가 숙성되고 감염된 아퀼라리아를 판별하려면 현지 재배자의 전문 지식이 필요하다. 우선 나무를 벌목한 후 껍질을 제거하고 나무를 잘게 자른다. 무게가 150-250킬로그램에 달하는 나무줄기 중 30킬로그램만이 사용된다. 값비싼 심재 부분은 증류하지 않고 중동이나 동아시아에서 태우는 용도로 사용할 수 있도록 꼼꼼하게 세척한다. 나머지 부분은 큰 조각으로 잘라 사흘이나 나흘 동안 햇볕에 말린다. 그런 다음 나뭇조각을 다시 짚처럼 쪼갠 후 시멘트 용기 안에 넣어 보름에서 한달 동안 물에 불린다. 증류하기 전 나무의 식물 세포를 분해하기 위한 과정이다. 0.5-0.8퍼센트로 샌달우드에

비해 열 배 이상 낮은 수율이 아가우드의 귀중한 가치를 설명한다.

아그로포렉스는 25-30년 된 아퀼라리아 크라스나를 사용하여 따뜻하고 스모키하며 가죽 향이 나지만 약간은 살구처럼 느끼한 과일 향을 동반하는 에센셜 오일 '팔라오 1'을 생산한다. 이 제품은 카스토레움이나 오스만투스, 파촐리 등에서 느껴지는 배설물과 같은 애니멀릭한 냄새도 가지고 있다. 10년 수령의 나무에서 얻은 에센셜 오일 '팔라오 2'에서도 비슷한 흐름을 느낄 수 있지만, 스모키함이 덜하고 애니멀릭함이 강하며 기름진 왁스 같은 악센트가 드러나는 특징을 갖는다.

아가우드가 사용된 향수들

우드 포 러브
OUD FOR LOVE

브랜드	더 디퍼런트 컴퍼니
조향사	베르트랑 뒤쇼푸
출시년도	2012년

아가우드는 이 맑고 화사한 향수 안에서 매우 부드럽고 섬세하게 표현된다. 위스키를 연상시키는 감미로운 향기는 따뜻한 스파이시 어코드로 변모한다. 알데하이드 노트가 느껴지는 화이트 플라워와 머스크, 넘실거리는 발삼은 샌달우드 및 아가우드와 어우러지며 깊이 있는 우디 향을 선사한다. 베이스 노트는 애니멀릭한 엠버 노트와 포근한 캐러멜의 풍성한 잔향으로 마무리된다.

더 나이트
THE NIGHT

브랜드	에디시옹 드 파르팡 프레데릭 말
조향사	도미니크 로피옹
출시년도	2014년

중동을 향한 찬사를 담은 향수로, 인도산 아가우드를 21퍼센트나 함유하고 있다. 탑 노트의 강렬함은 아가우드의 애니멀릭한 향기로 펼쳐진다. 우리에게 익숙한 모피 향을 뛰어넘어 양 우리나 가공되지 않은 양모에서 나는 냄새, 양모에 붙은 지방질의 분비물을 분리하고 정제한 기름 냄새 등을 연상시킨다. 이러한 동물적인 요소는 곧 또 다른 강렬함을 지닌 식물적인 요소와 연결된다. 웅장하고 풍성하면서도 과일의 향기가 짙은 장미와 향신료들이다. 전율이 흐르고, 심오하며, 위풍당당한 더 나이트는 아가우드를 능숙하게 해석해낸 향수다. 마치 보들레르의 시처럼 말이다.

우드 사틴 무드
OUD SATIN MOOD

브랜드	메종 프란시스 커정
조향사	프란시스 커정
출시년도	2015년

프란시스 커정이 시간이 멈춘 신비로운 동양 세계 속에서 길을 잃는 상상을 하면 이러한 향수가 탄생한다. 튀르키예식 과자 로쿰Loukoum처럼 설탕에 절인 듯 달콤하고 훌륭한 장미 향이 파우더리하고 크리미한 바이올렛 노트를 맞이한다. 부드럽고 달콤한 플로럴 노트는 어둡고 애니멀릭한 면모를 갖춘 라오스산 아가우드로 짜인 침대 위에서 벤조인과 엠버, 바닐라와 함께 단잠에 빠진다.

블랙커런트 버드 IFF의 LMR 내추럴

프랑스

블랙커런트 버드 앱솔루트는 1970년대 조향계에 등장하여 유황 냄새가 묻어나는 그린 프루티 노트를 제공해왔다. IFF의 천연 원료를 담당하는 자회사 LMR 내추럴Naturals은 블랙커런트 버드의 사용에 있어 선구적인 역할을 해왔으며, 해당 분야를 기계화하고 지속할 수 있도록 협동조합 '레 코토 부르기뇽Les Coteaux bourguignons'과 장기적인 파트너십을 맺고 있다.

블랙커런트는 리큐어를 만드는 데 사용되어 온 작고 반짝이는 검은 열매다. 이것은 필록세라균에 의해 포도밭이 황폐화된 19세기 후반에 부르고뉴에 도입되어 본격적으로 재배되었다. 그리고 1960년대 후반 향후 LMR의 창립자가 될 모니크 레미가 그라스에 본사를 둔 '카밀리, 알베르 & 랄루'의 기술 책임자로 재직할 당시 블랙커런트 관목의 꽃봉오리에서 앱솔루트를 추출하는 데 성공하면서 향수에 사용되기 시작했다. 그린 노트와 프루티 노트, 씁쓸함과 달콤함, 그리고 유황 냄새가 동시에 느껴지는 이 향기는 조향사의 팔레트에서 보기 드문 프루티 노트의 천연 향료 중 하나가 되었다. "처음에는 기밀로 다루어졌기 때문에 이 새로운 원료에 대한 수요가 높지 않았습니다. 하지만 수십 년이 지나면서 그것의 수요는 빠르게 증가하였고, 2000년대 초에 들어서는 원료 가격에 압박을 가하는 수준으로 이어졌습니다. 2002년 LMR 내추럴은 공급망 확보를 위해 협동조합 레 코토 부르기뇽과 장기

원료 신분증

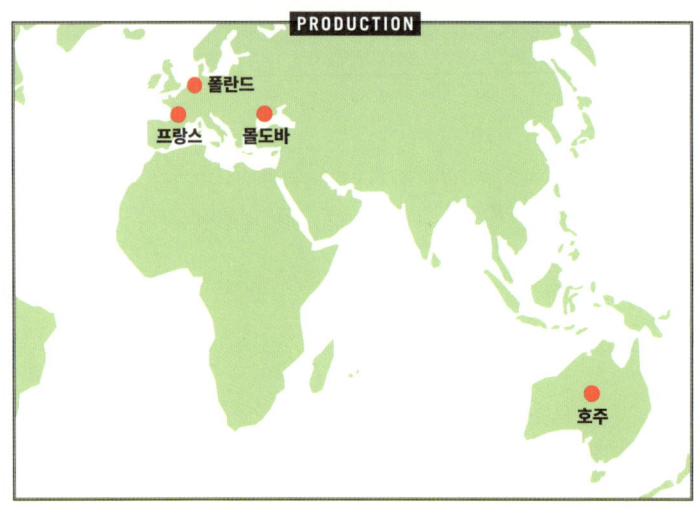

라틴명
Ribes nigrum

향료명
Blackcurrant, black currant, cassis

분류
Grossulariaceae

어원
비교적 최근에 프랑스어로 편입된 단어 '카시스Cassis'의 어원은 알려지지 않았다. '커런트currant'는 중세 영단어 '레이손스 오브 코란스reysouns of corans'에서 파생되었다. 라틴어 '리베스ribes'는 레드커런트를 의미하는 덴마크어 '립스ribs'에서 유래되었으며, '니그룸nigrum'은 검은색을 의미한다.

역사
북유럽이 원산지이며 전통적으로 포도주 양조 문화와 관련이 있는 블랙커런트는 부르고뉴에서 주로 재배되는 과일이다. 중세 시대부터 다양한 치료 효과를 보이는 것으로 유명했다. 블랙커런트의 열매는 오랫동안 절임 식품이나 리큐어의 형태로 사용되어 왔다. 최근 들어 식품 향료나 꽃봉오리 추출물을 이용한 새싹 요법에 이용하기 시작했으며 1970년대 이후에는 조향계에서도 활용되고 있다.

향 노트
과일, 풀잎, 바삭바삭한, 과즙이 풍부한, 테르펜, 활력이 돋는, 유황, 떫은, 송진, 자몽, 패션 프루트, 고양이 오줌, 회양목

주요 성분
사비넨, 파라-시멘, 델타-3-카렌, 베타-펠란드렌, 베타-카리오필렌, 하드위키크산

수확 시기

추출법
휘발성 용매 추출법

수율

100kg 꽃봉오리 → 4.5kg 콘크리트 → 4kg 앱솔루트

부르고뉴 지방에서 생산되는 블랙커런트의 양

2t 1980년대 · 10t 2000년대 · 60t 2020년대

블랙커런트 나무가 완전히 숙성되기까지 걸리는 시간
3-4년

블랙커런트 앱솔루트의 가격이 높아지면서 코르프 카시스나 카시스 베이스 345B와 같이 천연 향료를 대신하여 사용할 수 있고 관리하기 편한 블랙커런트 베이스들이 개발되었다. 이들은 조향계에서 해당 향 노트가 높은 인기를 구가하는 데 크게 기여하였다.

적인 파트너십을 체결하기로 결정하였습니다." 당시 회사를 운영하던 베르나르 툴르몽드가 설명했다. LMR 내추럴은 10년 동안 연간 50헥타르의 생산량을 보장된 가격으로 선구매하는 계약을 맺었다. 생산자들에게 유리한 계약적 합의는 그들이 블랙커런트 재배에 집중하면서 수확 방식의 기계화에도 투자할 수 있도록 장려하고 있다.

누아 드 부르고뉴, 로열 드 나폴리, 그리고 비그루

현재 블랙커런트는 프랑스에서 500헥타르 규모로 재배되는데, 주로 부르고뉴프랑슈콩테의 코트도르 지역을 필두로 욘, 손에루아르, 오트손, 쥐라, 앵에서 이루어진다. 전통 작물인 누아 드 부르고뉴와 로열 드 나폴리, 그리고 프랑스 국립농업연구소INRA가 선정한 비그루 등 다양한 품종이 재배되고 있다.

생산자는 토양의 성질과 작업량을 고려하여 10월 말에서 3월 중순 사이에 블랙커런트를 심는다. 블랙커런트는 3-4년이 될 때까지는 생산에 적합한 수준에 이르지 못한다. 봄이 끝날 때쯤 단순한 바늘 형태의 새싹이 모습을 드러내고, 7월이 되면 약간 뾰족한 난형에 흰색과 녹색 사이의 색을 띠며 겉이 비늘로 덮여 있는 특징을 보인다. 10월 중순까지 커피콩 정도의 최종 크기로 성장한 블랙커런트는 겨울을 지나는 동안 연한 보라색으로 변하면서 점점 딱딱해진다.

블랙커런트 버드

전대미문의 블록체인

블랙커런트의 수확은 12월 20일부터 2월 10일 사이에 진행된다. 전통적인 권고에 따라 서리가 내리기 시작하는 1월까지 기다린 후 수확하였지만, 오늘날에는 이것이 원료의 품질이나 수확량에 영향을 미치지 않는 것으로 알려져 있다. 꽃봉오리가 열리면 블랙커런트의 특징을 잃기 때문에 생산자들은 따뜻한 겨울을 기피한다. 반면에 너무 일찍 수확하면 아직 연약한 상태이므로 손상될 가능성이 높아진다. 처음으로 기계화가 도입된 1990년대 전까지 블랙커런트의 수확은 수작업으로 이루어졌다. 그러나 곡물 수확기와 같이 더 복잡한 고성능 기계가 널리 보급되어 생산성이 크게 향상되기까지는 10년을 더 기다려야 했다.

곡물 수확기는 0.8-1.5미터까지 자란 블랙커런트 덤불을 20센티미터 높이로 자르고 가지에서 꽃봉오리를 분리한다. 이러한 기계화 덕분에 하루에도 100킬로그램의 꽃봉오리를 수확할 수 있게 되었는데, 수작업으로 500그램을 수확하던 때와 비교하면 큰 발전을 이룬 것이다. 수확은 건조 과정을 고려하여 아침 이슬이 증발한 정오부터 오후 5시 사이에 진행한다. 우천 시에는 중장비로 인해 젖은 땅이 손상될 위험이 있어 작업이 지연되기도 한다. 수확한 꽃봉오리에는 나뭇조각이나 기타 불순물이 섞여 있어 이를 제거하는 분류 작업이 필요하다. 기계화된 분류 작업은 같은 날 저녁 2-4단계로 진행된다. 작업이 끝난 수확물은 LMR 내추럴의 생산 시설이 위치한 로제르로 운반되며 휘발성 용매 추출을 통해 콘크리트로 다시 태어나게 된다. 블랙커런트 콘크리트는 그라스의 다른 공장으로 보내져 알코올 세척을 거치고 왁스를 제거하여 마침내 앱솔루트가 된다.

LMR 내추럴은 블랙커런트 재배 환경을 개선하기 위해 최초로 천연 향료 전용 블록체인을 만들어 모든 생산 단계에 있는 중요한 정보를 기록하고 있다. 각 생산자가 자신의 수확물을 협동조합에 맡기면, 협동조합은 원산지, 생산자 정보, 가격, 생산량 등을 블록체인에 입력한다. 블랙커런트의 꽃봉오리가 LMR로 배송되고 가공될 때 역시 새로운 기록이 만들어진다. 밭에서 생산되어 원료 병에 담기기까지의 모든 여정이 완전히 추적 가능한 하나의 체인으로 완성되는 것이다.

블랙커런트 버드가 사용된 향수들

샤마드
CHAMADE

브랜드	겔랑
조향사	장폴 겔랑
출시년도	1969년

겔랑은 색다른 방식으로 사용된 블랙커런트로 자유를 갈망하는 새로운 세대를 유혹한다. 블랙커런트는 히아신스, 갈바넘과 함께 해방을 향한 녹색 돌풍을 일으킨다. 하지만 뒤이어 등장하는 화이트 플로럴 부케는 향기를 클래식한 분위기로 회귀시킨다. 재스민과 일랑일랑, 로즈는 파우더리한 알데하이드의 안개에 감싸여 크리미한 엠버 우드 어코드에 빠져든다.

듄
DUNE

브랜드	크리스챤 디올
조향사	도미니크 로피옹, 장 루이 시외작
출시년도	1991년

듄은 바다의 가장자리에 펼쳐진 정원을 표현한 향수다. 향 구조에서도 드러나듯 듄은 육지와 바다의 대비를 선명하게 구현한다. 베르가못과 만다린이 톡 쏘는 상쾌함을 불어넣은 다음 블랙커런트가 쌉싸름한 녹색 상처를 남긴다. 스파이시한 일랑일랑과 백합이 짭조름한 이끼를 떠올리는 파촐리와 오크모스, 금작화로 이루어진 어코드에 녹아든다. 바닷바람의 푸르름은 자비롭고 다정한 햇살의 온기처럼 크리미한 샌달우드, 바닐라, 엠버 노트에 스며든다.

매니페스토
MANIFESTO

브랜드	입생로랑
조향사	록 동, 안 플리포
출시년도	2012년

바닐라 오리엔탈 계열을 재해석한 향수로, 그린 노트와 함께 화사하고 구미가 당기는 분위기를 자아낸다. 상큼한 프루티 노트의 도입부에서는 베르가못의 톡톡 튀는 향기에 설익은 블랙커런트가 녹아든다. 은근하게 스며드는 은방울꽃과 재스민으로 구성된 프레쉬 플로럴의 미들 노트를 지나 샌달우드와 통카콩, 바닐라의 아몬드 향을 떠올리고 우유처럼 크리미한 향기가 캐러멜의 뉘앙스를 엿보이며 풍성하게 퍼져 나간다. 깨끗하면서도 모호하게 느껴지는 머스크의 후광이 향 전반을 달콤하고 부드럽게 감싼다.

로만 캐모마일 지보단의 알베르 비에이유

프랑스, 이탈리아
서양배, 가죽, 건초, 먼지 냄새… 로만 캐모마일 에센셜 오일은 여러 가지 측면을 가지고 있다. 알베르 비에이유Albert Vieille는 로만 캐모마일이 유행하기 훨씬 전부터 이 꽃의 역사적 원산지인 이탈리아와 프랑스의 지역 생산자들과 파트너십을 맺어 왔다.

2019년 지보단 그룹에 속하게 된 알베르 비에이유는 1981년 피에몬테에 본사를 둔 약용 식물 전문 생산업체와 파트너십을 맺었다. "해당 업체와의 관계는 시간이 지나면서 변해왔습니다. 로만 캐모마일을 다루기 전까지는 피에몬테 지역에서 1930년대부터 재배된 오랜 역사를 가진 작물 타라곤이 주를 이뤘습니다." 알베르 비에이유의 원료 구매 담당자 오렐리 오트릭이 설명했다.

지난 40년 동안 알베르 비에이유는 프랑스 내에서 파트너십을 구축할 뿐 아니라 알프스 산맥을 횡단하며 이탈리아의 여러 생산 및 가공업체들과 협업하였다. 이러한 네트워크를 통해 회사는 로만 캐모마일 공급망 전반에 걸쳐 훌륭한 추적 가능성을 제공하고 구매자에게 품질과 생산량을 보장할 수 있게 되었다.

원료 신분증

라틴명
Chamaemelum nobile / Anthemis nobilis

향료명
Roman chamomile, chamomile, common chamomile, ground apple

분류
Asteraceae

어원
캐모마일은 '땅에 있음'을 의미하는 그리스어 '카마이khamai'와 '사과'를 의미하는 '멜론melon'이 합쳐져 만들어진 단어다. 작은 크기와 녹색 과일의 향기를 직접적으로 연상시키는 명칭이다.

역사
유럽 대서양 연안과 북아프리카가 원산지인 캐모마일은 인퓨전이나 에센셜 오일 형태의 전통적인 약제로 사용되었다. 19세기 약초학자였던 피에르 에메 고디옹이 프랑스에 도입한 이후 앙주 지방에서 재배되었기 때문에 '앙주의 여왕' 혹은 '하얀 여왕'으로 불렸다. 조향계에서는 높은 가격과 독특하고 강렬한 향 특징으로 인해 많이 사용되지 않는다.

향 노트
플로럴, 풀, 허브, 과일, 리큐어, 가죽, 떫은, 건초, 사과, 서양배

주요 성분
이소부틸 안젤레이트, 이소아밀 메타크릴레이트, 이소아밀 안젤레이트, 메틸아릴 안젤레이트

2018년 전 세계 로만 캐모마일의 재배 면적은 1,000헥타르 정도밖에 되지 않았음에도 약 16톤의 수확량을 기록하였다.

수확 시기

추출법
증류 추출법

알람빅 증류기를 통한 추출 시간
3시간

케이슨 증류법을 통한 추출 시간
1시간 15분

수율

600 kg 꽃대 → 1 kg 에센셜 오일

과일, 그리고 리큐어 같은 향 프로필

수년 전부터 로만 캐모마일 에센셜 오일은 아로마테라피와 천연 화장품, 그리고 조향계에서 널리 사용되었다. 이 원료가 큰 인기를 누릴 수 있었던 것은 과일, 그리고 리큐어 같은 향 프로필을 가졌기 때문이다. 로만 캐모마일을 한마디로 표현하면 '염소' 냄새다. 구체적으로 설명하자면 염소 그 자체의 냄새라기보다 건초나 서양배, 먼지 냄새에 가깝다. 이 원료는 아로마틱 계열의 남성 향수에서는 물론이고 플로럴 계열의 여성 향수에서도 조력자 역할을 할 수 있으며, 레더 어코드의 탑 노트에서 자연스럽게 스며 나올 수 있다.

들판에 핀 방울꽃은 아침 이슬을 좋아하지 않는다. 새벽에 수확하는 장미나 재스민과 달리 로만 캐모마일은 햇볕이 따뜻해진 7월 오후에 수확한다. 알베르 비에이유는 최대 효율을 위해 케이슨 증류법을 사용한다. 이 기술은 수확한 꽃대를 담은 트레일러에 증기를 주입하는 대형 노즐을 직접 연결시켜 증류하는 방식이다. 전통적인 증류 방법을 통해 추출한 것과 동일한 후각적 프로필을 제공하면서 추출 시간은 절반으로 줄일 수 있다. 또 무거운 원물을 트레일러에서 증류기로 옮기는 작업을 하지 않아도 된다.

노하우의 전달

로만 캐모마일을 재배할 때는 밖으로 드러난 뿌리의 굵은 부분을 잘라 다시 심는 원예 기술, 즉 취목법을 사용한다. 오렐리 오트릭은 다음과 같이 설명했다. "우리의 재배자들은 이미 모든 것을 갖추고 있습니다. 그들이 따로 구매해야 하는 것은 없고, 필요에 따라 재배 면적을 확장하기도 합니다." 알베르 비에이유는 로만 캐모마일의 재배와 가공에 대한 노하우를 공유하며 재배자들의 작업 자율성을 높이는 데 힘쓰고 있다. 한 예로, 프랑스의 재배자에게 이동식 증류 장치를 갖춘 팀을 파견하여 그들의 기술을 시연한 적이 있다. 재배자는 그 이후 자신의 밭 바로 앞에 증류 추출 장치를 설치하였다고 한다. "우리는 모든 재배자들의 밭을 파악하고 있습니다. 우리는 중개인의 역할에 그치지 않고 재배자들과 함께 프로젝트를 구축하고 있습니다. 이것이 우리가 최상의 가격과 품질을 얻을 수 있는 이유입니다"라고 오렐리 오트릭은 강조했다.

두 태양 전지판을 사용하여 환경에 미치는 영향을 최소화하고 비용을 절감한다. 알베르 비에이유는 노력을 인정받아 2020년 '페어 포 라이프Fair for Life' 공정무역 인증을 획득했다. 이 인증은 공정한 무역 공급망과 재배자와 회사 간의 윤리를 보장하는 기업에게 수여된다. 오렐리 오트릭은 다음과 같이 강조했다. "페어 포 라이프는 피에몬테 재배자 네트워크와의 역사적인 관계를 지금껏 발전시켜 온 알베르 비에이유의 공유 가치를 반영합니다."

윤작 재배

로만 캐모마일을 재배할 때 맞닥뜨리는 가장 큰 어려움은 잡초를 관리하는 일이다. 이 작물은 경쟁에 매우 민감하여 잡초가 있을 경우 제대로 성장하지 못한다. 재배자들은 경계를 늦추지 않고 잡초가 나타나는 즉시 제거해야 한다. 괭이로 밭을 긁어내는 작업은 몹시 피로하지만 꼭 필요한 과정이다. 일단 캐모마일이 경쟁자를 물리치게 되면 빽빽한 카펫처럼 보일 정도로 무성하게 자라기 때문에 제초제 없이 잡초를 방제하는 것이 중요하다. 이탈리아에서는 병충해 방제 약품의 사용을 줄이기 위해 4-5년마다 로만 캐모마일 밭에 곡물이나 콩과 식물을 심는 작물 순환법을 개발하였다. 프랑스에서는 일부 재배자들이 유기농 생산으로 전환하고 있으며, 알베르 비에이유의 파트너들은 기계 제초법을 연구하고 있다. 프랑스와 이탈리아의 캐모마일 재배자들은 함께 모여 재배 및 증류 기술에 대한 정보를 공유한다. 이들은 모

로만 캐모마일이 사용된 향수들

1881

브랜드	세루티
조향사	클레어 케인
출시년도	1995년

1881은 디자이너의 작품에서 영감을 받아 제작한 향수로, 린넨으로 만든 꽃의 향기를 연상시킨다. 온화하고 수줍은 듯한 여성성은 봄꽃으로 이루어진 섬세한 부케의 분위기로 구현된다. 로만 캐모마일은 아이리스, 미모사, 바이올렛이 자아내는 파우더리한 연무와 장미, 은방울꽃이 전하는 부드러움에 둘러싸여 한 잔의 허브차 같은 편안함을 선사한다. 살색을 띤 향수병은 피부를 쓰다듬는 손길과 목덜미의 입맞춤과 같이 1881의 향기에서 느껴지는 감각을 고스란히 반영하고 있다.

오이에르
OEILLÈRES

브랜드	로베르토 그레코
조향사	마르크 앙투안 코르티치아토
출시년도	2017년

'안티플라워' 콘셉트를 표방하는 오이에르는 푸릇한 풀과 타르가 뒤섞이며 만들어 낸 소용돌이 사이로 마약과도 같은 향기를 주입하며 시작된다. 스티락스로부터 퍼져 나가는 검은 라텍스, 불타는 타이어, 스파이시한 송진 향기는 군집을 이루며 건초 더미 안에 있는 듯 축축하고 파우더리하지만 꿀처럼 달콤한 로만 캐모마일에 도전장을 던진다. 최면의 기운이 가시면서 드러난 커민 노트에 잠긴 채 피부 주름을 자극하는 관능적인 향기는 부드러운 가죽 노트로 덮이고, 그 위로 식물의 냄새가 지울 수 없는 흔적처럼 새겨진다.

메모아 된 오더
MÉMOIRE D'UNE ODEUR

브랜드	구찌
조향사	알베르토 모리야스
출시년도	2019년

무대의 주인공은 누구인가? 로만 캐모마일이 등장한다. 일반적으로 로만 캐모마일은 무대 뒤편에서 다른 향기를 돕는 역할을 하기 때문에 스스로가 부각되는 일은 흔치 않다. 하지만 이번에는 마침내 무대의 중앙에 올라 허브 향, 쌉싸름한 느낌, 우유 같이 부드러운 느낌, 스파이시한 향, 아로마 향과 같이 자신의 모든 면모를 뽐내며 투명하게 물결치고 점차 희미해져 가는 향기를 연출한다. 살리실레이트와 헤디온은 연기가 피어오르는 환상 속에서 크리스털처럼 빛나는 샌달우드와 시더우드를 버팀목 삼아 자신의 숨결을 불어넣는다.

시나몬 베르제

스리랑카

최고 품질의 시나몬은 스리랑카에서 생산된다. 스리랑카 남서부에 위치한 신생 기업 베르제 Verger는 전통적인 노하우를 보존하는 동시에 산업을 현대화하기 위해 힘쓰고 있다. 지속 가능한 개발, 공정 거래, 추적 가능성 및 혁신은 베르제가 시나몬을 더 많은 소비자에게 제공하기 위해 염두에 두는 가장 중요한 가치다.

전 세계 조향사와 미식가들에게 사랑을 받는 따뜻하고 스파이시한 향의 갈색 껍질 향신료 시나몬은 스리랑카(과거 실론으로 불렸다)에서 유래하였다. 오늘날 시나몬은 주로 스리랑카 남서부의 벤토타부터 탕갈레까지 이어진 해안과 라트나푸라와 엠빌리피티야 사이의 내륙에서 재배되고 있다. 시나몬 나무는 햇볕이 강하고 강우량이 많은 곳에서 잘 자라는데, 일반적으로 단일 작물만을 재배하는 2헥타르 미만의 작은 농장에서 반듯하게 줄 세워 심긴다. 키우는 데 특별한 관리를 필요로 하지 않기 때문에 유기농 생산에 적합하다. 가지치기를 하지 않으면 최장 10미터 높이까지 자란다.

원료 신분증

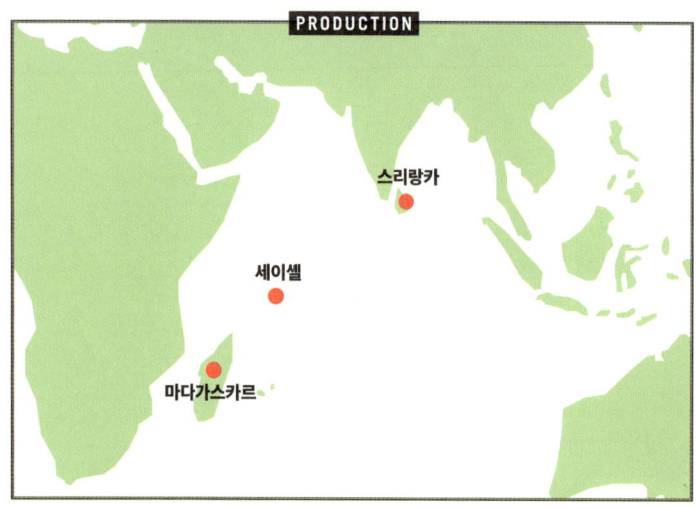

라틴명
Cinnamomum verum, Cinnamomum zeylanicum
향료명
Cinnamon, Ceylon cinnamon, true cinnamon
분류
Lauraceae

어원
프랑스어 '카넬cannelle'은 말린 시나몬 껍질의 모습으로 인해 도관이나 파이프를 의미하는 '칸canne'에서 파생된 명칭이다. 영어 '시나몬cinnamon'은 고대 프랑스어 '시나몸cinnamome'에서 라틴어와 그리스어를 거친 다음 최종적으로 고대 히브리어 단어에서 파생된 명칭이다. 혹은 달콤한 나무를 의미하는 말레이어에서 유래하였을 수도 있다.

역사
스리랑카가 원산지인 시나몬은 약 5,000년간 그것의 의학적 효능, 혹은 향기를 필요로 하거나 마법의 의식을 행할 때 활용되었다. 때로는 금보다 비싸게 거래되었으며 무역을 위한 화폐로도 사용되었다. 독특한 향미 덕분에 인도부터 스칸디나비아, 미국에 이르기까지 다양한 국가의 요리에서 주인공으로 활약하고 있다.

향 노트
스파이시한, 따뜻한, 나무, 파우더리한, 상쾌한, 톡 쏘는

주요 성분
신나믹 알데하이드, 신나밀 아세테이트, 베타-카리오필렌, 리날로올, 오이게놀

소비 현황
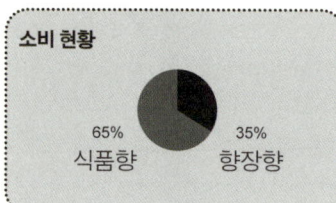
65% 식품향 / 35% 향장향

'카시아Cinnamomum cassia'로 불리는 중국산 시나몬을 비롯하여 다양한 종이 있지만, 가장 각광받는 것은 향신료와 향 추출용으로 사용되는 실론 시나몬이다.

수확 시기
① ② ③ ④ ⑤ ⑥ ⑦ ⑧ ⑨ ⑩ ⑪ ⑫

추출법
증류 추출법
용매 추출법
초임계 유체 추출법

수율

나무껍질 100kg → 에센셜 오일 0.5-1.2kg

스리랑카에서의 시나몬 연간 생산량

나무껍질
40,000-50,000t
에센셜 오일
58t

녹색에서 갈색으로 변하는 껍질

상업적 용도로 재배할 경우 2-2.5미터 높이의 잎이 무성한 관목의 모습으로 한 그루에서 수십 년 동안 새로 자란 가지를 얻을 수 있다. 가지의 거친 껍질은 녹색을 띠지만 후각적으로 성숙되면서 점차 갈색으로 변한다. 베르제의 최고 경영자 누완 들라주는 다음과 같이 설명했다. "바로 그때가 수확해야 하는 시점입니다. 나무껍질을 작업하기 어려워지기 전에 말이죠." 2013년에 설립된 베르제는 백육십 명의 직원을 두고 있으며 현지 생산자 네트워크와 협업하여 블랙 페퍼, 레몬그라스, 정향, 진저, 육두구 열매와 껍질, 시나몬 등 향장향과 식품향, 아로마 테라피에 사용되는 원료를 공급하고 있다. 시나몬의 수확 시즌이 되면 어린 가지는 남겨두고 지름이 3-5센티미터에 이르는 긴 가지의 밑부분을 잘라낸다. 가지를 잘라낼 때마다 수확하는 농부들은 자연에 대한 감사의 의미로 잠시 동안 합장한 채 고개를 숙인다.

시나몬 나무는 60-70년까지 살 수 있으며, 잘린 부분에서 새로운 가지가 뻗어 나와 2-3년 만에 숙성된다. 수확은 5월부터 12월까지 이어지지만, 습한 공기가 나무껍질을 부드럽게 만들어 벗기는 작업이 수월해지는 5월과 6월, 혹은 우기가 끝난 시점에 절정에 달한다. 시나몬 나무의 잎사귀 사이로 햇살이 비추는 이른 아침, 농부들은 가지에서 잎이 달린 줄기를 쳐낸다. 그리고 약 2.5미터 길이의 가지들을 한데 모아 농장이나 집하장으로 가져간다.

이제 수작업으로 나무껍질을 벗기는데, 이는 다년간의 훈련과 연습으로 만들어진 능숙한 손기술을 요구한다. 먼저 향이 나지 않는 겉껍질을 분리하여 값비싼 속껍질을 드러낸다. 속껍질을 벗기고 조심스럽게 말아 올린 후 건조시키면 요리에 사용하는 전형적인 모양의 시나몬 스틱이 만들어진다. 남은 껍질은 잘게 조각내어 크기를 줄인 다음 분쇄하거나 증류한다. 향장향 및 식품향 산업에서 사용되는 시나몬은 숙성도에 따라 세 가지 등급으로 나뉜다. 누완 들라주의 설명에 따르면 "카타katta는 가장 일반적인 등급으로 수 밀리미터 두께의 얇은 껍질로부터 추출합니다. 카타는 감미롭고 상쾌한 에센셜 오일입니다. 조금 더 두꺼운 지저깨비를 통해 얻어지는 숨불라sumbulla는 달콤하고 파우더리한 노트를 제공합니다. 마지막으로 약 1센티미터 두께의 나무껍질에서 뽑아낸 파투루pathuru는 나무 향과 플로럴 향이 더 진하게 풍깁니다."

다양한 가공법

베르제의 생산 시설은 전략적인 이유로 와라카고다에 위치해 있다. 이 도시는 시나몬의 재배 지역과 수도 콜롬보의 경제 중심지를 이어주는 주요 교통로인 남부 고속도로에 근접해 있다. 바로 이곳에서 네 시간의 증류 추출을 통해 시나몬 껍질이 에센셜 오일로 다시 태어난다. 1,500제곱미터 규모의 생산 시설과 분석실에서는 시나몬 리프 에센셜 오일부터 용매 추출로 얻어낸 올레오레진에 이르기까지 다양한 형태의 향신료 제품을 선보인다. 더 나아가 베르제는 초임계 유체 추출법을 이용하여 '무용매' 추출물이라는 혁신적이고 새로운 분야를 개척하고 있다. 누완 들라주는 다음과 같이 강조했다. "우리의 사업은 수확부터 모든 추출 공정에 이르기까지 '폐기물 제로'입니다.

말린 껍질은 시나몬 스틱으로 만들고, 부산물인 지저깨비와 잎은 증류하거나 추출합니다. 또한 에센셜 오일을 추출한 후 남은 유기물은 증류 탱크 보일러의 연료로 재활용됩니다." 베르제는 환경에 미치는 악영향을 최소화하기 위해 공장의 에너지와 물 소비를 줄이는 프로토콜을 시행 중에 있으며, 더 나은 방법을 찾기 위해 끊임없이 노력하고 있다.

이러한 모범적인 환경적 책임 활동은 농업 및 기술 교육 프로그램을 운영하는 베르제 재단의 농부 지원 캠페인에도 반영되어 있다. 이들은 '미소 재배'를 모토로 삼고 함께 일하는 천삼백여 가구에 깨끗한 물과 교육에 대한 접근성을 개선하는 등 삶의 질을 향상시키는 데 전념하고 있다. 베르제의 일부 제품은 '페어 포 라이프' 공정무역 인증과 '레인포레스트 연맹' 친환경 삼림 보전 인증을 받았다. 회사는 더 나아가 시나몬의 재배지부터 농부와 그 가족의 삶, 노동 환경까지 파악하는 '파머 커넥트' 프로젝트를 통해 고객에게 완전한 투명성과 추적 가능성을 제공한다. 누완 들라주는 다음과 같이 정리했다. "현지에서 지속 가능한 방식으로 원료를 제공하는 에센셜 오일 생산업체 베르제는 농부들과 긴밀하게 협력하며 생산자와 고객 모두에게 책임감을 부여합니다."

시나몬이 사용된 향수들

유스 듀
YOUTH-DEW

브랜드	에스티 로더
조향사	조세핀 카타파노
출시년도	1953년

유스 듀는 대중들이 프랑스 브랜드 향수를 선호하던 시절, 미국 향수 산업이 최초로 거둔 큰 성공이었다. 감귤류 과일 비누의 냄새를 닮은 알데하이드 노트가 시작을 알리면 꽃다발의 중심에서 피어난 스파이시 플로럴의 대명사 카네이션이 대담하고 육감적인 시나몬과 정향에 의해 빠르게 달아오른다. 베이스 노트에서는 리큐어를 연상시키는 레진과 엠버 노트로 치장한 파촐리와 오크모스가 풍성하고 관능적인 인상을 남긴다.

로
L'EAU

브랜드	딥디크
조향사	노르베르 비자위
출시년도	1968년

16세기 엘리자베스 시대의 포푸리와 휴대용 향주머니인 포맨더를 위한 레시피에서 영감을 받아 만들어졌다고 전해진다. 탑 노트에서는 시나몬과 정향, 진저가 만들어 내는 살을 에는 듯 맹렬한 시로코 바람[초여름에 아프리카에서 지중해를 넘어 이탈리아로 불어오는 더운 바람-역자]이 오렌지와 레몬, 베르가못의 신선한 껍질 위로 불어온다. 장미의 작은 꽃봉오리들과 제라늄의 으깨진 잎 몇 장으로 화려하게 장식되는 향기는 시간의 흐름을 잊게 만든다. 말라가는 꽃과 향신료는 끝을 알지 못하는 영원의 존재이기 때문이다.

에고이스트
ÉGOÏSTE

브랜드	샤넬
조향사	자크 폴주
출시년도	1990년

고수를 연상시키는 아로마틱 노트가 스파이시한 우디 향기로 이어진다. 시나몬과 오이게놀로 장식된 베티버와 샌달우드가 장미와 뒤섞이며 날카로운 카네이션을 떠올리게 한다. 향신료의 향기는 설탕에 절인 살구와 자두로 이루어진 짙은 프루티 어코드를 거쳐 통카콩과 바닐라가 어우러진 미르의 발사믹 노트에 도달한다. 첫 번째 레시피가 1926년에 작성된 향수라는 점을 생각하면 이것의 정교함과 현대성에 더욱 놀랄 수밖에 없다.

카르다몸 지보단

인도

2018년부터 지보단Givaudan은 인도에서 혁신적인 원료들을 개발하기 시작했다. 회사는 케랄라에 있는 세계 최고의 향신료 추출물 생산자와 협력하여 선순환적 공급망을 구축하고 있다.

"만약 우리가 그라스에 있었다면 건조 공장을 가지고 있겠지만, 인도에 위치한 덕분에 신선한 작물을 다룰 수 있게 되었습니다. 하지만 이를 위해서는 적합한 산업 파트너가 필요했습니다." 지보단의 천연 원료 혁신부 책임자인 파비앙 뒤랑은 이렇게 말했다. 2018년, 지보단 그룹은 인도의 향장향 및 식품향 원료 공급업체인 신사이트와 파트너십을 맺으며 상당한 양의 원물과 놀라운 장비들을 확보하였고, 그 덕분에 향신료 원료에 대한 연구 개발을 가속화할 수 있었다.

지보단의 목표는 '좋은 파트너를 통한 좋은 제품'이다. 회사의 플랫폼 '네추럴리티'를 관리하고 있는 발레리 드 라 페샤르디에르는 다음과 같이 전했다. "원료야말로 이 업계에서 생존하기 위한 힘입니다. 우리는 강한 후각적 영향력을 가지면서 생태 발자국을 줄일 수 있는 친환경 제품을 생산하기 위해 노력합니다. 최종 제품에는 이 모든 발전이 담겨 있어야 합니다." 오늘날에는 완전무결한 아름다움을 창

원료 신분증

라틴명
Elettaria cardamomum

향료명
Cardamom

분류
Zingiberaceae

수확 시기
1 2 3 4 5 6
7 8 9 10 11 12

추출법
전통적 증류 추출법
플래시 증류 추출법
초임계 CO_2 추출법

추출 시간

20분-20시간

수율

30kg 씨앗 → 1kg 에센셜 오일

20kg 씨앗 → 1kg CO_2 추출물

인도 전체 향신료 재배지의 3%에 해당하는 카르다몸 재배지의 면적

115,000헥타르

어원

이탈리아어 카르다몸은 라틴어 카르다모몸cardamomum에서 유래되었다. 카르다모몸은 물냉이를 의미하는 카르다몬kardamon과 생강과에 속하는 향신료 식물 아모몬amômon이 조합되어 만들어진 단어다.

역사

카르다몸은 케랄라의 열대 우림에서 자생하는 작은 크기의 다년생 식물이다. 18세기 동인도 회사에서 최초로 거래하였고, 19세기부터 본격적으로 재배되었다. 서고츠산맥에서 수확한 카르다몸은 페르시아만과 중국, 일본 등으로 수출되거나 항구에서 경매를 거쳐 부유한 아랍 상인들에게 판매되었다. 인도에서는 카레, 가람 마살라, 그리고 현지인들이 즐겨 먹는 수많은 스낵과 비스킷에 사용된다.

향 노트

스파이시한, 나무, 장뇌, 풀잎, 아니스, 알데하이드

주요 성분

• 에센셜 오일
유칼립톨, 리날로올, 테르피넨-4-올, 테르페닐 아세테이트

• CO_2 추출물
사비넨, 유칼립톨, 리날로올, 리날릴 아세테이트, 테르페닐 아세테이트

킬로그램당 150-250유로에 거래되는 카르다몸은 사프란과 바닐라에 이어 세 번째로 비싼 향신료다.

조하는 일이 더 이상 불가능하지 않다. 그녀는 이어서 말했다. "코로나로 인한 첫 번째 봉쇄 조치 이후 우리의 건강뿐 아니라 자연 환경에도 좋은 제품을 찾는 소비자들이 증가하였습니다. 이들의 믿음은 자연이 우리에게 해를 끼치지 않고, 지구에 좋은 것은 우리에게도 그러하며, 그 반대의 경우도 마찬가지라는 생각을 바탕으로 합니다."

지보단은 요리 문화가 뒤섞이며 세계 모든 나라의 향신료 시장이 폭발적으로 성장하는 상황에서 신사이트와 전략적인 파트너십을 체결했다. 카르다몸, 진저, 강황과 시나몬… 페샤르디에르는 향신료가 식품향뿐 아니라 "맛에 대한 기억으로부터 향 트렌드가 만들어지는" 고급 조향계에서도 높은 수요를 보인다고 말했다. 2019년에 출시된 유니섹스 향수의 절반이 스파이시한 느낌이 나거나 향수 피라미드에 향신료를 포함하고 있었다. 십 년만에 무려 두 배가 된 것이다! 그리고 카르다몸은 블랙 페퍼와 시나몬을 제치고 가장 많이 언급되는 스파이시 노트로 등극하였다.

통합된 비전

2019년 지보단은 신사이트의 독보적인 산업적 역량을 최대한 활용하면서 생산자와의 관계를 가장 가까운 거리에서 관리하고 몇몇 천연 향료의 공급을 안정시키기 위한 목적으로 케랄라의 중심부에 가공 공장을 건설했다. "추출과 가공을 한곳에서 진행하는 것은 자연을 대하는 우리의 통합된 비전을 보여줍니다." 파비앙 뒤랑은 강조했다. 발레리 드 라 페샤르디에르는 다음과 같이 덧붙였다. "지속 가능성을 유지하는 유일한 방법은 작물 재배부터 최종 원료에 이르기까지 모든 설비를 현지에 두는 것입니다."

지보단은 이를 위해 농업 기술 및 가공 프로세스의 기존 관행을 혁신적으로 개선하였다. 재배에 앞서 기후에 적합한 품종을 선택하고 체계적인 농업적 접근 방식을 실현하는 것이 중요하다. 파비앙 뒤랑은 다음과 같이 설명했다. "와인을 예로 들어보겠습니다. 와인의 품질은 제조 과정보다도 떼루아[와인의 원료가 되는 포도를 생산하는 데 영향을 주는 토양, 기후 따위의 조건-역자]에 더 영향을 받습니다. 떼루아를 선택하는 것은 제품 구현에 필수적인 단계입니다. 이는 향수의 원료에 있어서도 동일하게 적용되는 사실입니다." 카르다몸을 수확하고 나면 보름에서 한 달 동안 건조시킨 후 씨앗과 껍질을 포함하여 열매의 모든 부분을 처리하는 초임계 CO_2 추출법으로 가공한다. 껍질 부분은 원상태에서는 어떠한 향도 나지 않지만, 그것에 함유된 지방산은 증발했을 때 연한 코코아와 같은 크리미한 향을 내며 원료에 독특한 풍성함을 더한다.

플래시 증류 추출법

반대로 증류 추출을 통해 카르다몸 에센셜 오일을 얻기 위해서는 말린 씨앗만을 사용해야 한다. 하지만 향신료는 꽃처럼 연약하지 않기 때문에 급하게 추출할 필요는 없다. 껍질을 제거하지 않는 이유는 무엇일까? 최종 제품의 향 프로필이 변질되는 것을 방지하기 위해서다. "가열했을 때 기름 물질들이 비린내를 유발할 수 있습니다." 파비앙 뒤랑은 설명했다. 초임계 CO_2 추출법과 달리 증류 추출법은 높은 온도를 필요로 한다. 파비앙 뒤랑 팀이 개발한 혁신적인 기술 '플래시 증류 추출법'은 향신료 원료를 추출하기에 매우 이상적이다. 카르다몸 씨앗은 추출 시간을 몇 시간에서 20분으로 줄이는 전처리 과정을 거친다. 해당 방식을 통해 향신료의 신선함은 최대한 살리고 원물이 가진 모든 후각적 특징을 담은 제품을 만들어낸다. "우리는 조향사의 개별적인 요구 사항에 따른 특정한 향 프로필을 위해 주문식으로 카르다몸을 증류 추출합니다"라고 뒤랑은 설명했다.

이 기술은 기존의 방식보다 에너지를 덜 소비하면서 어떠한 폐기물도 만들어 내지 않는다. 신 사이트는 카르다몸 껍질을 수거하여 식품향 시장에 공급할 올레오레진을 생산한다. 이러한 선순환적 업사이클링은 공급망을 잘 관리하여 원물의 후각적 가치를 높이고, 독보적인 천연 원료로 조향사와 고객의 마음을 사로잡기 위해 노력하는 지보단의 지속 가능성을 위한 움직임을 반영한다.

카르다몸이 사용된 향수들

오 파퓨메 오 테 베르
EAU PARFUMÉE AU THÉ VERT

브랜드	불가리
조향사	장 클로드 엘레나
출시년도	1992년

이 향수는 단 스무 가지 원료로 세련되게 구성한 다르질링 차의 후각적 재현이다. 탑 노트는 얼그레이 차를 연상시키는 아로마틱하고 시트러스한 베르가못으로 시작된다. 헤디온의 후광이 투명하게 내비치며 오렌지 블라썸과 바이올렛, 로즈의 공중에 떠 있는 듯한 식물적 플로럴함이 모습을 드러낸다. 베이스 노트에는 블랙 페퍼와 고수, 특히 그린 카르다몸이 톡 쏘는 매력을 더한다.

인톡시케이티드
INTOXICATED

브랜드	바이 킬리안
조향사	칼리스 베커
출시년도	2014년

약간은 남성적으로 느껴지는 이 향수는 벨벳 같은 물결 사이에 휩싸인 바닐라의 부드러움과 카카오 향이 나는 터키 커피의 농축된 달콤함이 상쾌한 향 노트 아래로 퍼져 나가며 시작된다. 플로럴에 가까운 흐름은 오렌지 블라썸을 연상시키고, 시나몬과 육두구가 따뜻함을 유지시키며 향미를 돋운다. 그러는 동안 카르다몸 에센셜 오일과 앱솔루트는 우디하고 스파이시한 상쾌함을 잃지 않도록 해준다. 이 향수의 첫인상은 조금 당황스럽지만 얼마가지 않아 편안함을 선사하며 요염한 매력을 전달한다.

카르다머스크
CARDAMUSC

브랜드	에르메스
조향사	크리스틴 나이젤
출시년도	2018년

장뇌향이 떠오르는 아로마틱하면서 불꽃 튀는 모습의 카르다몸은 고급스러운 차이 라떼처럼 밀키하고 우디한 머스크 구름의 그르렁거리는 동물성과 합을 맞춘다. 에르메스는 향수 오일 원액을 단독으로 뿌려서 두드러지는 열기로 피부를 따뜻하게 하거나, 다른 향수의 흔적 위에 포개어서 관능적이고 반짝이는 후광으로 감싸는 사용법을 제안한다. 두 가지 방식 모두 꿈과 일탈로 당신을 초대하는 매력적인 듀오다.

버지니아 시더우드 루치 에센스

미국

드라이한 우디함을 명확하게 표현하는 시더우드의 향기는 아로마 테라피스트와 조향사들의 마음을 사로잡는다. 가족 경영 기업인 루치 에센스Lluch Essence는 버지니아 시더우드 에센셜 오일을 자신들의 주력 천연 향료로 취급하고 있다.

"시더우드는 정말 만능입니다. 집과 가구를 만들 때 사용되고 벌레도 쫓을 수 있죠. 향 또한 매우 훌륭합니다! 저는 지난 30년 동안 이 업계에 종사했지만 여전히 버지니아 시더우드의 특징에 놀라곤 합니다." 루치 에센스의 기술 책임자인 호르헤 미랄레스가 웃으며 말했다. 1950년 스페인에서 설립된 이래로 한 가족에 의해 경영되어 온 루치 에센스는 조향계에서 주로 사용되는 버지니아 시더우드 에센셜 오일의 전 세계 생산량 중 약 10퍼센트를 유통하고 있다. 1950년 당시 화학 공학자였던 호세 마리아 루치 데 그라우는 조향계와 식품향 업계에 사용되는 화학제품 및 에센셜 오일을 각국의 생산자로부터 수입하기 시작했다. 루치 에센스는 60여 개국에 퍼져 있는 750개의 고객사를 대상으로 연간 1억 유로의 매출을 올리고 있다. 현재 창업자의 손녀인 소피아와 에바 루치 사우니에가 회사를 운영하고 있다.

버지니아 시더우드

원료 신분증

라틴명
Juniperus virginiana

향료명
Red cedar, eastern redcedar, Virginia cedarwood, Virginian juniper, eastern juniper, red juniper, pencil cedar, aromatic cedar

분류
Cupressaceae

어원
시더우드는 고대 그리스어 '캐드로스kédros'에 온 라틴어 '세드러스cedrus'에서 유래되었으며, 라틴명 '주니퍼러스Juniperus'는 향나무속의 나무를 의미한다.

역사
북아메리카가 원산지인 이 침엽수는 건조하고 석회질이 풍부한 토양에서 잘 자란다. 성장이 느리지만 최대 높이가 20-30미터에 달하고 최대 300년까지 살 수 있다. 적갈색을 띠는 시더우드는 17세기 유럽에 도입되어 건축 자재나 연필을 만드는 데 사용되었다. 조향계에서는 목공 일을 할 때 재활용된 지저깨비와 톱밥으로 에센셜 오일을 추출한다.

향 노트
나무, 드라이한, 송진, 연필심

주요 성분
알파-세드렌, 베타-세드렌, 투욥센, 세드롤

조향계에서 쓰이는 여러 시더우드 종으로, 텍사스의 Juniperus mexicana, 아틀라스 산맥의 Cedrus atlantica, 히말라야의 Cedrus deodara, 레바논의 Cedrus libani, 그리고 알래스카의 Cupressus nootkatensis가 있다.

버지니아 시더우드의 연간 전 세계 생산량
200-300t

수확 시기
1 2 3 4 5 6
7 8 9 10 11 12

추출법
증류 추출법

추출 시간
최대 이틀

수율

63kg 나무 → 1kg 에센셜 오일

바르셀로나의 항구와 공항, 그리고 경제 자유 지구 근처에 위치한 본사는 약 20,000제곱미터 면적의 사무실과 창고를 소유하고 있다. 세계적인 수요에 대응하기 위해 중국과 인도에 물류센터를 두었으며, 콜롬비아와 말레이시아에 창고를 가지고 있고, 미국과 이탈리아, 아르헨티나, 브라질, 파키스탄, 멕시코에도 대리점과 유통업자를 배치하였다.

향장향, 화장품, 의약품, 그리고 아로마 테라피 분야에 제공되는 제품군에는 3백여 개의 업체로부터 공급받는 3천 개 이상의 원료가 포함되어 있다. 호르헤 미랄레스는 제품군의 40퍼센트가 천연 향료로 이루어져 있다고 설명했다. 그중 하나가 버지니아 시더우드다. 공식적인 자료는 없지만 이 나무로부터 추출되는 에센셜 오일의 연간 생산량은 200-300톤으로 추산된다. "고급 화장품 및 향수 업계에서 요구하는 품질은 주니퍼러스 버지니아나에서 얻어집니다. 증류 추출법을 통해 뽑아낸 버지니아 시더우드 에센셜 오일은 깨끗하고 건조된 나무의 기분 좋은 향기를 전달합니다." 호르헤 미랄레스는 강조했다. 명칭에 '히말라야'나 '텍사스'가 붙는 다른 종들은 약하게 탄 냄새와 같이 후각적으로 덜 정제된 특징을 보이기 때문에 주로 세제나 위생 용품에 사용된다. 루치 에센스는 앨라배마에서 캐나다까지 야생 나무를 수확하는, 미국에서 가장 큰 두 업체로부터 원물을 공급받는다. 회사의 천연 원료 구매 담당자 줄리아 페이나도는 숲 한가운데서 직접 오일을 추출하는 공급업체와 지속적으로 연락을 주고받는다. 샌달우드와 같은 나무들과 달리 버지니아 시더우드의 에센셜 오일은 나무의 가장 귀중한 부분으로부터 추출되지 않는다. 대신 벌목 현장에서 수집한 지저깨비와 톱밥이면 충분하다.

원료가 스페인에 도착하면 루치 에센스의 품질관리자인 헤나르 산체스의 감독하에 흰 가운을 입은 열두 명의 연구원들이 실험실에서 각 배치가

ISO 표준에 부합하는지 검사한다. 마지막 검사에는 매우 인간적인 요소가 작용하는데, 바로 후각이다. 호르헤 미랄레스는 다음과 같이 설명했다. "어떤 배치는 화학적 프로필에서 합격점을 받았지만 후각적 기준을 통과하지 못하는 경우도 있습니다. 불에 탄 나무 냄새가 약간이라도 나면 탈락입니다. 매 수확마다 미세한 변화들이 나타나기도 하지만, 이것이야말로 천연 원료의 매력입니다!"

루치 에센스는 회사의 제품군에서 천연 제품의 비율을 40퍼센트보다 더 늘릴 계획이다. 이는 '지속 가능성'을 위한 회사의 핵심적인 전략이다. 항공 운송을 통한 물류량과 국제 박람회 참가 횟수, 회사 보유 차량 수를 모두 줄이는 것은 2019년부터 루치 에센스가 탄소 배출량을 낮추기 위해 앞장서 온 행동들이다. 또 스페인 현지 직원들은 태양광 패널로 생산된 전기를 특별 우대 가격으로 구매할 수 있다. UN의 2030 의제로 명시된 지속 가능 발전 목표에 따라 루치 에센스는 탄소 중립 달성을 위해 노력하고 있다. "우리는 크리스마스에 사업 파트너들에게 초콜릿 대신 나무를 선물합니다! 또 현지 농부들이 참여하는 대규모 재조림 프로그램 '트리덤Treedom'에 참여하고 있습니다." 루치 에센스는 해당 프로그램을 통해 천 그루가 넘는 나무를 심었다. 이들이 미래를 위한 나무를 심는 것은 비유적인 표현임과 동시에 말 그대로의 사실인 셈이다.

시더우드가 사용된 향수들

페미니테 뒤 부아
FÉMINITÉ DU BOIS

브랜드	세르주 루텐
조향사	크리스토퍼 셸드레이크, 피에르 부르동
출시년도	1992년

이 우디 계열 여성 향수의 실질적 주체인 시더우드는 오렌지 블라썸과 장미, 바이올렛의 플로럴 어코드로 색이 칠해진다. 더 나아가 시더우드는 설탕에 절인 듯한 자두와 오렌지, 복숭아의 프루티 노트를 입고 반짝이는 정향과 카르다몸, 시나몬의 따뜻한 스파이시 노트로 멋을 낸다. 건조함으로부터 탈피한 우디 노트는 더욱 부드러워지며 열기를 더한다. 베이스 노트에서는 머스크와 밀랍, 꿀의 감미로운 향기가 펼쳐진다.

세드르 삼박
CÈDRE SAMBAC

브랜드	에르메스
조향사	크리스틴 나이젤
출시년도	2018년

탑 노트에서는 풍성한 식물적 유연함을 가진 삼박 재스민의 부드러운 꽃향기가 아낌없이 피어난다. 기름지게 느껴지는 향기에 장뇌 향이 살짝 가미되어 있다. 곧이어 레바논의 거대한 나무들 사이로 우리를 인도하는 건조하지만 활력 있는 시더우드 모습을 드러낸다. 이 놀라운 어코드는 부드러운 샌달우드에 기대며 향기에 따뜻함과 보디감을 더한다. 부드러운 플로럴 노트와 메마른 우디 노트가 공존하며 피부 위에서 오랫동안 지속된다.

세드르 이리스
CÈDRE-IRIS

브랜드	아피네성스
조향사	니콜라 본빌
출시년도	2015년

두 얼굴의 향기 속에서 아이리스의 부드럽고 파우더리한 뉘앙스는 아틀라스와 텍사스, 버지니아에서 온 시더우드 트리오의 견고함과 대조를 이룬다. 갓 깎은 연필처럼 드라이한 우디의 전형을 보여주는 버지니아 시더우드는 다른 두 종에서 느껴지는 스파이시하면서 스모키하고 가죽과 송진을 닮은 향기에 감싸인다. 아이리스가 발삼과 바닐라가 만들어 내는 구름에 덮여 자신의 신비한 잔향을 남기는 동안 프랑킨센스와 미르를 두른 우디 노트는 조용하면서도 짙은 분위기를 자아낸다.

시스투스/랍다넘 지보단의 알베르 비에이유

스페인

알베르 비에이유Albert Vieille는 30년간 스페인 안달루시아 주에서 시스투스 라다니페르를 재배하였다. 떠돌이 염소들을 이용해 채취하던 시절부터 이어져 온 전통은 이제 전승된 노하우를 통해 지역 사회에 다시금 활력을 불어넣고 있다.

라벤더와 로즈마리로 둘러싸인 알마덴 데 라 플라타의 시스투스 농장은 8,000헥타르 규모의 안달루시아 언덕 위에 펼쳐져 있다. 세비야 지방의 시에라 노르테 자연공원에 위치한 알베르 비에이유는 30년간 마을 외곽에서 시스투스/랍다넘 생산 센터를 운영해왔다. "자연공원 안에 있다는 것은 큰 의미를 가집니다. 이곳 사람들이 여러 세대에 걸쳐 함께한 시스투스는 하나의 문화가 되었습니다. 여기에는 할아버지로부터 시스투스에 대해 배운 사람들이 많습니다. 우리가 생산 시설을 짓기 훨씬 전부터 장작불을 이용한 증류 추출이 이루어지고 있었죠." 알베르 비에이유의 생산 센터를 담당하는 운영 책임자 도미니크 이탈리아노는 설명했다.

시스투스 라다니페르는 4월과 6월 사이에 꽃을 피운다. 하지만 조향계의 관심은 꽃이 아니라 자연적으로 끈적한 분비물을 만들어 내는 어린 가지다. 이 관목은 날씨가 따뜻할수록 랍다넘이라고 불리는 진하고 강력한 냄새의 고무를 더 많이 분비한다.

원료 신분증

라틴명
Cistus ladaniferus

향료명
Common gum cistus, labdanum, brown-eyed rockrose, gum rockrose

분류
Cistaceae

어원
시스투스는 그것의 열매 모양으로 인해 상자나 캡슐을 의미하는 그리스어 '키스토스kistos'에서 유래된 명칭이며, 라틴명 '라다니페루스Ladaniferus'는 고무를 가졌다는 뜻이다.

역사
지중해 연안이 원산지인 시스투스 라다니페루스는 길쭉한 잎을 가지고 있으며 여름이 되면 향이 나는 고무로 덮이게 된다. 가지를 자른 후 증류하여 시스투스 에센셜 오일을 얻거나, 용매 추출하여 시스투스 콘크리트나 앱솔루트를 만들어 낸다. 고무를 추출하여 레지노이드로 가공한 다음 랍다넘이라 불리는 앱솔루트를 얻어낼 수도 있다. 오늘날에는 주로 안달루시아 지방의 시에라 노르테에서 시스투스를 재배, 수확하고 가공한다.

향 노트
송진, 발삼, 밀랍 같은, 나무, 약품, 애니멀릭한, 프랑킨센스를 연상시키는. 시스투스 에센셜 오일은 테르펜 냄새와 치고 올라오는 느낌이 강한 반면, 시스투스 앱솔루트는 따뜻한 느낌과 가죽 향이 더 강하다. 랍다넘에서는 담뱃잎 향과 감초 향, 말린 과일 향이 더해진 짙은 엠버 노트가 느껴진다.

주요 성분
- 시스투스 에센셜 오일
보르닐 아세테이트, 캄펜, 알파-피넨

- 시스투스 앱솔루트
라브데인 유도체

- 랍다넘 앱솔루트
라브데닉 디테르펜, 라브데놀산과 그 유도체

수확 시기

추출법
증류 추출법
휘발성 용매 추출법

수율

조향계에서 랍다넘은 바닐린과 함께 엠버 어코드를 만드는 데 사용된다. 여기서 엠버는 송진이 화석화되어 만들어진, 냄새가 나지 않는 동명의 보석이나 향유고래가 분비하는 응결물로부터 만들어지는 엉브르 그리, 즉 용연향과는 아무런 관련이 없다.

이것이 나중에 조향사들의 열렬한 사랑을 받게 될 바로 그 원료다.

그러나 이처럼 길들이기 어려운 야생 관목을 재배하는 데는 엄청난 의지가 필요하다. 메마른 토양과 풍부한 일조량은 문제가 되지 않지만, 겨울에는 가지 위의 고무가 모두 씻겨 나가지 않도록 비가 많지도 적지도 않게 와야 한다. 시스투스는 다른 식물들보다 저항력이 강하고 침략적이며 억세다. 또 땅을 점령하며 일생을 보내기 때문에 '개척자'로 불리기도 한다. 이 고무는 발화성이기 때문에 화재가 발생하기 쉬운 환경에 놓이면 스스로 타올라 건조한 토양에 씨앗이 퍼질 수 있도록 유도한다.

염소와 낫

재배한 시스투스를 베기까지는 3년을 기다려야 하고, 그 후 새로운 가지를 생산하기 위해서는 또 3년을 쉬어야 한다. 그 사이 시스투스가 재배된 지역에는 토양이 휴식을 취할 수 있도록 다른 작물들이 순환 재배된다. 시스투스의 생산은 라벤더, 로즈마리, 코르크나무, 소나무, 유칼립투스 등의 생물 다양성을 보장하고 생태계를 유지하는 데 도움이 된다.

랍다넘은 한여름의 작열하는 태양 아래에서 그것을 수확하는 작업자들의 삶을 힘들게 한다. 한때는 들판을 돌아다니는 떠돌이 염소를 잡아 털에 묻은 랍다넘을 빗질하여 채취하던 시절이 있었다. 또

'라다니스테리온ladanisterions'이라 불리는 갈퀴가 달린 가죽 끈으로 가지를 채찍질하여 랍다넘을 얻어내기도 했다. 물론 랍다넘의 수확을 기계화하려는 시도가 없었던 것은 아니다. 예초기도 사용해보고 트랙터까지 고려하였지만 그 어떤 방법도 성공을 거두지 못했다. 작업 속도를 높이기 위해 도구를 개선해 보려는 노력도 있었으나 결국 낫을 이용한 수작업이 최적의 방식이었다.

25킬로그램의 가지 다발

6월과 9월 사이 새벽부터 작물을 수확하기 시작한다. 이때 새로 자라난 줄기는 남겨두어야 하고, 다시 자라는 것을 방해할 수 있으므로 너무 낮게 자르지 않는다. 여름이면 45도까지 올라가는 안달루시아의 더위 속에서 11시간 동안 진행되는 매우 고된 작업이다. 작업자들은 갓 수확한 25킬로그램의 가지 다발을 등에 메고 운반한다. 자연공원과 마을의 가장자리에 있는 농장 한가운데에는 증류 추출 공장이 위치해 있다. 가지 다발이 열두 개쯤 모이면 그곳으로 이동시킨다.

시스투스는 재배지에서 가장 가까운 곳으로 이동하여 가능한 한 신속하게 가공된다. 고무에서는 엠버 향의 발사믹한 랍다넘 레지노이드와 앱솔루트가 추출되고, 신선한 가지는 프랑킨센스처럼 우디 향이 나는 시스투스 에센셜 오일로 만들어진다. 건조된 일부 가지는 휘발성 용매 추출을 통해 콘크리트가 되었다가 송진과 가죽의 향이 나는 시스투스 앱솔루트로 구현된다. 스모키하고 리큐어처럼 달콤한 SEV 시스투스 앱솔루트는 콘크리트를 증류하여 얻어낸 결과물이다.

현지 인력

알베르 비에이유는 개별 토지 단위로 시스투스의 재배를 추적하고 다양한 기상 변수를 분석하면서 이들이 작물의 품질에 미치는 영향을 파악하고자 한다. 1991년, 회사는 1974년에 설립된 현지 생산 센터를 인수하면서 여러 세대에 걸쳐 전해 내려온 전통적인 노하우를 모두 물려받았다. 시스투스와 랍다넘 가공 산업은 오랫동안 이농 현상으로 고통 받은 지역 경제에 새로운 활력을 불어넣고 있다. 알베르 비에이유에서 추출 부문을 맡고 있는 마리아 라바오는 다음과 같이 말했다. "알마덴 데 라 플라타는 사냥과 코르크나무, 시스투스로 생계를 유지합니다." 자연공원은 마을 주민들에게 부가적인 수입을 제공하며, 이 지역의 열다섯 가구 정도가 시스투스로부터 혜택을 받고 있다. 팀에 새로운 인력을 채용할 때는 현지인이 선호된다. 도미니크 이탈리아노는 다음과 같이 말했다. "현재 모든 직원들이 이 마을에 살고 있습니다. 직원들은 공장 근처에 거주하기 때문에 그들이 환경에 관심을 갖는 것은 당연한 일입니다!"

시스투스/랍다넘이 사용된 향수들

앙브르 술탄
AMBRE SULTAN

브랜드	세르주 루텐
조향사	크리스토퍼 셀드레이크
출시년도	1993년

시스투스/랍다넘과 바닐라의 만남은 조향계에서 엠버 어코드를 표현하는 가장 기본적인 방식이다. 이 어코드는 시스투스가 월계수 잎과 오레가노의 허브 노트와 어우러지며 자신의 아로마틱한 측면을 뽐낼 때 가장 아름답게 연주된다. 또 시스투스의 따뜻한 송진 노트는 몰약과 벤조인, 은매화가 자아내는 전형적인 지중해 연안의 향기들에 스며들고, 그 뒤로 파촐리의 부드러운 흙내음이 더해진다.

아타케 르 솔레이유-마르키 드 사드
ATTAQUER LE SOLEIL-MARQUIS DE SADE

브랜드	에타 리브르 도랑주
조향사	캉탱 비슈
출시년도	2016년

어두우면서도 빛이 나는 사드 후작의 이중적 면모로부터 영감을 받은 캉탱 비슈는 지금껏 자신이 받아들이지 못했던 원료인 시스투스를 사용하여, 교회에서 느껴지는 성스러운 느낌을 주는 프랑킨센스와 동물적인 향기들의 모순되는 두 후각적 측면을 구현했다. 처음 향기는 신성한 연기처럼 피어오르고 향로의 겉모습처럼 반짝이지만, 곧이어 밀랍 같은 관능적이고 어두운 측면이 드러난다. 이는 마치 순결함에 맞서는 에로스처럼 보인다.

르 리옹
LE LION

브랜드	샤넬
조향사	올리비에 폴쥬
출시년도	2021년

올리비에 폴쥬가 재증류하여 매끄럽게 다듬어진 시스투스 에센셜 오일을 사용하자 매우 당당하면서도 잘 정돈된 갈기의 사자가 탄생했다. 레몬과 베르가못의 미스트가 코끝을 스치고, 금빛으로 물든 풍성하고 세련된 벨벳 카펫이 감싸온다. 애니멀릭한 송진 향의 시스투스는 스모키하고 어두운 파촐리와 포근한 샌달우드, 파우더리한 가죽 향의 바닐라를 통해 엠버 향의 비단을 짠다.

레몬 시몬 가토

이탈리아

신선한 레몬 에센셜 오일은 거의 한 세기 동안 시몬 가토Simone Gatto를 상징하는 제품으로 활약했다. 전통과 혁신을 결합하는 시칠리아의 가족 경영 기업 가토는, 이 특별한 향기를 보존하는 동시에 고급 조향계의 변화에 발맞추기 위해 최선을 다하고 있다.

신선하고 톡 쏘는 감귤류 과일의 껍질 향… 20세기 초부터 오랜 시간 동안 가토가 자랑하는 레몬 에센셜 오일은 '스펀지'를 이용한 수작업을 통해 얻어졌다. 이는 껍질을 벗겨내고 그 안에 담긴 에센셜 오일을 짜내어 추출하는 방식이다. 그 이후 현대적인 추출법들이 뒤를 이어 사용되었지만, 레몬 에센셜 오일은 그 독특한 특징 덕분에 1926년 시칠리아에 설립된 가족 기업 가토에게 여전히 이상적인 제품으로 남아 있다. 또 수십 년간 회사의 고객인 유명 브랜드들에게도 꾸준히 사랑받고 있다. "우리의 레몬은 조향계에서 최상품으로 여겨집니다. 독보적인 상쾌함과 침을 고이게 하는 톡 쏘는 향기 덕분인데 이는 조향사들이 레몬을 다룰 때 가장 중요하게 생각하는 요소입니다." 설립자의 손자인 빌프레도 레이모가 자랑스럽게 말했다. 그 비결은 매우 높은 시트랄 함량 덕분이다. 가토는 재배지에서 공장에 이르는 모든 과정을 관리함으로써 레몬 껍질에 함유되어 특유의 향기를 나타내는 분자인 시트랄을 세

원료 신분증

라틴명
Citrus limon

향료명
Lemon

분류
Rutaceae

어원
'시트러스Citrus'는 시트론의 라틴어 명칭이며, '리몬Limon'은 감귤류 과일을 의미하는 페르시아어 '리문līmūn'에서 유래되었다. 1400년 영어로 편입된 단어인 레몬은 고대 프랑스어 '리몽limon'에서 유래되었으며, 이는 레몬 나무가 프랑스를 거쳐 영국에 도입되었음을 보여준다.

역사
인도와 중국 사이의 어느 지역이 원산지인 레몬은 10세기경 아랍의 침략으로 지중해 연안으로 유입되어 이탈리아 남부와 프랑스까지 재배가 확대된 것으로 추정된다. 레몬의 껍질 혹은 과피에 함유되어 있는 에센셜 오일은 오 드 꼴론에 필수적인 원료 중 하나이다.

향 노트
상쾌한, 산미 있는, 과일, 감귤류 껍질, 풀잎, 과즙이 풍부한

주요 성분
D-리모넨, 베타-피넨, 감마-테르피넨, 시트랄

시칠리아에서 레몬이 재배되는 경작지의 면적
25,000헥타르

시칠리아 레몬의 연간 생산량
600,000t

나무 한 그루가 생산하는 열매량
200kg

수확 시기

추출법
껍질을 이용한 냉압법

수율

250kg 레몬 → 1kg 에센셜 오일

전체 재배량 중 고급 조향계에 사용되는 레몬의 비율
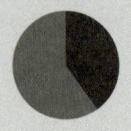
1/3

밀하게 조정하는 방법을 알고 있다.

상쾌함의 방정식

레몬 에센셜 오일 추출에 사용하던 이탈리아식 천연 스펀지 '스푸냐spugna'는 오늘날 추출 기계 '스푸마트리스sfumatrice'로 교체되어 과거와 변함없는 결과물을 만든다. 하지만 가토의 성공 방정식은 어디에서나 동일하게 작용한다. 첫째로, 나무가 자라는 재배지가 변하지 않았다. 시칠리아는 감귤류 과일을 위한 축복 받은 땅으로, 이곳의 레몬은 다른 곳에서 재배되는 레몬보다 시트랄 함량이 더 높다. 둘째로, 가토는 섬에서 자라는 두 품종인 자가라 비앙카와 페미넬로를 계속해서 선별하여 사용한다. 마지막으로 과일은 초겨울 '프리모피오레primofio-re'라 불리는 녹색을 띤 모습일 때 수확되는데, 과육보다는 껍질의 향기를 품고 있다. 그렇다면 어떻게 레몬 에센셜 오일을 1년 내내 생산할 수 있는 것일까? "우리는 일정한 품질의 에센셜 오일을 제공하는 시스템을 개발하였습니다. 화학적 공정이 아닌 자연을 이용한 방법으로 말이죠! 우리는 정기적으로 주문하는 고객들을 위해 개화기에 있는 다른 작물의 에센스를 가미하여 각 배치를 새롭게 다듬습니다. 이는 고객과의 신뢰를 바탕으로 구축된 훌륭한 관계가 있기에 가능한 일입니다." 빌프레도 레이모는 답했다. 오랜 전통성을 구현해 낸 레몬 에센셜 오일은 회사의 가장 가치 있는 결과물이다. 이 제품은 매년 약 100톤이 생산되며 27개국에 수출된다.

현대적인 레몬

가토는 이러한 전통을 고수하는 동시에 다른 에센셜 오일들을 개발하면서 조향계의 혁신에 발맞추고 있다. 분자 증류 기술 덕분에 가토의 '전통적인' 레몬은 푸로쿠마린이 함유되지 않은 에센셜 오일로 탄생하였다. 이 제품은 기존 에센셜 오일과 매우 유사한 후각적 특징을 유지하면서 고급 조향계의 처방전에서 양적 제한 없이 사용될 수 있다. "우리는 수년 전부터 미국 시장의 수요로 인해 수확 시기나 품종을 조절하여 더 프루티한 레몬을 개발하였습니다." 빌프레도 레이모는 설명했다. 상쾌한 향수의 인기가 급증하며 오 드 꼴론으로 회귀하는 모습을 보이는 현대 조향계의 최신 트렌드는 지속력 있는 청량감을 가진 에센셜 오일을 얻는 방향으로 혁신을 이끌었다. "에센셜 오일에서 테르펜을 제거함으로써 그 특징을 최대 스무 배까지 농축하는 데 성공하였습니다. 기존 제품이 탑 노트에만 작용하는 반면 농축된 에센셜 오일은 미들 노트까지 상당한 영향력을 미칩니다."

100% 이탈리아산 감귤류 과일들

빌프레도 레이모는 시장의 요구에 부합하는 이 현대적인 에센셜 오일이 "믿을 수 없을 만큼 성공적"이라고 말했다. 오늘날 수많은 고객들이 맞춤형 제품을 요구하기 때문에 가토는 분별 증류법이나 분자 증류법과 같이 다양한 추출 및 정제 기술을 통해 개발을 이어가고 있다. 하지만 가토의 에센셜 오일에 합성 분자는 일절 첨가되지 않는다. "자연이 있었기에 여기까지 올 수 있었습니다. 결국 우리의 성공은 자연 덕분인 셈입니다." 빌프레도 레이모는 자신 있게 말했다. 그렇다고 해서 회사가 최신 기술을 사용하지 않는 것은 아니지만, 이는 절대적 신뢰성보다 우선될 수 없다. "우리에게는 고객에게 일관된 품질과 양을 보장하는 것이 가장 중요합니다." 만다린, 베르가못, 오렌지, 블러드 오렌지, 자몽의 에센셜 오일을 모두 생산하는 가토가 시트론의 출시를 포기한 것도 이러한 이유에서다. 이탈리아에서 구할 수 있는 시트론은 만족스러운 양의 에센셜 오일을 생산하기에 부족했다. 가토에서 생산되는 모든 제품은 100% 천연일 뿐 아니라 100% 이탈리아산이다.

레몬이 사용된 향수들

라이트 블루
LIGHT BLUE

브랜드	돌체 앤 가바나
조향사	올리비에 크레스프
출시년도	2001년

단순하면서 독창적인 구조로 이탈리아의 평화로움을 완벽하게 구현한 향수다. 리몬첼로 같은 극강의 과즙미와 라임이 연상되는 탑 노트를 지나 그라니 스미스 사과처럼 탐스럽고 샴푸에서 느껴지는 깨끗한 향기의 풋사과가 나타난다. 베이스 노트에서는 지속력 있는 머스크와 연결된 건조하고 강력한 시더우드 어코드가 독특하고 흥미로우면서 중독성 있는 성격을 부여한다.

알뤼르 옴므 에디시옹 블랑슈
ALLURE HOMME ÉDITION BLANCHE

브랜드	샤넬
조향사	자크 폴주
출시년도	2008년

2008년 샤넬은 자신의 클래식 남성 향수에 상쾌하고 관능적이며 침샘을 자극하는 향기로 독창적인 변주를 주었다. 이 향수는 수제 레몬 머랭 파이처럼 과즙이 풍부하고 구미를 돋우는 시트러스를 놀랍도록 현실적으로 해석해 냈다. 블랙 페퍼와 우디 노트에 번갈아가며 맞닥뜨리는 향기는 머스크와 쿠마린, 바닐라의 부드럽고 푹신한 침대 위에서 정제된 우아함과 명확한 간결함을 선보이며 서서히 펼쳐진다.

오렌지스 앤 레몬스 세이 더 벨스 오브 세인트 클레멘츠
ORANGES AND LEMONS SAY THE BELLS OF ST. CLEMENT'S

브랜드	힐리
조향사	제임스 힐리
출시년도	2010년

런던의 첨탑을 찬양하는 미사 음악에서 영감을 받은 이 향수의 탑 노트는 클래식 오 드 꼴론처럼 오렌지와 레몬, 만다린, 베르가못이 형성하는 상쾌하고 톡 쏘는 시트러스의 행렬을 선보인다. 미들 노트에서는 쁘띠 그랑과 네롤리로 이루어진 어코드와 전체적인 그림을 완성시키는 듯한 얼그레이 차 노트가 펼쳐진다. 베이스 노트에서는 섬세한 우디 노트를 배경으로 부드럽고 편안한 느낌의 쌉싸름함이 화이트 머스크로 감싸인 현대적인 향수가 그려진다.

코파이바 카피 인그레디언츠

브라질
코파이바는 야생에서 자라는 나무에서만 추출되는 송진으로, 브라질 기업 카피 인그레디언츠 Kaapi Ingredients는 세계 제일의 코파이바 에센셜 오일 수출업체다. 이들의 합리적인 무역 방식은 곧 수확하는 작업자들의 복지와 아마존 열대 우림에 대한 존중으로 연결된다.

코파이바는 수십 미터 상공에 이르는 아마존 열대 우림의 캐노피를 구성할 정도로 매우 높은 키를 자랑한다. 나무 기둥에 함유된 송진은 에센셜 오일로 가공될 수 있으며 다양한 특징을 가지고 있다. 아로마 테라피에서는 진통 및 진정, 항염 효과가 뛰어나다고 여겨지고, 조향계에서는 시더우드보다 덜 건조하면서 샌달우드에서 느껴지는 미묘하게 크리미한 우디 노트 덕분에 조향사들에게 각광받는다.

코파이바는 주로 남아메리카에서 자라난다. 전 세계에 등재된 72종 중 주품종인 코파이페라 오피키날리스를 포함한 16종은 브라질에서만 자생한다. 카피 인그레디언츠는 통카콩이나 핑크 페퍼처럼 브라질산 원료들에서 추출한 에센셜 오일을 전문으로 취급하는 업체다. 이들은 매년 브라질에서 생산되는 코파이바 에센셜 오일의 30-40퍼센트에 해당하는 350톤을 수확하며 세계에서 해당 원료를 가장 많이 수출하는 업체이기도 하다.

원료 신분증

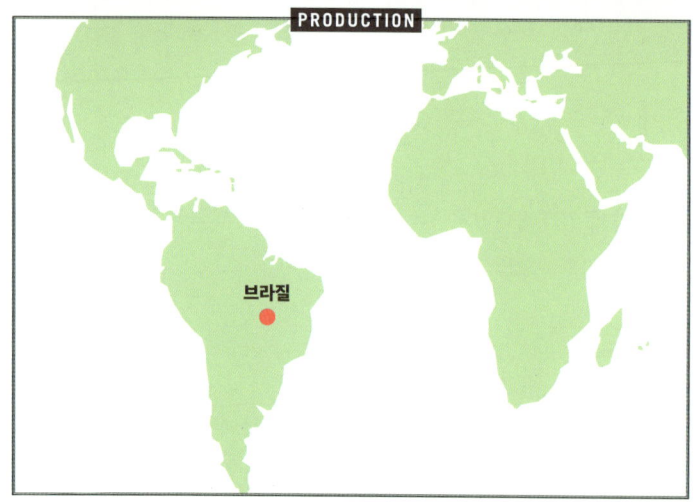

라틴명
Copaifera officinalis

향료명
Copaiba, copaiba balsam, copahu balm, copahu balsam

분류
Fabaceae

어원
코파이바는 코파후 송진을 생산하는 나무를 의미하는 투피구아라니어 '쿠파이바cupa-yba'에서 유래된 명칭이다.

역사
오래전에 아마존 원주민들은 다친 동물이 자신의 상처를 치유하기 위해 코파이바 나무 기둥에 몸을 문지르는 것을 보고 나무의 에센셜 오일을 항염 및 치유 효과를 위해 사용해왔다. 17세기 유럽에 도입된 코파이바 송진은 '만병통치약'으로 묘사되었으며 특히 성병 치료제의 주원료로 사용되었지만, 20세기에 항생제가 등장하면서 점차 사라져갔다.

향 노트
나무, 스파이시한, 송진, 아로마, 스모키한

주요 성분
베타-카리오필렌, 알파-코파엔, 알파-베르가모텐, 베타-비사볼렌

기둥의 길이가 25-40미터에 달하는 코파이페라 속에 속하는 나무는 벌레나 기생충을 쫓기 위해 끈적거리는 올레오레진을 분비한다. 기둥에 구멍을 뚫어 코파후 밤이라 불리는 송진을 채취한다.

수확 시기

추출법
분별 증류 추출법

수율

송진 → 에센셜 오일

재배할 수 없는 나무

"15년 전 제가 회사를 설립하였을 때 초기 사업 아이템은 로즈우드였습니다." 회사의 설립자인 에두아르도 마토소는 설명했다. 하지만 그는 곧 남벌로 인해 로즈우드가 멸종 위기에 처했음을 알게 되었고 이내 코파이바로 관심을 돌렸다. "코파이바는 재배가 불가능하기 때문에 모든 통계를 거스릅니다. 이 나무에서 송진을 채취하려면 최소 60년은 기다려야 합니다!" 카피 인그레디언츠의 생물 다양성 및 지속 가능한 개발 책임자인 안드레 타바네즈는 일부 표본이 300-400년 정도 되었을 것이라 추정하였다. "코파이바의 추출 방법은 메이플시럽을 얻기 위해 사용하는 방식과 흡사합니다. 나무 기둥에 구멍을 뚫어 자연적으로 흘러나오는 송진을 채취합니다." 이렇게 얻어진 송진은 증류 추출을 원하는 고급 조향계의 주요 업체들에게 원물 상태로 판매되기도 한다. 하지만 일반적인 경우 아로마 테라피 업계나 조향계의 고객들은 코파이바 에센셜 오일을 구매하는 것을 선호한다. 코파이바 송진은 안정적이므로 채취한 곳에서 정제할 필요가 없다. 따라서 열대 우림에서 3,000킬로미터 정도 떨어진 카피 인그레디언츠의 협력 시설로 이동되어 분류 추출된다. 놀랍게도 1킬로그램의 코파이바 에센셜 오일을 추출하기 위해서는 2킬로그램의 송진만 있으면 된다.

나무의 건강을 지키기 위해 송진은 2-3년에 한 번씩만 채취된다. 산림의 착취가 만연한 지역에서 인간과 환경은 특히 상호 의존적이다. "아무리 시장이 우리에게 생산을 강요하더라도 우리는 나무와 송진을 채취하는 작업자들을 돌봐야 합니다." 에두아르도 마토소가 말했다. 실제로 카피 인그레디언츠는 흰개미와 같은 기생 벌레의 침입이나 병해를 막고, 나무가 자연적으로 치료될 수 있도록 최대한 세심하게 송진을 채취하는 작업자들에게서만 원료를 구매한다. 회사는 다양한 원료를 수확하는 데 천연 보호 구역을 활용하는 것을 선호한다. 이러한 보호 구역은 브라질에서만 찾아볼 수 있는 특수한 지위이며, 그곳에 거주하면서 나무를 돌본다면 정부 소유의 땅을 사용할 권리가 주어진다. "우리는 나무를 잘라 송진을 유통하려는 벌목업자들과 일하는 것을 거부합니다." 안드레 타바네즈는 자신의 의견을 명확하게 드러냈다.

사람이 먼저다: 중개상 피하기

이러한 조화를 추구하기 위해서는 신중하게 인력을 채용해야 한다. 카피 인그레디언츠는 저렴하게 구매하고자 하는 중개상과는 거리를 두고, 산림 인근 마을에 기반을 둔 채취 작업자들과 신뢰를 쌓는 것을 선호한다. 이들은 원주민 공동체에 속해 있거나 수십 년 전부터 고무나무를 재배하기 위해 이곳에 정착한 가족의 후손일 수 있다. "대략 4천 가구가 우리와 함께 일하고 있습니다. 우리는 그들 대부분을 교육하고 의류나 장화 같은 장비, 심지어 일부 경우에는 와이파이까지 제공하여 그들이 적용 가격이나 모범 관행 등에 대해 서로 소통할 수 있도록 하고 있습니다. 10킬로그램이 되었든 100킬로그램이 되었든, 작업자들이 채취한 모든 원료를 고정된 가격에 제공할 수 있도록 보장해주는 것이 공정성을 유지하는 방법입니다." 에두아르도 마토소가 말했다. 그는 다음과 같이 덧붙였다. "코파이바와 연관된 모든 활동은 숲과 주민들을 보호하고 유지하는 데 직접적으로 기여합니다. 이 지역에서 생산된 제품을 사용하는 것은 단순히 상징적인 행동이 아닙니다. 그것은 세계에서 가장 큰 열대 우림을 향한 구체적인 도움의 손길입니다.

코파이바가 사용된 향수들

낭방
NANBAN

브랜드	아르퀴스테
조향사	로드리고 플로레스 루, 얀 바스니에
출시년도	2015년

대양을 가로지르는 일본 범선의 몽환적인 항해에서 착안한 낭방은 각 대륙에서 가져온 보물들을 운반한다. 밧줄에 발린 타르를 연상시키는 코파이바 밤의 스모키한 면모는 스티락스와 가죽 노트에 뒤섞이고, 화물칸으로부터 새어나온 블랙 페퍼와 사프란, 차, 그리고 커피 향기가 공기 중으로 퍼져 나간다. 또 미르와 프랑킨센스의 리큐어 같이 달콤한 송진이 항해 중 선체에 부딪히는 파도처럼 풍성하면서도 강렬한 인상을 자아낸다.

스틸 라이프 인 리오
STILL LIFE IN RIO

브랜드	올팩티브 스튜디오
조향사	도라 바르리치
출시년도	2016년

리우데자네이루만을 비추는 황금빛 분위기의 사진에서 영감을 받아 브라질 특유의 향기를 발산하며 새벽녘 마을의 평온함을 그려낸다. 탑 노트에서 유자와 레몬, 진저, 민트는 코파카바나 해변 위에서 즐기는 맛 좋은 모히또 한 잔을 연상시킨다. 그 뒤로 고추의 알싸함이 곁들여진 코코넛과 망고의 열대 과일 향기가 살짝 느껴지고, 가죽과 럼주 같은 향기가 약하게 느껴지는 부드러운 코파후 밤 노트로 마무리된다. 이 향수는 당신을 브라질 여행으로 이끄는 진실한 초대장이다.

에코스 알마
EKOS ALMA

브랜드	나투라
조향사	베로니카 카토, 이브 카사르
출시년도	2019년

브라질 브랜드 나투라가 거대한 원시림에 자생하는 식물들의 에센셜 오일을 통해 주관적으로 해석한 아마존의 모습을 담고 있다. 흙내음과 나무 향이 어우러진 어코드에서 어둡고 빽빽한 식물의 향기가 느껴지고, 풀잎과 꽃, 허브의 향기를 실은 가벼운 바람이 스쳐 지나간다. 스모키한 향의 코파이바 밤은 담뱃잎 같은 통카콩과 젖은 부식토, 엠버 향의 송진들, 스파이시한 프리프리오카 오일 사이에 녹아들며 살아 있는 듯 진동하는 동물적 열기를 띤 향유를 만들어 낸다.

프랑킨센스 페이앙 베르트랑

소말릴란드
황금으로도 불리는 신비스러운 프랑킨센스는 성서에 등장하는 원료로 수 세기의 역사를 가지고 있다. 오늘날 프랑킨센스는 먼 거리를 이동하여 페이앙 베르트랑Payan Bertrand의 작업장에서 다시 태어난다.

'인센스'라는 단어는 불을 붙여 피우는 향을 연상시켜 오해의 소지를 만들기도 하지만, 여기서는 예맨과 에티오피아, 오만, 그리고 소말리아를 원산지로 하는 고무 수지를 의미한다. 페이앙 베르트랑은 아프리카의 뿔[아프리카 대륙 북동부를 가리키는 용어-역자] 가장자리에 위치한 소말릴란드에서 프랑킨센스를 공급받는다. 양질의 제품을 얻기 위해서는 해당 원료에 대한 지식과 분석을 통한 선별이 필수적이다.

조상 대대로 내려오는 전통

프랑킨센스를 채취하는 것은 목축민들의 전통 안에서 오랫동안 전해 내려온 활동이다. 여러 부족민들이 강우 조건에 따라 이동하면서 이 귀중한 송진을 채취하였다. 나무에 금을 내어 송진을 채취하는 전문적인 방법은 각 부족 안에서 구전으로 전승되어 왔다. 송진 채취는 주로 남성 부족원들이 맡았으

원료 신분증

라틴명
Boswellia carterii

향료명
Frankincense, olibanum

분류
Burseraceae

어원
인센스는 '재물로 태워지는 물질'을 의미하는 라틴어 '잉켄숨incensum'에서 유래되었다. 프랑킨센스는 높은 품질의 인센스를 의미하는 고대 프랑스어 '프랑 엉성스franc encens'에서 유래된 명칭이다. 올리바넘은 흰색을 의미하는 셈어 어근인 'lbn'에서 유래된 후 라틴어를 거쳐 형성된 명칭이며, 나무에 흐르는 송진의 색을 지칭한다.

역사
아라비아반도와 아프리카의 뿔이 원산지인 이 고무 수지는 고지대에서 자라는 관목에서 얻어진다. 예로부터 프랑킨센스는 영적인 목적으로 태워졌으며 불교와 그리스도교 문화권에서 명상과 기도에 사용되었다. 보스웰리아 나무껍질을 절개하면 유백색의 송진이 자연스럽게 흘러나오는데, 이를 공기가 통하는 곳에서 경화시킨 후 수거하고 가공하기 위해 분류한다.

향 노트
후추, 송진, 테르펜, 풀잎. 에센셜 오일은 만다린 같은 산미 있는 느낌이 나는 반면 레지노이드에서는 미네랄한 느낌과 발사믹한 향이 더 강하다.

주요 성분
알파-투젠, 알파-피넨, 베타-피넨, 리모넨, 델타-3-카렌, 알파-펠란드렌, 베타-펠란드렌

2008년 예루살렘 대학교의 생물학 연구팀은 일부 보스웰리아 속 식물의 에센셜 오일에 존재하는 인센실 아세테이트가 감정 조절과 관련하여 불안 완화 작용을 한다는 사실을 밝혀냈다.

수확 시기
1 2 3 4 5 6
7 8 9 10 11 12

추출법
증류 추출법
진공 증류 추출법
휘발성 용매 추출법

추출 시간
10시간

수율
6-8%

프랑킨센스의 전 세계 연간 생산량
400t

며, 여성들은 이를 등급별로 분류하였다.

10미터 높이까지 자랄 수 있는 보스웰리아는 프랑킨센스를 함유한 나무로 건조한 지역에서 자란다. 그곳에서 부는 바람은 껍질이 벗겨진 기둥과 가지를 굴곡진 모양으로 만든다.

양심적인 채취

나무에서 흘러나오는 송진은 베이지색부터 밝은 갈색까지 다양한 빛깔을 띤다. 가장 선호되는 연한 색의 송진은 여름에 채취되는 반면, 짙은 갈색을 띠는 것은 대부분 겨울에 얻어진다. 페이앙 베르트랑의 원료 추출 책임자인 안 소피 베일스는 다음과 같이 설명했다. "송진 채취는 나무를 손상시키지 않도록 매우 조심스럽게 이루어져야 합니다. 나무의 높이가 최소한 사람 키의 두 배 이상이 될 때까지 기다려야 하는데, 이는 약 20년 정도가 걸립니다. 연속되는 세 번의 수확기를 거친 보스웰리아는 한 시즌 동안 필수적으로 휴식을 취해야 합니다. 마지막으로 나무의 크기에 따라 절개 횟수가 달라지는 것이 관건인데, 땅에서 0.5미터 정도 떨어진 위치에서 시작하여 15-20센티미터의 간격을 두고 총 네 번에서 열 번까지 이루어집니다." 4-5월이 되면 현지에서 밍가프mingaaf라고 부르는 도구를 이용하여 나무껍질을 작은 원형 조각으로 파낸다. 그로부터 보름이 지나면 5개월간의 수확기가 시작된다. 8월까지 2주 간격으로 파낸 구멍에서 송진을 채취하고 다음 생산을 준비하기 위해 닦아낸다. 송진을 완전히 마르게 하기 위해서는 수확기 사이에 충분한 휴지기를 갖는 것이 중요하다. 일부 지역에서는 이러한 송진 채취를 1년에 두 번 진행하기도 한다.

공장에서 현장까지 추적 가능한 시스템

채취된 프랑킨센스는 햇빛과 습기, 동물로부터 보호하기 위한 깔개 위에서 보관된다. 그런 다음 입자 크기와 색상에 따라 분류하고 나무껍질이나 먼지와 같은 불순물들을 제거한다. 생산 시설이 생산지와 멀리 떨어져 있고 교통 기반 시설이 부족하기 때문에 프랑킨센스의 운송은 가장 큰 과제 중 하나다. 산업 생산에 필요한 양을 충족시키기 위해서는 다양한 부족, 지역, 나무로부터 막대한 양의 송진을 모아야 한다. 결국 업계 전반이 세심하게 노력해야 높은 품질과 제품의 원산지를 보증할 수 있게 된다.

"프랑킨센스는 제가 특히 좋아하는 원료입니다." — 프레데릭 바디

화학을 전공한 프레데릭 바디는 만Mane에서 천연 원료 배합에 대한 훈련을 받고 샤라보Charabot에서 분석 및 후각 제어를 배운 후 CAL-쇼베의 조향사가 되었다. 그는 현재 페이앙 베르트랑에서 연구 개발 총괄직을 맡고 있다.

프랑킨센스와는 어떤 인연이 있나요?
프랑킨센스는 한 가지 원료가 다양한 방식으로 사용될 수 있다는 것을 보여주기 때문에 제가 특히 좋아하는 원료입니다. 저는 종종 조향사에게 제공되는 원료의 다양성을 보여주기 위해 이것을 예시로 들곤 합니다.

프랑킨센스의 가공은 어떻게 시작되나요?
증류 추출은 주로 아침 6시부터 시작됩니다. 매일 200킬로그램의 고무가 5,000리터의 증류기 안에서 추출되고, 저녁에는 다음 날 진행될 증류를 준비합니다. 한 달에 4톤의 고무를 처리하기 위해 증류될 탱크들이 계속해서 뒤따릅니다. 고무의 수율은 6-8퍼센트입니다. 우리는 채취된 프랑킨센스를 정해진 표준에 맞추기 위해 후각적 특징을 분석한 것을 토대로 블렌딩합니다.

계속 이야기해주실 수 있나요?
조금 더 나아가면 건조 증류 추출이라는 분야가 존재합니다. 여기서는 적은 양의 고무를 온도가 300도까지 올라가는 난형 반응기 안에서 수분 없이 순수하게 처리합니다. 또 발사믹한 향부터 스모키한 가죽 향까지 다양한 후각적 측면을 제공하는 진공 증류나 고열 증류가 있습니다. 우리 회사의 추출 시설에서는 헥산이나 알코올을 사용한 세 번의 세척 과정을 통해 맑고 순수한 앱솔루트나 따뜻하고 발사믹한 향의 갈색 레지노이드가 만들어집니다. 이 여정은 투명한 액체 상태의 추출물을 얻게 해주는 분자 증류 추출로 마무리됩니다.

당신 회사의 전문 분야는 무엇인가요?
바로 분별 증류 추출입니다. 이 기술을 통해 에센셜 오일에서 피넨이나 알파 투젠이 주는 테르펜 노트를 걷어내고 더 깨끗한 향기를 가진 프랑킨센스 하트를 얻어낼 수 있습니다. 최종적으로 정밀한 배합 작업인 프로세스 E를 통해 이렇게 농축된 각기 다른 프랑킨센스를 블렌딩하며 스모키한 향과 가죽 향, 송진 향, 발사믹한 향, 그리고 상쾌한 느낌과 같은 다양한 후각적 측면을 조절합니다.

프랑킨센스가 사용된 향수들

파사쥬 당페르
PASSAGE D'ENFER

브랜드	라티잔 퍼퓨머
조향사	올리비아 지아코베티
출시년도	1999년

이 향수는 교회에서 접하던 인센스와는 다르게 정제된 듯 가볍고 투명하게 시작한다. 상쾌하고 건조한 느낌의 소말리아 프랑킨센스의 향기가 명암의 대조 속에서 전달되며 장뇌 향이 미약하게 느껴지는 시더우드와 벤조인을 슬며시 드러낸다. 이제 아름다운 화이트 머스크와 약간의 풀잎 향이 가미된 백합이 어우러진 화이트 플로럴 어코드가 뒤따른다. 순수한 프랑킨센스의 향기는 신비로움과 영성으로 가득 차오른다.

아비뇽
AVIGNON

브랜드	꼼 데 가르송
조향사	베르트랑 뒤쇼푸
출시년도	2002년

꼼 데 가르송 '인센스' 시리즈의 다섯 향수 중 하나인 이 작품은 성장로의 초대장이다. 향로에서는 치고 올라오는 느낌의 건조한 올리바넘과 미네랄한 향의 쌉싸름한 몰약, 블랙 페퍼와 레몬처럼 느껴지는 엘레미 등 혼합된 여러 송진들이 태워져 신성한 연기가 피어오른다. 스모키한 시더우드와 파촐리, 오크모스는 젖은 자갈과 나무의 윤곽을 그리고, 바닐라와 시스투스, 머스크는 오래된 미사 경본을 떠올리게 한다.

카르디날
CARDINAL

브랜드	힐리
조향사	제임스 힐리
출시년도	2006년

터져 나오는 핑크 페퍼의 가늘고 스파이시한 향이 올리바넘의 투명한 소용돌이와 맞물리며 시작된다. 몰약과 랍다넘이 프랑킨센스의 포근한 온기를 떠받치고, 순수함과 화이트 리넨을 연상시키는 알데하이드 노트의 바람이 불어온다. 파촐리와 베티버가 자아내는 우디한 배경에서 수도원의 향기가 점차 흐릿해지면, 카르디날은 간결하고 근엄하면서도 우아한 복장으로 갈아입는다.

오렌지 블라썸 아흐메드 파크리 & 컴퍼니

이집트

1955년 나일강 삼각주의 중심부에 자리 잡은 아흐메드 파크리 & 컴퍼니A. Fakhry & Co.는 작고 하얀 꽃 덕분에 가장 부드러우면서도 향 세기가 강한 앱솔루트와 상쾌하고 생기 있는 에센셜 오일, 그리고 앱솔루트와 유사한 후각적 특징을 가지지만 100% 유기농 인증을 받은 독자적인 오렌지 블라썸 추출물을 생산한다.

중세 시대부터 풍부한 일조량과 온화한 날씨를 가진 지중해 연안에서 자라 온 비터 오렌지 나무는 해당 지역의 상징이 되었다. 프랑스 남부 그라스 지방에서 오랫동안 재배되었지만 20세기 초 튀니지와 모로코 재배지가 분산되었고, 2010년대 후반부터는 이집트가 두 나라와 어깨를 나란히 하고 있다. 비터 오렌지 나무의 재배지는 나일강 삼각주 중심부의 코투어 마을 주변에 위치해 있다. 1955년 아흐메드 파크리는 슈브라 벨룰라 엘 사카웨야에 공장을 설립한 이래로 대를 이으며 오렌지 블라썸뿐 아니라 센티폴리아 로즈, 제라늄, 재스민 그란디플로럼 등 향이 나는 식물을 추출한 150여 종의 제품군을 갖추는 데 전념했다. 농부들은 땅을 최대한 활용할 수 있도록 비터 오렌지 나무와 재스민을 같은 재배지에서 이모작을 한다. 유기농 및 바이오다이내믹 인증된 아흐메드 파크리 & 컴퍼니의 재배지에서는 비터 오렌지 나무를 초기 여섯 해 동안 다른 향이 나는 식물들과 함께 재배할 수 있다. 그 이후

원료 신분증

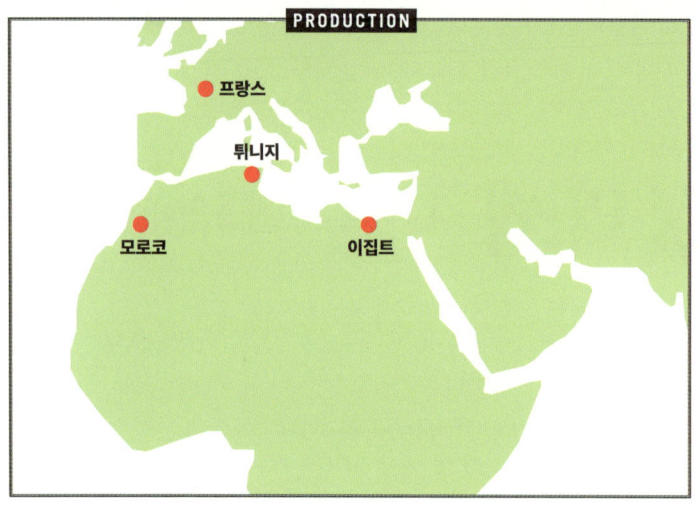

라틴명
Citrus aurantium ssp. amara

향료명
Bitter orange, Seville orange, bigarade orange, marmalade orange

분류
Rutaceae

어원
시트러스Citrus는 시트론 나무의 라틴어 명칭이며, 오란티넘aurantium은 '황금'을 의미한다. 17세기 프랑스어에 편입된 비가라드bigarade는 비터 오렌지 종을 의미하는 프로방스어 비가라도bigarrado에서 유래된 명칭이다.

역사
동아시아가 원산지인 비터 오렌지 나무는 로마인들이 지중해 연안으로 도입하였으며, 7세기에서 11세기 사이 아랍인들과 십자군에 의해 널리 퍼지게 되었다. 네롤리 에센셜 오일과 플라워 워터는 10세기부터 발전한 증류 추출법을 통해 얻어졌고, 약효를 내거나 향을 입히기 위한 용도로 사용되었다. 이 꽃은 르네상스 시대부터 유럽의 왕실에서 열광적인 인기를 누렸다.

향 노트
네롤리는 플로럴하고 상쾌한 느낌, 풀잎 향과 감귤류 과일에 가까운 반면 앱솔루트는 따뜻하고 꿀 같은, 과일 향과 애니멀릭한 향이 강하다.

주요 성분
리모넨, 리날로올, 네릴 아세테이트, 제라닐 아세테이트, 리날릴 아세테이트, 네롤리돌, 메틸 N-메틸안트라닐레이트, 인돌

전설에 따르면 1675년 네롤라의 공주가 된 마리 안 드 라 트레모유는 장갑에 향을 내는 용도로 이 꽃을 사용하여 유행시켰다고 한다. 그녀를 기리기 위해 오렌지 블라썸의 에센셜 오일에 '네롤리'라는 이름이 붙어진 것으로 알려져 있지만, 해당 명칭은 그 이전부터 사용되었을 확률이 높다. 따라서 같은 이름을 가진 덜 유명한 공주의 이야기로부터 기인했을 수 있다.

수확 시기

추출법
증류 추출법(네롤리)
휘발성 용매 추출법(오렌지 블라썸 앱솔루트, 오렌지 블라썸 워터 앱솔루트)

수율

나무 한 그루에서 얻어지는 꽃의 양

10-15kg

에는 나뭇잎이 만드는 그늘이 땅의 대부분을 가리게 된다. 겨울에는 나무 사이로 작은 쐐기풀을 줄지어 심는다.

흔들어 떨어뜨리거나 손으로 따기

나무의 수령이 4년이 되었을 무렵 꽃이 피기 시작하지만, 성숙도가 최고조에 이르는 시기까지 조금 더 기다려야 한다. 강한 향기를 내뿜는 작고 하얀 꽃은 3월에서 4월 사이에 수확된다. 꽃의 수확은 전통적으로 3월 20일경에 시작되었지만, 이제 3월의 첫 번째 날로 앞당겨졌다. 사막에서 불어오는 뜨거운 바람 '캄신Khamsin'은 개화를 촉진시키거나 꽃을 떨어뜨린다. 따라서 바람의 강도에 따라 수확 기간이 결정된다. 남녀로 구성된 작업자들은 새벽 6시부터 정오까지 밭에서 일한다. 후세인 파크리는 다음과 같이 설명했다. "1980년대부터 2010년대 초까지는 가지를 장대로 쳐서 수확했기 때문에 작업물에 잎과 꽃이 뒤섞였고, 이집트 네롤리는 쁘띠그랑처럼 초록빛을 띠었습니다. 수요와 생산이 증가하면서 꽃을 한 송이씩 손으로 수확하는 방식이 표준으로 자리 잡게 되자 더 깔끔하고 플로럴한 에센셜 오일을 얻을 수 있게 되었습니다."

꽃을 손쉽게 따기 위해 나무의 높이가 2.2미터를 넘지 않도록 가지치기를 한다. 나무 꼭대기에 핀 꽃에는 작은 사다리를 통해 접근한다. 바닥에는 천으로 된 덮개를 깔아 스스로 떨어지는 꽃들을 받아낸다. 꽃이 피기 직전에 가장 많은 에센셜 오일을 얻을 수 있기 때문에 수확 초반에는 꽃봉오리를 따는 것에 집중한다. 한편 개화한 꽃은 주로 앱솔루트를 위한 콘크리트를 추출하는 데 사용된다. 1페단(4,200제곱미터)에 재배된 비터 오렌지 나무를 수확하려면 열 명의 숙련된 작업자가 필요하다. 초보자일 경우 열두세 명이 작업해야 하며, 이들을 훈련시키는 데는 대략 두 번 이상의 수확기를 보내야 한다. 수확된 꽃은 선별 작업자에게 전달되며, 이들은 잘못 들어간 잎을 골라내고 무게 측정을 위해 바구니에 담는다.

네롤리, 앱솔루트와 오렌지 블라썸 추출물

아흐메드 파크리 & 컴퍼니의 생산 시설이 밭과 지근거리에 있는 덕분에 비터 오렌지 나무의 꽃은 분류 작업 직후 용매 추출이나 증류 추출을 거쳐 최상의 후각적 품질과 신선도를 유지할 수 있다. 이들은 이집트에서 원료를 추출한 65년 이상의 경험을 바탕으로 환경에 미치는 영향과 가공 과정을 개선하기 위해 끊임없이 노력하고 있다. 회사는 조향사에게 비터 오렌지 나무의 꽃에서 추출한 세 가지 종류의 제품을 제공한다. 증류 추출법을 통해 얻은 네롤리 에센셜 오일은 상쾌하고 플로럴하며 생기가 느껴지는 동시에 약간의 테르펜 향이 난다. 또 비터 오렌지 나무의 꽃을 헥산으로 용매 추출하여 콘크리트를 거쳐 얻어지는 앱솔루트는 따뜻한 느낌과 꿀 냄새가 나고 향 세기가 짙으며 놀라운 잔향성을 갖는다. 더 나아가 회사는 세계에서 유일무이한 오렌지 블라썸 추출물을 개발하였다. "우리는 인증된 유기 용매 복합체를 설계하였습니다. 이것을 이용하면 석유 화학에서 유래된 용매를 사용하지 않고도 앱솔루트와 유사한 후각적 특징을 갖는 제품을 추출하는 것이 가능합니다. 게다가 미국과 유럽의 기준 및 바이오다이내믹 표준에 따른 100% 유기농 인증도 받을 수 있습니다." 후세인 파크리는 자랑스럽게 말했다. 오렌지 블라썸 추출물은 앱솔루트와 동일하게 강한 전파력과 짙은 플로럴 향을 가지고 있지만, 탑 노트에서 느껴지는 코냑 노트와 더 애니멀릭한 효과로 차별화된다.

오렌지 블라썸이 사용된 향수들

나르시스 누아르
NARCISSE NOIR

브랜드	카롱
조향사	에르네스트 달트로프
출시년도	1911년

카롱의 가장 신비스러운 이 향수는 다른 꽃과 혼동될 수 있는 이름을 가지고 있지만, 오렌지 블라썸을 거칠게 몰아붙이고 변형시켜 세련되고 당돌한 원료로 만들어 버린다. 쁘띠그랑과 네롤리의 풀잎처럼 싱그럽고 식물적인 느낌을 주는 순간적인 떨림이 지나가면, 살결과 모피처럼 부드러운 향기 위에서 꿀과 밀랍 같이 느껴지는 오렌지 블라썸 앱솔루트의 어두운 뉘앙스가 드러난다. 샌달우드와 가죽으로 만들어진 침대 위에서 불안에 떠는 화이트 플로럴 노트는 애니멀릭하면서도 비누 같은 머스크에 파묻힌다.

플뢰르 도랑제
FLEURS D'ORANGER

브랜드	세르주 루텐
조향사	크리스토퍼 셀드레이크
출시년도	2003년

세르주 루텐은 자신의 첫 모로코 여행에서 오렌지 블라썸을 수확하는 사람들이 얼룩 하나 없이 깨끗한 천에 채취한 꽃을 모으는 장면을 기억해 두었다가 이 향수를 위한 영감으로 사용하였다. 풍성한 과즙이 느껴지는 시트러스의 후광 속에서 피어나는 화이트 플라워는 풀잎 향이 나는 애니멀릭한 재스민과 장뇌 향이 가미된 매혹적인 튜베로즈에 이끌려 관능적인 향기에 다다른다. 머스크 노트가 감도는 인돌 향의 부케에 꿀과 커민이 뿌려지며 햇볕에 달아오른 살결을 연상시킨다.

플뢰르 도랑제
FLEUR D'ORANGER

브랜드	프라고나르
조향사	다니엘라 안드리에
출시년도	2005년

낮은 비용으로 완전한 만족감을 선사하는 보기 드문 작품 중 하나다. 가장 먼저 쁘띠그랑의 광나는 이파리들의 상쾌한 쌉싸름함이 느껴지고 오 드 꼴론 같은 분위기를 자아내는 베르가못이 치고 올라온다. 꿀 한 방울이 네롤리를 따뜻하고 부드럽게 둘러싸지만, 그 꽃잎은 파우더리하고 코튼 같은 화이트 머스크의 거대한 구름 속으로 흩날린다. 순백의 깨끗함과 구미를 당기는 달콤함, 그리고 순수함의 이상적인 조화다.

스위트 버날그라스 페이앙 베르트랑

프랑스
스위트 버날그라스는 그라스 지방의 언덕 위에서 자라는 다년생 식물로 페이앙 베르트랑Payan Bertrand의 가장 아름다운 상징이 되었다. 페이앙 베르트랑은 에센셜 오일 가공 분야의 선구자로서 밭에서 공장에 이르는 모든 과정에 대한 노하우를 삼대에 걸쳐 전승하고 있다.

이 향료는 분명 조향사의 팔레트에서 가장 덜 알려진 천연 향료일 것이다. "일반인에게 건초를 증류한다고 하면 놀라서 눈이 휘둥그레질 겁니다." 페이앙 베르트랑의 연구 개발 책임자인 프레데릭 바디도 이에 공감했다. "사람들은 어떻게 건초 더미에서 향이 나는 에센셜 오일을 얻을 수 있느냐고 묻습니다. 파트리크 쥐스킨트의 소설 『향수Das Parfum』의 주인공인 그르누이 선생님조차도 해내지 못한 일인걸요!" 이 작은 기적은 1854년 설립된 가족 기업의 전문 분야가 되었다. 페이앙 베르트랑은 1935년에서 1946년 사이에 화학 공학자 루이 라봄이 스위트 버날그라스의 가공법 개발에 성공한 이래로 계속해서 해당 에센셜 오일을 생산해 온 이 분야의 개척자다. 스위트 버날그라스에서 사프란과 감초, 말린 무화과, 지푸라기 등의 향이 나는 에센셜 오일을 추출하는 이 공법은 오랫동안 비밀로 유지되어 왔지만 오늘날 업계 전반에서 사용되며 향장향 및 식품향 조향사들에게 각광 받고 있다.

원료 신분증

어원
플루브Flouve라는 명칭의 어원은 알려지지 않았다. 라틴어 안토크산툼Anthoxanthum은 꽃을 의미하는 그리스어 안토anthos와 노랑을 의미하는 그리스어 크산토스xanthos에서 유래된 명칭이다. 버널vernal은 봄철을 의미하는 라틴어 형용사다.

역사
유럽과 북아프리카의 온대 지방이 원산지인 스위트 버널그라스는 오늘날 거의 전 세계에서 자생한다. 야생 초원에서 자라 모든 대륙의 조건에 빠르게 적응하는 이 식물은 주로 여물로 사용된다. 강한 확산력 때문에 북아메리카와 남아메리카, 호주에서는 침입종으로 간주되기도 한다.

향 노트
에센셜 오일은 허브, 말린 무화과, 감초, 차, 마테, 사프란 향과 짚 냄새가 나는 반면 앱솔루트는 꿀, 아몬드, 통카콩, 화이트 타바코, 카카오, 리큐어 같은 향이 난다.

주요 성분
쿠마린, 피톨, 스쿠알렌, 리놀렌산, 팔미트산

귀리의 일종인 들소풀Anthoxanthum nitens은 스위트 버널그라스의 형제종으로 주브로브카Zubrowka 보드카에 향을 내는 용도로 사용된다.

라틴명
Anthoxanthum odoratum

향료명
Sweet vernal grass, flouve

분류
Poaceae

수확 시기

추출법
증류 추출법(에센셜 오일)
휘발성 용매 추출법(앱솔루트)

수율

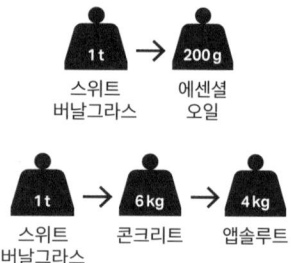

에센셜 오일계의 기록 파괴자

무게에 비해 거대한 부피를 차지하는 건초 더미를 다루려면 대규모의 장비가 필요하다. 페이앙 베르트랑의 공장에는 건초 250킬로그램을 증류 추출하기 위한 5,000리터짜리 증류기 두 대가 있는데, 이 기기를 통해 얻을 수 있는 1차 증류물은 50그램 정도로 매우 소량이다. 바로 이 부분에서 페이앙 베르트랑의 역사적인 혁신이 빛을 발한다. 이른바 '액체-액체' 추출법이라 불리는 공정은 귀중한 증류물을 온전히 얻을 수 있게 해 준다.

추출된 증류물은 농도가 매우 짙다. 프레데릭 바디는 이것을 "길들여야만 사용할 수 있는 검은 덩어리"라고 설명했다. 증류물은 용매를 통해 여과되며, 이는 균일하고 안정적인 액체의 에센셜 오일로 정제 및 희석된다. 0.02퍼센트라는 예외적으로 낮은 수율은 스위트 버날그라스가 페이앙 베르트랑의 모든 원료들 중 가장 비싼 가격을 가진 이유를 설명한다. 실제로 연간 추출에 사용되는 스위트 버날그라스의 양은 70-100톤으로 회사에서 가장 많이 가공되는 원물이다. 이 원료의 최종 에센셜 오일은 천연 원료 전문 회사인 페이앙 베르트랑의 제품군 중에서도 가장 강력한 향기를 가진 축에 속한다. 프레데릭 바디는 다음과 같이 말했다. "스위트 버날그라스는 미세한 함량으로도 처방전에 막대한 영향을 미칠 수 있습니다." 이러한 특징을 가진 페이앙 베르트랑의 에센셜 오일은 전 세계 60여 개국에 수출되며 큰 성공을 거두었다. 같은 양의 원물로 스무 배 높은 수율을 가지는 휘발성 용매 추출법으로 얻어진 건초 앱솔루트도 마찬가지다. "앱솔루트가 가진 아몬드 향처럼 식욕을 자극하는 부드러움은 화이트 타바코와 통카콩에서 느껴지는 쿠마린 향을 미묘하게 연상시킵니다. 또 감초와 꿀, 카카오 같은 뉘앙스로 향에 풍성하고 달콤한 베이스와 흔치 않은 볼륨감을 선사합니다." 페이앙 베르트랑의 크리에이션 & 커뮤니케이션 부서 책임자인 마리 외제니 부주는 이렇게 묘사했다.

독특한 후각적 조화

물론 페이앙 베르트랑의 스위트 버날그라스 에센셜 오일이 성공할 수 있었던 것은 맞춤형 증류 추출 공정의 덕이 크다. 하지만 이 모든 것은 사실 초원에서부터 시작된다. 2015년 '리빙 헤리티지 컴퍼니' 라벨을 취득한 이 회사는 자연적 혹은 영구적이라 묘사되는 현지 초원에서 수확한 건초 원물을 사용한다. 주로 여물로 쓰기 위해 특정 품종을 인위적으로 재배하는 초원과 다르게 이곳의 풀은 스스로 씨를 퍼뜨리며 자란다. 스위트 버날그라스는 그라스 지역의 언덕 위에 펼쳐진 초원에서 약 스무 종의 다른 풀이나 식물들과 매우 독특하지만 분명한 균형을 이루며 자란다. 이 특수한 생물 다양성은 스위트 버날그라스를 추출하여 만든 제품의 후각적 특징을 결정짓는 직접적인 요소로 작용한다. "우리는 70년 동안 삼대에 걸쳐 동일한 수확 구획의 동일한 수확 작업자 가족으로부터 건초를 구매해왔습니다. 이러한 방식은 제품의 후각적 특징이 연속성을 가질 수 있도록 보장해 줍니다."

개화기는 종에 따라 3월에서 7월 사이로 다양하게 펼쳐진다. 그럼에도 수확은 언제나 같은 패턴을 따른다. 가장 먼저 풀을 베고 건조를 위해 널어놓는다. 이윽고 곰팡이가 피지 않도록 뒤집어 반대 면을 말린다. 그런 다음 건초를 길게 줄지어 놓는데, 현지에서는 이를 '앙당andins'이라 부른다. 마지막으로 기계를 사용하여 건초를 묶고 보관 가능한 형태로 만든다. 페이앙 베르트랑의 공장으로 원물이 운반되면 1년 내내 가공이 이어진다. "우리는 1950년부터 하루도 빠지지 않고 증류기에 건초를 채워왔습니다." 프레데릭 바디는 말했다. 페이앙 베르트랑이 매년 200킬로그램 정도 생산하는 추출물은 건초의 감미로운 향기를 가진 귀중한 보물이다.

스위트 버날그라스가 사용된 향수들

아이리쉬 레더
IRISH LEATHER

브랜드	메모
조향사	알리에노르 마스네
출시년도	2013년

탑 노트에서 야생 허브의 아로마틱한 바람이 불어오자 말을 타고 아일랜드의 황야를 가로지르는 여정이 시작된다. 블랙 페퍼와 송진을 떠올리는 주니퍼베리, 마테의 담뱃잎 같은 향기, 스위트 버날그라스의 건초 같은 뉘앙스가 자유를 만끽하는 듯 따뜻하면서 싱그러운 바람을 일으킨다. 서러브레드의 유연한 안장가죽 같은 향기는 마치 말의 얼굴처럼 벨벳의 부드러움과 머스크 향이 느껴지는 아이리스로 장식되고, 밀랍 같은 스모키한 향기 속에서 통카콩과 엠버 노트로 이루어진 길 위를 달린다.

타박 타부
TABAC TABOU

브랜드	퍼퓸 드 엠파이어
조향사	마르크 앙투안 코르티치아토
출시년도	2015년

타바코 노트를 모든 면에서 훌륭하게 해석한 향수로, 건초와 꿀 사이의 어딘가에서 느껴지는 부드러우면서 조금은 기름진 향기를 묘사하기 위해 스위트 버날그라스를 사용했다. 그 곁에서 린덴과 미모사가 담뱃잎의 건조하고 플로럴한 부드러움을 구현하면 에버라스팅과 나르시스는 애니멀릭하게 느껴지는 가죽 노트와 날카로울 정도로 떫은 향기를 불어넣는다. 타박 타부는 완벽한 복합성을 구현해 낸 명작이다.

에르베
HERBAE

브랜드	록시땅
조향사	나데주 르 가를랑테젝, 시아말라 메종디유
출시년도	2019년

에르베는 들풀에서 영감을 받은 향수이기 때문에 스위트 버날그라스가 반드시 들어가야 했다. 상쾌한 풀잎 향의 메인 어코드는 산딸기와 블랙커런트의 프루티한 효과와 함께 식물의 싱그러운 뉘앙스가 살아 있는 장미를 등장시킨다. 베이스 노트에 숨겨진 스위트 버날그라스의 건조한 질감과 건초 같은 향기는 잔향을 지배하는 화이트 머스크의 부드럽고 깨끗한 인상과 긴장감 있는 균형을 이룬다.

구아이악우드 넬릭시아

파라과이
팔로 산토palo santo라고도 불리는 구아이악우드는 파라과이의 건조한 아열대숲에서 자란다. 숲의 생물 다양성과 지역 공동체를 보존하는 것에 관심을 기울이는 넬릭시아Nelixia는 합리적이고 지속 가능한 관리 계획을 통해 보호 원료를 위한 공급망을 유지하고 있다.

한때 높은 밀도로 인해 '뚫을 수 없는 숲'이라는 별명이 붙었던 그란차코Gran Chaco는 아마존과 함께 남아메리카에 남은 마지막 원시림이다. 재규어와 퓨마가 거대한 개미핥기와 아메리칸 타조 레아, 아르마딜로와 함께 서식하는 이곳은 인간에게 호의적이지 않지만 놀라운 생물 다양성을 지켜나가고 있다. 이 까다로운 숲의 중심부에는 구아이악우드가 번성하고 있다.

연결된 생태계

이 나무는 점토질의 토양 속에 뻗은 소금맥을 따라 군락을 이루며 자생한다. 구아이악우드는 뿌리를 통해 다른 나무와 연결되어 있으며, 흙을 통해 재생된다. 성숙했을 때의 높이는 10-15미터에 달하며, 100년 수령의 구아이악우드 지름은 45센티미터에 이른다. 녹갈색의 기둥을 가진 나무는 나비 모양의 나뭇잎과 4-5월에 개화하는 다섯 개의 화판이 달

구아이악우드

원료 신분증

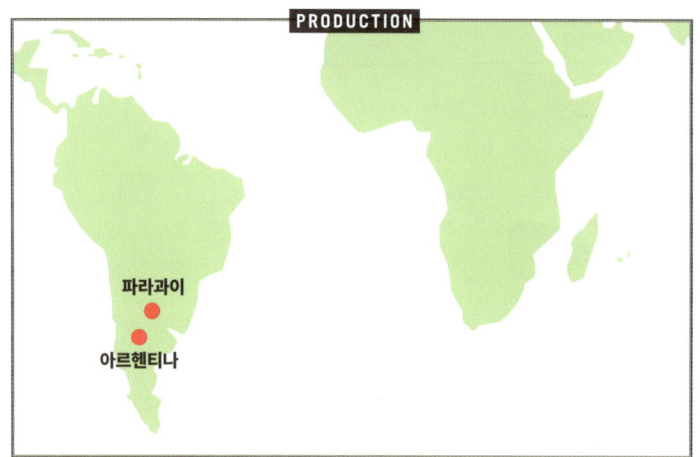

라틴명
Bulnesia sarmientoi

향료명
Guaiacwood, palo santo,
Paraguay lignum vitae

분류
Zygophyllaceae

어원
구아이악은 스페인어 과야칸guayacán에서 유래된 명칭이다.

역사
남아메리카의 숲이 원산지인 구아이악우드는 볼리비아와 파라과이 사이에서 일어난 차코 전쟁(1932-35) 당시 참호 건설에 사용되면서 처음으로 주목받기 시작했다. 1927년에 이주해 온 메노파 교도들은 이 나무를 관상 및 산업용으로 활용하다가 1970년대부터 에센셜 오일을 추출하기 시작했다. 구아이악우드 추출물은 연고의 형태로 류머티즘이나 타박상을 치료하기 위해 쓰인다.

향 노트
나무, 스파이시한, 따뜻한, 스모키한, 가죽, 크리미한, 짭짤한

주요 성분
구아이올, 불네솔

'팔로 산토'라 불리는 부르세라 그라볼란스Bursera graveolens는 조향계에서 사용되는 구아이악우드와 상이한 종으로, 페루와 에콰도르가 원산지이며 샤머니즘 의식에 사용된다.

구아이악우드의 연간 생산량

7,500t

조향계를 위한 생산량
5,000t

마루 생산과 같은 다른 산업계를 위한 생산량
2,500t

수확 시기

1 2 3 4 5 6
7 8 9 10 11 12

추출법
증류 추출법

추출 시간
24시간

수율
 →
25-30kg 구아이악우드 지저깨비 → 1kg 에센셜 오일

에센셜 오일의 연간 생산량
180t

린 흰색 꽃으로 구별된다.

 기둥의 지름이 35센티미터에 이르면 벌목할 수 있을 만큼 성숙한 나무인 것이다. 이러한 굵기에 도달하는 데까지 약 80년 정도가 걸리지만, 숲을 효율적으로 관리하고 충분한 빛을 제공하면 더 빨리 자랄 수 있다. 구아이악우드의 벌목은 뿌리를 건드리지 않아야 하기 때문에 매우 섬세하게 진행된다. 넬릭시아의 최고 경영자 엘리사 아라곤은 다음과 같이 설명했다. "숲에서 영양분을 공급 받아 다시 회복할 수 있도록 땅으로부터 20센티미터 정도 떨어진 위치를 잘라내는 것이 중요합니다."

증류 추출까지 이어지는 대규모 물류 작업

높은 강도와 자체 윤활성으로 유명한 구아이악우드는 선박 프로펠러의 지지대나 중앙 부분을 만드는 데 사용된다. 이것은 세제곱미터 당 1,200킬로그램이 넘는 높은 밀도 덕분에 물에 가라앉는 몇 안 되는 목재다. 하지만 이러한 밀도 때문에 증류 시설까지 운반하는 일은 매우 어려운 작업이다. 구아이악우드는 1미터 단위로 절단하며 각 부분의 무게는 200-300킬로그램에 달한다. 30톤의 통나무를 실은 트럭들이 증류 시설로 이동한다. 한편 구아이악우드는 썩지 않기 때문에 몇 년을 보관해도 후각적 특징이 변하지 않는다. 이제 통나무를 잘게 조각내고 하루에 걸쳐 압력을 가하면서 증류 추출한다.

그렇게 얻어진 에센셜 오일을 조향사들이 사용 가능한 상태로 유지하려면 따뜻하게 보관해야 한다. 왜냐하면 이 에센셜 오일은 상온에서 결정 형태로 응고되기 때문이다. 구아이악우드의 크리미하고 약간 짭짤하면서 스모키한 나무 향은 엠버, 오리엔탈, 그리고 우디 계열의 향수들 안에서 베이스 노트와 미들 노트를 이어주는 높은 지속력 덕분에 큰 인기를 끌고 있다.

보호종 나무

40억 그루가 넘는 개체가 서식하는 그란차코 숲에는 나무가 부족할 날이 없었다. 하지만 파라과이에서 토지의 용도를 변경하면서 나무들이 영향을 받고 있다. 파라과이 정부는 원시림을 가축을 위한 목초지로 전환하는 것을 허가했고, 5백만 헥타르의 면적에 속하는 나무들의 지위가 변경되었다. 2011년부터 이 상황을 예의 주시해 온 '멸종위기에 처한 야생 동식물종의 국제 거래에 관한 협약CITES'은 새로운 환경 친화적 수확 방식을 제정하여 이 나무를 통해 만들어진 제품의 수출을 규제하고 있다.

합리적인 수확

새롭게 제정된 수확 방식을 따르기 위해서는 토지 소유주가 소유한 토지의 25퍼센트를 보호 구역으로 전환해야 한다. "우리는 더 나아가고 싶습니다! 그렇기 때문에 토지의 용도 변경과 그로 인한 나무의 벌목을 제한하기 위해 수익을 담보로 숲을 맡아 관리하겠다고 제안했습니다." 엘리사 아라곤은 말했다. 지난 2년간 회사는 이 원료의 공급을 근본적으로 재검토하기 위한 관리 계획을 수립하였다.

20년에 걸쳐 수립하고 '파라과이 국립임업연구소INFONA'의 검증을 받은 이 계획을 따르기 위해서는 헥타르당 여섯 그루라는 적은 양의 구아이악우드를 체계적인 방식으로 수확해야 한다. 수확 지역은 총 스무 개의 구획으로 나뉘며, 각 구획에서는 20년간 수확이 이루어지는 모든 작업들이 면밀하게 기록된다. 또한 분석을 통해 다시 벌목할 수 있을 만큼 성숙한 나무를 표시하고 국립임업연구소에 알려 검증 과정을 거친다. 벌목 이후 20년의 휴식기 동안 자연은 재생할 시간을 갖는다.

작업 방식에는 물류도 포함된다. 나무 기둥은 수작업으로 수거되어야 하고, 생태계 보호를 위해 트럭은 이면도로로 이동해야 한다. 또 넬릭시아는 원료의 완전한 추적 가능성을 보장하기 위한 국제 인증 취득에 힘쓰고 있다. 마지막으로 사회적인 측면에서, 농업 분야의 미래 사업가를 육성하기 위해 파라과이 기금이 세운 학교 옆에 증류 추출 공장을 설립하였다. 회사의 견습 사원은 자연스럽게 이 학교에서 채용된다. 넬릭시아의 공동 창업자인 장 마리 마이제너는 다음과 같이 설명했다. "CITES는 이 부분을 매우 긍정적으로 봅니다. 브랜드 고객사들도 구아이악우드 에센셜 오일을 얻기 위한 지속 가능한 방식이 있다는 점에 매우 안심이 될 겁니다."

구아이악우드가 사용된 향수들

겐조 정글 옴므
KENZO JUNGLE HOMME

브랜드	겐조
조향사	올리비에 크레스프
출시년도	1998년

1996년에 출시된 정글 팜Jungle Femme의 남성 버전으로, 우리를 다채롭고 생기 있는 향신료 시장으로 안내한다. 그곳에서는 시나몬과 육두구, 카르다몸이 톡 쏘는 느낌으로 활기찬 기분을 전해주는 라임과 레몬, 베르가못과 함께 코끝을 맴돈다. 그 후 건조한 시더우드와 스모키한 구아이악우드로 정교하게 조각된 우디 노트가 존재감을 뽐내지만, 곧 캐러멜처럼 달콤하고 엠버 향이 나는 샌달우드와 벤조인에 둘러싸여 따뜻한 분위기를 자아낸다.

산토 인시엔소
SANTO INCIENSO

브랜드	더 디퍼런트 컴퍼니
조향사	알렉산드라 모네
출시년도	2017년

이 향수는 비록 다른 종이지만 조향계에서 사용되는 구아이악우드를 통해 주술사의 팔로 산토를 연상시킨다. 탑 노트에서 톡 쏘는 쁘띠그랑과 베르가못은 육두구가 지배하는 스파이시 어코드에 빠르게 녹아든다. 이미 모습을 드러낸 신성한 나무의 영혼이 깃든 스모키한 향기는 송진 향의 프랑킨센스와 몰약에 둘러싸인다. 이윽고 시더우드와 베티버의 건조한 향기는 클래식하고 깊이감 있는 잔향 안에서 우디 노트의 합창처럼 울려 퍼진다.

보헤미안 소울
BOHEMIAN SOUL

브랜드	윈 뉘 노마드
조향사	아닉 메나르도
출시년도	2018년

한여름 밤의 꿈 같은 분위기를 자아내는 부드러운 오리엔탈 계열 향수로, 1966년 개봉한 다큐멘터리 영화 〈엔드리스 서머Endless Summer〉에서 비춰진 보헤미안의 자유정신에서 영감을 받았다. 몰약과 프랑킨센스의 신비로운 따스함이 섬세한 스모키 노트와 송진 향이 나는 구아이악우드를 에워싸면, 그 뒤로 압생트에서 느껴지는 향신료와 허브 향이 흩뿌려진다. 샌달우드와 아이리스는 우아하고 파우더리한 머스크와 함께 크림처럼 부드러운 향기로 한여름 밤의 꿈을 이어나간다.

로즈 제라늄 하셈 브라더스

이집트
20세기 후반 이집트에 도입된 로즈 제라늄은 오늘날에도 전통적인 소규모 농장에서 재배되고 있다. 1974년 나일강 삼각주에 설립된 하셈 브라더스Hashem Brothers는 이 산업을 현대화하고 지속 가능한 방식으로 정착시키기 위해 힘쓰고 있다.

제라늄은 발코니를 장식하는 꽃으로 유명하지만 '로사트rosat'라 불리는 품종은 잎을 얻기 위해 재배된다. 조향계에서 사용되는 이 잎의 에센셜 오일은 민트와 레몬, 장미 향이 나고, 잘 알려져 있지 않은 앱솔루트는 발사믹한 플로럴 노트를 가지고 있다. 이집트는 세계 최고의 제라늄 재배지로서 매년 170톤의 에센셜 오일을 해외로 수출하는데, 그중 3분의 1 이상이 원료 공급업체인 하셈 브라더스의 생산 시설에서 만들어진다. 이들은 재스민과 오렌지 블라썸, 바질을 포함한 다양한 제품을 생산한다. 이곳에서 가공되는 제라늄의 85퍼센트 이상이 이집트의 일반적인 농업 형태인 소규모 전통 농장에서 재배된 것이다. 이러한 농장들은 카이로에서 남쪽으로 150킬로미터 떨어진 베니수에프와 파이윰 지역에 밀집해 있다. 그곳은 제라늄이 자라기 좋은 나일강변의 비옥한 토양과 지중해성 기후를 갖추고 있다.

농부들은 기후 상태와 공간적 여건에 따라 10월

원료 신분증

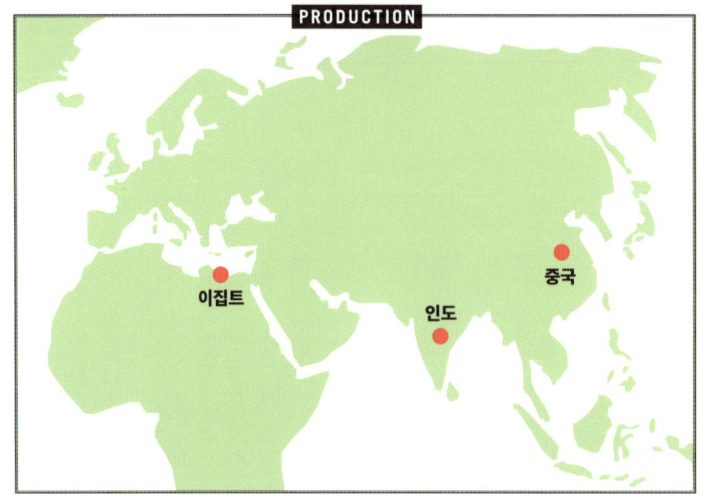

PRODUCTION

이집트 · 중국 · 인도

라틴명
Pelargonium x hybridum 'Rosat'

향료명
Rose geranium, rose-scented geranium, geranium rosat, rose-scented pelargonium

분류
Geraniaceae

어원
라틴어 펠라르고늄Pelargonium은 '황새'를 의미하는 그리스어 펠라르고스pelargos에서 유래된 명칭으로, 섭금류의 부리를 연상시키는 과일의 모양을 지칭한다. 제라늄 또한 동일한 이유로 '학'을 의미하는 그리스어 게라노스geranos에서 유래된 명칭이다. 로사트Rosat는 '장미의'라는 의미의 라틴어 로사투스rosatus에서 유래된 명칭이다.

역사
남아프리카가 원산지인 로즈 제라늄은 18세기부터 식물학자들의 주목을 받았다. 이 식물의 에센셜 오일은 다마스크 로즈를 연상시키지만 훨씬 저렴하다. 19세기 그라스 지방에서 생산되기 시작하여 알제리와 레위니옹으로 퍼져 나갔다. 1970년대부터 이집트로 재배가 옮겨갔으며, 이후 조향계와 화장품 업계의 주요 공급처가 되었다.

향 노트
에센셜 오일은 장미, 민트, 레몬, 과일 향과 파우더리한 느낌이 나는 반면 앱솔루트는 플로럴하고 발사믹한 향과 담뱃잎 냄새가 난다.

주요 성분
제라니올, 시트로넬롤, 포름산 시트로넬릴, 포름산 제라닐, 이소멘톤, 10-감마-에피-유데스몰, 6,9-구아이아디엔

제라늄은 라벤더, 베르가못, 쿠마린, 오크모스와 함께 푸제르 어코드를 이루는 핵심 원료다. 1882년 출시된 우비강의 푸제르 루아얄Fougère Royale의 근간을 이루며 처음 등장한 이 어코드는 남성 향수계의 상징적인 향으로 자리 잡았다.

수확 시기
1 2 3 4 5 **6**
7 8 9 10 11 12

추출법
증류 추출법
휘발성 용매 추출법

1헥타르에서 제라늄을 수확하는 데 걸리는 시간
14시간

수율
 →
30-50t 잎 → 30-50kg 에센셜 오일

에센셜 오일의 연간 생산량
75cm-1m

중순에서 11월 하순 사이에 어린 제라늄을 심는다. 이들은 1페단(4,200제곱미터)밖에 되지 않는 재배지를 최대한 활용하기 위해 계절에 따라 바질이나 옥수수와 같은 다른 작물들을 번갈아 가며 재배한다. 제라늄은 병해충에 강하기 때문에 이를 위한 별도의 처치가 필요하지 않지만, 관개나 제초, 비료 도포 등 규칙적인 관리는 요구된다.

후각적 균형 맞추기

3월 중순부터 4월 중순까지 제라늄이 개화하면 재배지는 온통 분홍빛이 도는 보라색으로 물든다. 꽃이 떨어진 후 5월 중순까지 빠른 성장기를 거친 제라늄은 75센티미터에서 1미터에 이르게 된다. 하지만 완전히 성숙하기 위해서는 따뜻한 날씨가 필요하다. 수확이 시작되는 시점은 기온에 따라 달라지는데, 일반적으로 5월 하순부터 7월 중순 사이이다. 2020년에는 유난히 긴 겨울로 인해 6월 하순에나 수확이 시작되었다. 잎이 짙은 녹색에서 황록색으로 변하고 줄기가 약간 부스러지면 제라늄을 수확할 준비가 된 것이다. 초기에 수확된 제라늄은 제라니올의 영향으로 풀잎 향이 강한 반면 후반부의 제라늄은 시트로넬롤이 부각되어 장미 향에 가깝다. 코뮤넬이라 불리는 에센셜 오일 블렌딩은 이러한 후각적 특징들 사이에서 균형을 이루는 작업이다. 낫을 이용해 땅으로부터 5센티미터 떨어진 부분의 줄기를 자르고 시들 때까지 재배지에 놓아둔다. 제라늄은 조향계에서 사용되는 다른 원료들과 달리 빠른 가공이 요구되지 않는다. 오히려 잎이 시들어 수분을 잃게 되면 증류가 더 용이하다. 따라서 추출이 밭 근처에서 이루어지더라도 수확일로부터 2-3일을 기다려야 한다. 하셈 브라더스는 자사 농장에서 직접 재배한 제라늄을 통해 카이로에서 북쪽으로 한 시간 거리에 위치한 카프르 엘 소비의 유서 깊은 공장에서 '포 라이프' 인증을 받은 유기농 에센셜 오일과 앱솔루트를 생산한다. 그리고 베니수에프에서는 현지 농부들로부터 구매한 제라늄을 증류하여 전통적인 에센셜 오일을 만든다.

실험장

회사는 또한 제라늄과 관련된 대규모 연구 개발 프로그램을 가동 중인 세 번째 사업소를 보유하고 있다. 회사의 경영진 중 한 명인 무스타파 하셈은 다음과 같이 설명했다. "이 업계는 대부분 소규모 재배자에 의존하게 되는데, 이들은 해마다 재배 작물을 바꿀 수 있기 때문에 제라늄의 생산량과 가격에 큰 변동이 발생합니다." 2010년부터 하셈 브라더스는 물량을 확보하기 위한 목적으로 카이로에서 북서쪽으로 40킬로미터 정도 떨어진 레그와 지역에 70헥타르 면적의 현대식 농장을 소유해왔다. 온전히 제라늄에게만 할당된 이 재배지는 가벼운 모래 토양으로 이 식물에 특히 적합한 환경을 갖추고 있다. 이곳에서는 제라늄을 심는 11월에도 날씨가 따뜻하여, 전통 농장에서 50퍼센트에 달하는 어린 작물의 손실율을 5퍼센트로 줄일 수 있게 되었다. 회사는 물 소비를 줄이기 위해 점적 관개 방식을 도입하였으며, '시비fertigation'와 동일한 방식으로 비료를 도포한다. 이러한 방법으로 재배된 제라늄에서 추출한 에센셜 오일은 '포 라이프' 인증을 받는다. 하셈 브라더스는 제라늄의 수확 방식과 제초 기법, 연간 수확 횟수를 증가시키는 방법, 가지치기와 꺾꽂이, 관개 기술 등의 농업 관행을 개선하기 위해 노력을 기울이고 있으며, 새로운 품종에 대한 실험도 진행 중에 있다. 무스타파 하셈은 다음과 같이 결론지었다. "우리의 목표는 농부에서 최종 소비자까지 연결되는 파이프라인의 모든 영역에 공정한 가격을 보장하고 책임감 있는 공급망을 구축하기 위해 더 적은 탄소 발자국을 남기면서 수요의 75퍼센트까지 대응할 수 있는 넓은 재배지를 확보하는 것입니다."

로즈 제라늄이 사용된 향수들

푸제르 루아얄
FOUGÈRE ROYALE

브랜드	우비강
조향사	폴 파케(이후 로드리고 플로레스 루에 의해 재창작)
출시년도	1882년(2010년 재출시)

제라늄 푸르 무슈
GÉRANIUM POUR MONSIEUR

브랜드	에디시옹 드 파르팡 프레데릭 말
조향사	도미니크 로피옹
출시년도	2009년

제라늄 오도라타
GERANIUM ODORATA

브랜드	딥디크
조향사	파브리스 펠레그랭
출시년도	2014년

최초의 현대적 향수 중 하나로 여겨지는 푸제르 루아얄은 푸제르 계열의 시초가 되는 향수로 자연의 모습을 단순히 모방한 것이 아니라 추상적으로 해석하며 혁신을 이루어냈다. 베르가못과 라벤더가 전하는 상쾌함이 민트와 장미를 떠올리는 제라늄의 감미로움으로 이어지며 플로럴한 뉘앙스를 조화롭게 꽃피운다. 아로마틱한 탑 노트는 약간의 스파이시 노트에 둘러싸이고, 깨끗하고 건조한 파촐리와 담뱃잎 같은 느낌의 통카콩이 더해지며 면도를 갓 마친 아버지의 뺨에서 나는 듯한 향기를 떠올리게 한다.

도미니크 로피옹이 구강 청결제인 오 드 보토eau de Botot에서 영감을 받아 만든 향수다. 차가운 푸제르 계열이며 극한의 상쾌함을 지닌 민트 향이 강조된다. 제라늄의 풀잎과 레몬처럼 느껴지는 아로마틱 노트는 레몬그라스를 연상시킨다. 아쿠아틱하고 오조닉한 향기로 생기 있는 분위기를 강화하고 투명한 느낌을 부여한다. 약품같이 톡 쏘는 향기를 부각시키는 아니스와 정향, 시나몬의 스파이시 노트는 머스크와 샌달우드에 감싸이며 깨끗하고 파우더리한 향기로 거듭난다.

베르가못과 레몬그라스의 귤껍질 같은 시트러스 노트가 어우러져 생기를 돋우는 오 드 꼴론을 연상시킨다. 스파이시함이 살짝 묻어나는 제라늄의 장미 같은 향기는 아로마틱한 녹색 식물의 수액처럼 천천히 퍼져 나간다. 더 나아가면 푸제르 어코드의 분위기를 풍기는 통카콩이 크리미한 부드러움을 뿜어낸다. 베이스 노트에서는 건조한 베티버와 포근한 머스크가 시작할 때 느껴졌던 싱그러움을 투명하고 부드러운 베일로 변화시키며 피부 위를 감싼다.

진저 심라이즈

마다가스카르
마다가스카르의 안주인 바닐라와 밀접한 관련이 있는 진저는 향신료계의 어린 왕자 같은 존재다. 심라이즈Symrise는 바닐라가 재배되지 않는 시기에 현지 생산자들의 수입원을 다양화하기 위해 진저를 재배하기 시작했다.

최음제로 사용되어 온 진저는 동양 요리의 가니시나 스프에 향을 더하는 역할을 한다. 한의학에서 진저는 해독 작용을 하고 활력을 불어넣는 것으로 여겨진다. 조향계에서 진저 에센셜 오일은 오 드 꼴론이나 오 프레쉬에 톡 쏘는 레몬 노트를 부여한다. 마다가스카르에서 재배되는 진저는 '블루 진저'라고도 불린다. 이 시적인, 혹은 마케팅적인 별칭은 공기와 접촉하면 진저의 단면이 푸른빛을 띠는 단순한 화학 반응에서 유래되었다. 중국에서 온 로즈 진저는 이 원료의 사촌 격으로 전 세계 진저 공급량의 70퍼센트를 차지하며, 비누 같은 냄새와 스파이시한 향, 그리고 톡 쏘는 느낌이 더 강하다. 이는 로즈 진저의 뿌리줄기가 더 크고 섬유질이 많으며 수분을 더 많이 함유하고 있기 때문이다. 또 마다가스카르에는 없는 비료와도 연결 지을 수 있다. 향은 더 상쾌하지만, 혀를 불타게 하는 맛을 가지고 있다. 이러한 이유로 중국인들은 진저를 따뜻한 향신료로 분류하지만, 마다가스카르에서 재배된 진저를 접하는 서양 조향사들은 차가운 향신료로 인식한다. 이는 마다가스카르에서 심라이즈가 전하는 노하우 덕분이기도 하다. 이곳에서는 진저가 수확된 지 이틀을 넘기기 전에 최대한 빨리 증류한다. 섬의 북동쪽에 위치하여 전 세계 바닐라의 대부분이 재배되는 사바 구의 붉은 토양에서는 강수량이 적은 중부 고산 지대 안타나나리보보다 더 많은 진저가 수확된다. 진저가 잘 수확되기 위해서는 배수가 잘 되고 가벼운 토양과 습기, 따뜻한 햇볕이 필요하다. 진저는 마다가스카르의 한여름인 1월과 2월 사이에 심고, 그로부터 반년이 지난 6월에 수확한다. 사바 구에 기반을 둔 진저 재배자 미헨은 다음과 같이 말했다. "모든 에센셜 오일이 뿌리줄기로 내려가면 잎이 마르기 시작합니다. 곧 수확할 시기가 되었다는 뜻이죠." 심라이즈는 매년 그에게 진저를 구매한 후 베나보니에 있는 생산 시설로 보내 가공한다.

원료 신분증

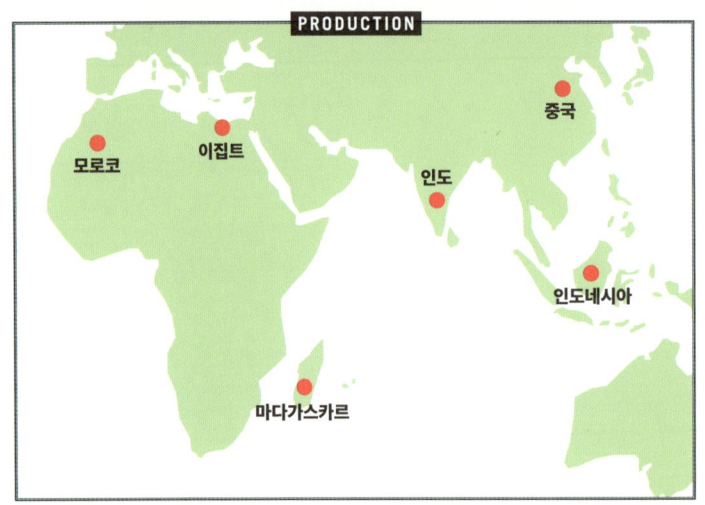

라틴명
Zingiber officinale

향료명
Ginger

분류
Zingiberaceae

어원
진저는 '녹용'을 의미하는 산스크리트어 쉬링가베라shringavera에서 유래된 명칭으로, 발아하는 뿌리줄기의 모양을 지칭한다.

역사
중국과 인도가 원산지인 진저는 최대 2미터까지 자라는 줄기와 향이 매우 강한 뿌리줄기를 가진다. 페르시아인들에 의해 유럽에 도입된 이 초본 식물은 중세 시대까지 최음 효과를 가진 마법의 식물로 여겨졌다. 한의학에서는 해독 작용을 하고 활력을 불어넣는다고 알려져 있다.

향 노트
스파이시한, 따뜻한, 레몬, 후추, 장미, 나무

주요 성분
진지베렌, 세스퀴-펠란드렌, 베타-펠란드렌, 제라니알, 캄펜, 알파-커큐멘

라틴어 진기베르Zingiber는 아프리카 대륙의 동부 해안 쪽에 위치한 잔지바르 군도에서 유래된 명칭이며, 아랍의 상인들은 이곳에서 진저의 뿌리줄기를 구하였다.

진저의 뿌리줄기가 향기 물질을 생산하는 데까지 걸리는 시간
6-9개월

재배 시기
① ② ③ ④ ⑤ ⑥
⑦ ⑧ ⑨ ⑩ ⑪ ⑫

수확 시기
① ② ③ ④ ⑤ **⑥**
⑦ ⑧ ⑨ ⑩ ⑪ ⑫

추출법
증류 추출법

추출 시간
5시간

수율

신선한 진저 (300 kg) → 말린 뿌리줄기 (50 kg) → 에센셜 오일 (1 kg)

마다가스카르에서 진저의 뿌리줄기는 수확 직후 바로 증류된다. 전통적으로 조향계나 아로마 테라피 업계에서 사용되는 진저의 뿌리줄기는 가공 전에 건조되었기 때문에 이는 신선한 원물에서 뛰어난 품질의 에센셜 오일을 얻을 수 있는 진정한 혁신이라 할 수 있다. 오늘날에는 베티버나 강황 같은 식물들의 뿌리를 다룰 때 사용되는 특수한 세척 기구로 수확한 진저를 깨끗하게 씻는다. 진저의 껍질을 벗기고 으깬 다음 물과 함께 냄비에 넣고 가열하면 고운 수프가 만들어진다. 이제 이 혼합물을 대기압 상태의 증류기에 투입하고 다섯 시간가량 증류한다. 1킬로그램의 에센셜 오일을 얻기 위해서는 250킬로그램의 신선한 뿌리줄기가 필요하며, 수확량에 따라 하루에 세 번까지 증류할 수 있다. 심라이즈는 수확한 작물을 베나보니 공장에서 가공할 뿐 아니라 사바 구 전역에 간이 증류기를 설치하여 농부들이 가장 신선한 진저 에센셜 오일을 직접 추출하도록 돕고 있다.

"진저에서는 갓 갈아낸 신선한 뿌리의 냄새가 납니다."
— 알렉상드라 카를랭

알렉상드라 카를랭은 심라이즈의 조향사다. 그녀는 마다가스카르 진저가 조향사의 팔레트에 발탁되어 훌륭한 원료로 거듭나는 과정에 대해 이야기한다.

당신은 언제 마다가스카르의 진저를 발견하게 되었습니까?

마다가스카르 섬에 처음으로 방문한 2014년이었습니다. 일정의 마지막 날이었고, 이미 많은 원료들을 맡았죠. 출발하기 직전이었는데 심라이즈의 마다가스카르 지부장인 알랭 부르동이 진저 에센셜 오일을 선보였습니다. 안타나나리보 지역에서 활동하는 NGO가 생산한 것이었죠. 우리는 무언가 엄청난 것을 발견했음을 느꼈습니다. 영화 〈라따뚜이 Ratatouille〉에서 미식 평론가가 음식을 맛보곤 어머니의 요리를 떠올리는 것처럼 진저 에센셜 오일이 코 안에서 폭발하는 것 같았어요! 인도에서 마시던 따뜻한 레몬 진저 허니티가 바로 떠올랐습니다.

첫눈에 반했다는 의미인가요?

맞아요! 톡 쏘는 산미가 느껴지는 진저는 버베나와 레몬, 그리고 갓 갈아낸 신선한 뿌리의 냄새를 가지고 있습니다. 프랑스로 돌아왔을 때 저는 이 원료를 오버도즈[원료를 과한 함량으로 사용하는 것-역자]하고 싶어졌고, 2017년 향수 브랜드 J.U.S에서 기존에 없었던 향기를 문의하자 가짜 오 드 꼴론의 처방전을 제안했습니다. 이는 진저리즈라는 이름의 향수로 출시되었죠.

'블루 진저'의 색채적인 특징이 향을 만드는 데 영감을 주었나요?

진저리즈에서 진저는 레몬과 비슷한 역할을 하며 만다린과 베르가못을 증진시킵니다. 저는 이를 안젤리카와 민트, 카브레우바 같이 청록색을 연상시키는 원료들로 꾸며냈습니다.

진저가 레몬의 역할을 할 수 있다는 말씀인가요?

네, 블루 진저는 그렇습니다. 감귤류 과일의 향이 나고 레몬처럼 톡톡 튀면서 후추같이 스파이시하죠. 탑 노트에서 진저는 상쾌함을 전해주며 시트러스 노트를 확장시켜 줍니다. 하지만 다비도프의 '런 와일드 맨Run Wild Men'에서처럼 마다가스카르의 시나몬이나 파프리카, 피망 같은 따뜻한 향신료들과 대조를 이룰 수도 있습니다.

진저가 사용된 향수들

진정브르
GINGEMBRE

브랜드	로제 에 갈레
조향사	자크 카발리에 벨트뤼
출시년도	2003년

탑 노트에서 쁘띠그랑과 만다린, 비터 오렌지, 네롤리가 로제 에 갈레의 오랜 상징과도 같은 시트러스한 향기를 연주한다. 진저가 터트린 스파이시한 섬광은 벤조인과 코파이바의 발사믹 노트와 건조한 파인과 유칼립투스의 향기를 만나며 누그러든다. 마하라자 궁전의 정원에서 영감을 받은 이 상쾌한 향수는 청결 의식을 은밀하게 이어가는 고귀한 향기의 초대장이다.

파이브 오 클락 오 진정브르
FIVE O'CLOCK AU GINGEMBRE

브랜드	세르주 루텐
조향사	크리스토퍼 셀드레이크
출시년도	2008년

베르가못이 이끄는 시트러스 어코드의 탑 노트가 향수의 시작을 알린다. 티 노트가 연상되지만, 문자 그대로의 향기로 구현되지는 않는다. 신기루처럼 퍼져 나가는 남성적인 상쾌함에 달콤할 만큼 따뜻한 분위기가 뒤따른다. 설탕에 절인 듯한 진저에 블랙 페퍼가 살짝 뿌려진 진한 시럽 같은 자두의 향기가 곁들여진다. 발사믹한 향기 위에서 조금은 끈적한 스파이시 우디 어코드로 변화한다. 이 향수는 자극적이면서도 동시에 편안한 느낌을 전해준다.

진저리즈
GINGERLISE

브랜드	J.U.S
조향사	알렉상드라 카를랭
출시년도	2018년

스파이시한 꼴론 계열의 향수에서 레몬은 오버도즈된 마다가스카르 진저로 대체된다. 핑크 페퍼 잎과 열매가 만들어 낸 페퍼-프랑킨센스 어코드는 압생트와 안젤리카, 머틀 같은 '블루 노트'를 중심으로 조향되었다. 마다가스카르 진저의 색상에서 유래된 별칭을 암시하는 듯하다. 형광색 버베나의 자태에서 뿜어져 나오는 과즙감은 살짝 가미된 무화과의 향기로 강화되며 포근한 머스크와 메마른 베티버가 만드는 깨끗한 우디 향의 배경에서 지속된다.

암브레트 시드 플로럴 콘셉트

페루, 프랑스
페루 안데스 산맥의 산기슭에서 프랑스의 그라스 지방까지… 천연 원료에 특화된 소규모 가족 경영 기업 플로럴 콘셉트Floral Concept의 암브레트 시드 앱솔루트는 이들의 장인 정신을 가장 잘 표현한 제품이다.

조향사의 팔레트에서 매우 비싼 원료 중 하나인 암브레트 시드는 수확량이 적고 재배가 까다로운 작물이다. 이 모든 것은 라틴 아메리카의 열대 고산 기후에서 자라는 한해살이 식물 히비스커스 품종에서 시작된다. 2-3미터 높이까지 자라는 노란 꽃이 시들고 나면 달팽이 모양의 작은 씨앗들이 차 있는 깍지로 변하게 된다. 이 씨앗들을 손으로 수확하여 햇볕에 말린 후 분류하고 다시 수작업을 통해 세척한다. 마지막으로 통풍이 잘 되는 곳에서 수분을 날리면 포장하고 발송하는 작업만이 남는다.

플로럴 콘셉트는 2002년 설립된 이래로 수확한 곳에서 수천 킬로미터나 떨어져 있는 그라스 지방에서 암브레트 시드 앱솔루트를 만들어 왔다. 이는 에센셜 오일, 앱솔루트, 레지노이드, 추출물 등 100% 순수 천연 원료로만 이루어진 회사의 제품군 중에서도 가장 대표적인 제품이다. 남편 장 피에르 미냐텔리와 함께 회사를 운영하는 프레데리크 레미는 다음과 같이 이야기했다. "처음에는 에콰도

원료 신분증

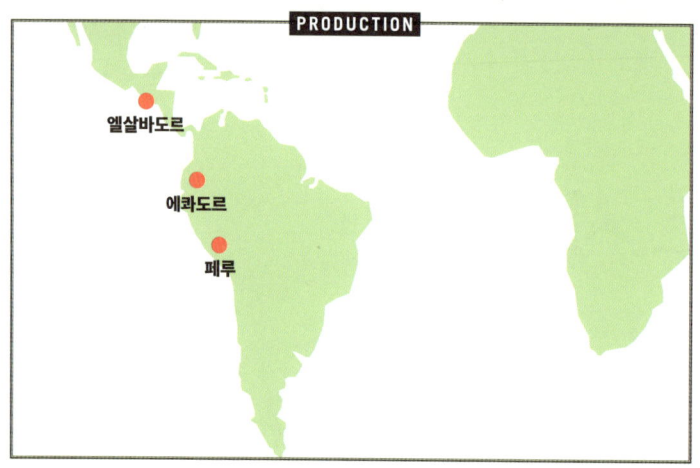

라틴명
Abelmoschus moschatus, Hibiscus abelmoschus

향료명
Ambrette, ambrette seed

분류
Malvaceae

어원
암브레트는 엄브르 그리와 흡사한 향기로 인해 붙여진 명칭이다. 라틴어 아벨모스쿠스Abelmoschus는 '사향의 아버지'를 의미하는 아랍어 하브 알 머스크habb al-musk에서 유래된 명칭이며, 히비스커스 품종의 씨앗에서 나는 머스크 같은 향을 지칭한다.

역사
인도와 아시아, 오세아니아의 열대 지방이 원산지인 암브레트는 적도 및 열대 국가에서 재배되며, 뿌리, 잎, 씨앗에 다양한 약효가 있다고 알려져 있다. 이집트에서는 암브레트 시드를 와인이나 커피에 향을 내는 데 사용하기도 한다. 암브레트 시드 앱솔루트는 머스크 같은 향기로 인해 고급 조향계에서 동물성 원료인 천연 사향을 대체하는 용도로 쓰인다. 식품향 업계에서는 노르망디의 베네딕틴과 같이 허브로 만든 전통적인 리큐어에 사용되기도 한다.

향 노트
달콤한, 머스크, 나무, 엠버, 아이리스, 쌉싸름한, 풀잎, 아니스, 파우더리한, 애니멀릭한, 서양배로 만든 술을 연상시키는 과일

주요 성분
암브레톨리드, 파르네솔

식품향 업계에서 암브레트 시드 앱솔루트는 주로 바틀릿Bartlett pear 노트의 천연 향료를 만드는 데 사용된다.

수확 시기

추출법
터보 증류 추출법 후 정제법

수율

꽃 → 시드 → 앱솔루트

르에서 암브레트 시드를 구입했지만 공급 체계가 붕괴되면서 고객들에게 오늘날과 같은 추적 가능성을 보장할 수 없게 되었습니다. 우리는 그 후로 약 10년 동안 윤리적이고 지속 가능한 구매를 보장하는 페루의 파트너와 협력해왔습니다." 암브레트 시드는 안데스 산맥의 산기슭에 위치한 페루 아마존에서 농약과 비료를 사용하지 않는 백여 명의 농부들에게 재배된다.

숨겨진 제조법

플로럴 콘셉트는 2019년 생 세자르 쉬르 시아뉴에 최첨단 생산 시설을 신설했다. 이곳에 설치된 터보 증류기에는 단단한 씨앗을 분쇄하는 터빈이 내장되어 암브레트 시드를 증류하는 데 사용할 수 있다. 그 결과 팔미트산의 높은 함량으로 걸쭉한 질감의 에센셜 오일이 얻어지고 이를 암브레트 버터라고 부른다. 식품 업계에서는 천연 서양배 향을 내기 위해 해당 원료를 직접적으로 사용하기도 하지만, 고급 조향계에서 활용되려면 두 번째 생산 단계를 거쳐야 한다. 이 과정은 앱솔루트를 추출하는 방법과 기술적으로 동일하지 않지만, 아이리스 앱솔루트처럼 정제된 에센셜 오일을 얻게 해준다. "마지막 단계는 매우 까다로운 과정입니다. 머스크 노트와 우디 노트가 느껴지는 우아한 향기를 얻기 위해서는 우리가 원하는 부분은 건드리지 않으면서 팔미트산을 제거해야 하기 때문에 너무 많이 가열하거나 증발되지 않도록 주의해야 합니다. 그렇지 않으면 제품을 망칠 수 있습니다. 이것은 마치 요리사가 소스를 졸이는 것과 같습니다. 알칼리 세척이 원칙이지만 업체마다 고유의 제조법이 있습니다." 프레데리크 레미는 설명했다. 플로럴 콘셉트의 비법은 레미와 그녀의 남편이 회사를 설립하기 전부터 천연 원료 분야에서 쌓아 온 전문성과 오늘날 숙련된 직원들이 선보이는 기술이다. 총 열일곱 명의 직원들이 일하고 있는 회사를 공동 운영하고 있는 레미와 그의 남편은 각각 구매 및 영업과 기술적인 부분을 담당하고 있다. 이들은 맞춤형 제품을 통해 고객 충성도를 높이는 동시에 자신들의 장인 정신을 발휘하여 일할 수 있어 기쁘다고 말한다. "우리는 고객들의 요구에 따라 높은 품질의 제품을 제공합니다. 그라스 지방에 뿌리를 둔 노하우와 독립성을 바탕으로 생성되는 부가 가치가 우리 회사가 가진 특장점입니다."

인간적인 측면

프레데리크 레미는 고급 조향계와 긴밀하게 협력하여 수량이나 품질에 관련된 그들의 요구 사항을 일상적으로 파악하고 있으며, 전 세계 농부들과 맺은 관계에도 동일하게 열정을 쏟고 있다. "대부분의 원료 공급업체는 우리와 비슷한 규모와 운영 방식을 가진 가족 경영 기업으로, 2대가 함께 일하는 경우가 많습니다. 이러한 방식으로 진정성 있는 관계들을 구축하게 되었는데, 저는 이 업계에서 일을 하면서 이러한 인간적인 측면에 매료되었습니다"라고 그녀는 설명했다. 지역 협동조합에 가입한 대부분의 농부들이 여러 종자를 재배하기 때문에 암브레트 시드의 공급망 안에서 신뢰를 쌓는 것은 전적으로 중요한 요소다. 적도 지방의 무더위와 폭우는 작물을 질식시키는 잡초를 자라게 할 수 있으므로 암브레트의 재배에는 정기적인 제초 작업과 같은 세심한 관리가 요구된다. 플로럴 콘셉트는 현지 재배자들이 다른 작물보다 암브레트를 심도록 장려하고 시드를 확보하기 위해 파종 단계 이전인 수확을 8-10개월 남긴 시점에 수출 계약을 체결한다. 회사는 소규모 재배자를 존중하고 생물 다양성을 보존하는 원물 확보 및 조달, 고객 서비스, 제품의 품질 등 암브레트 시드 앱솔루트를 생산하는 전 과정에 걸쳐서 전통적인 신념을 구현하고 있다.

암브레트 시드가 사용된 향수들

N° 18

브랜드	샤넬
조향사	자크 폴주
출시년도	1997년

독특한 추상성을 가진 이 향수는 형체를 흐릿하게 만들 정도로 반짝이는 다이아몬드의 광채에서 영감을 얻었다. 강렬한 암브레트 시드 앱솔루트는 플로럴한 향기로부터 이탈리아 브랜디인 그라파와 머스크 같은 뉘앙스를 내뿜으며 풍성한 안개의 아우라를 일으킨다. 바이올렛의 파우더리한 느낌이 가미된 와인 같은 로즈 노트가 자신의 색을 입히며 추상적인 향기에서 실체를 이끌어낸다.

르 크리 드 라 뤼미에르
LE CRI DE LA LUMIÈRE

브랜드	퍼퓸 드 엠파이어
조향사	마르크 앙투안 코르티치아토
출시년도	2017년

암브레트 시드는 눈부신 섬광과 같은 도입부를 연출한다. 맑은 오 드 비의 순수한 증기를 연상시키는 탑 노트는 점차 부드러워진다. 플로럴한 흐름이 파우더리한 아이리스 노트와 로즈 에센셜 오일의 꽃잎 같은 느낌과 이상적인 조화를 이룬다. 부드러우면서 강렬하고 화려한 시프레 향수의 미들 노트에서 천천히 피어나는 꽃들을 뒤로 하고 머스크 노트가 오랫동안 지속된다.

플뢰르 드 포
FLEUR DE PEAU

브랜드	딥디크
조향사	올리비에 페쇼
출시년도	2018년

흔히 식물성 머스크로 불리는 암브레트 시드가 세탁용품을 떠올릴 정도로 매우 깨끗한 향이 나는 합성 머스크들 사이에 둘러싸여 등장한다. 아이리스의 파우더리하고 건조한 질감이 더해진 향기는 화장품에서 느껴지는 로즈 노트를 통해 부드러워지고, 암브레트 시드가 과일과 리큐어 같은 효과를 퍼뜨리자 부드럽고 포근한 구름을 연상시킨다. 플뢰르 드 포는 은은하고 가볍지만 동시에 긴 잔향성을 가진 향수다.

아이리스 로베르테

이탈리아, 모로코, 중국, 프랑스, 튀르키예
이탈리아, 모로코, 그리고 오늘날의 중국… 다양한 산지에서 재배되는 이 고귀한 꽃에게는 토양보다 더 중요한 것이 있다. 이미 튀르키예와 프랑스의 경작지에서 아이리스를 재배하고 있는 로베르테Robertet 그룹은 또 다른 세 나라로 공급망을 확장하고 있다.

가장 고귀하고 유서 깊은 품종인 아이리스 플로렌티나는 토스카나 중심부의 구불구불한 언덕을 따라 자란다. 비싼 가격만큼이나 유명한 향기를 가진 이 원료의 수요가 감소하자 다른 품종들이 세계 각지에서 개발되고 있다. 예를 들어 모로코에는 식품향 업계에서 널리 사용되는 향이 강한 품종인 아이리스 게르마니카가 오랫동안 재배되었으나, 이후 중국이 원산지인 아이리스 팔리다가 도입되었다.

땅속에 묻힌 보물

아름다운 외양을 뽐내는 이 꽃은 땅속에 향기로운 보물을 숨기고 있다. 파우더리한 향을 품게 될 뿌리줄기에서 도도한 줄기가 솟는다. 이 다년생 식물은 모래 토양에서 자라는 것을 선호한다. 정기적인 제초 작업으로 토양의 질을 유지하는 것 외에 다른 관리는 필요하지 않지만, 3년 주기로 두 차례에 걸쳐 작물을 수확하려면 사전 계획을 세워야 한다.

원료 신분증

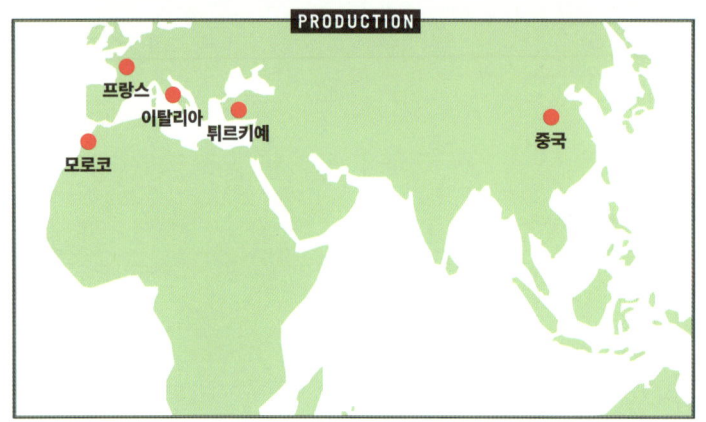

라틴명
Iris pallida, Iris germanica, Iris florentina

향료명
Dalmatian, German, Florentine iris

분류
Iridaceae

어원
아이리스는 '무지개'를 의미하는 그리스어 이리도스iridos 혹은 신의 사자였던 그리스 여신 아이리스Iris에서 유래된 명칭이다. 라틴어 팔리두스pallidus는 '창백한'이라는 의미를 가진 명칭이다.

역사
아이리스는 고대 이집트 시대부터 약용으로 사용되어져 왔다. 18세기에 이르러서 본격적으로 재배되기 시작했고, 특히 이탈리아에서 피렌체의 아이리스가 화장품과 향수에 사용되면서 전 세계적으로 유명해졌다. 아이리스는 뿌리줄기에서 나는 부드럽고 파우더리한 향기로 인해 '바이올렛의 뿌리'라는 별칭을 가지고 있다. 이 원료는 까다롭고 명확한 노하우를 바탕으로 생산된 덕분에 수세기 동안 그 명성을 잃지 않고 살아남을 수 있었다.

향 노트
파우더리한, 나무, 풀잎, 버터, 밀랍, 과일, 초콜릿, 가죽

주요 성분
감마-이론, 알파-이론, 라우르산, 팔미트산

수율
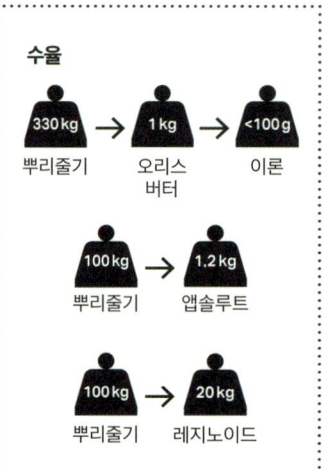

수확 시기
① ② ③ ④ ⑤ ⑥
⑦ ⑧ ⑨ ⑩ ⑪ ⑫

추출법
휘발성 용매 추출법(앱솔루트)
알코올 추출법(레지노이드)
증류 추출법(오리스 버터와 이론)

추출 시간
하루
증류 추출법

여러 날
휘발성 용매 추출법

뿌리줄기를 재배한 후 수확하는 데까지 걸리는 시간
2-3년

첫 번째 단계는 땅속에서 시작된다. 뿌리줄기는 작물이 심어진 지 3년이 되는 해부터 충분한 크기로 자랐을 때 수확된다. 비가 온 후 땅이 아직 무를 때 흙을 파내어 뿌리줄기를 꺼낸다. 아이리스는 경사가 있는 언덕을 따라 재배되기 때문에 트랙터를 사용할 수 없고 수작업으로 수확해야 한다. 뿌리줄기에서 잔뿌리를 제거한 후 그중 일부를 다음 해에 재배하기 위해 꺾꽂이한다. 수확 직후의 뿌리줄기에서는 향이 나지 않는다. 이제 수확물을 세척하고 껍질을 벗겨 몇 달 동안 건조시킨다. 수확은 일반적으로 뿌리줄기가 빠르게 건조될 수 있는 7월과 9월 사이에 이루어진다. 마지막으로 뿌리줄기를 얇게 썰어 삼베 주머니에 포장한다.

수분을 제거하는 두 번째 단계에는 3년이 소요된다. 이 기간 동안 뿌리줄기는 수분의 60퍼센트를 잃게 되며, 아이리스의 향기에 희귀성을 부여하는 이론류 성분들이 발달한다. 마치 자연이 부리는 마법과도 같은 과정이다.

수요에 맞춰 춤을 추는 산업

이탈리아에서 아이리스의 재배는 올리브 농장이나 포도밭을 운영하는 농부들의 부업과도 같다. 원래 아이리스는 흙을 붙들고 있는 특성이 있어 침식 작용으로부터 토양을 보호하기 위한 용도로 심어졌다. 토스카나에는 농업 협동조합이 120여 가구를 지원하고 있으며, 수요에 따라 수확량이 결정된다. 실제로 수요가 적으면 다음 해가 되어서야 수확 작업이 이루어지기도 한다. 이러한 탄력적인 수확은 재정적 불확실성을 야기하지만, 농부들은 주요 작물들을 재배함으로써 정기적인 수익을 얻을 수 있다. "15년 또는 20년 전 50톤에 달했던 아이리스 플로렌티나의 연간 수확량은 오늘날 10-15톤 정도로 추정됩니다." 로베르테의 구매 부서 관리자인 스테파니 그루가 설명했다. 아이리스의 후각적 특징은 재배되는 지역보다 건조 과정에 더 영향을 받기 때문에 원산지가 다양해지고 있다. 전통적으로 게르마니카 품종을 재배하던 모로코의 농부들은 더 섬세한 향기를 내는 팔리다 품종을 심기 시작했다. 이 품종은 주요 재배지인 중국의 윈난성과 저장성을 중심으로 실질적인 투기 상품으로 변모하기도 하였다. 수요가 증가하면 현지 공급자들이 너무 어린 제품을 팔기도 하므로 주문 전에 뿌리줄기의 실제 성숙도를 확인하는 것이 중요하다.

가문의 역사

1970년대 로베르테의 3대 경영자였던 폴 모베르는 세이앙에 위치한 20헥타르 면적의 포도밭을 인수하여 이탈리아에서 가져온 아이리스 플로렌티나를 재배하는 데 성공하였다. 이후 그는 재배지를 확장하기 위해 쏘Sault의 새로운 부지에 이 뿌리줄기를 심었다. 그리고 2018년, 모베르 가문의 4대와 5대 경영자들은 발랑솔의 고원에 위치한 파트너들의 재배지에 아이리스를 심으며 선대의 발자취를 이었다. 이들의 투자는 프랑스 남부에서 아이리스 재배 전통을 보존하는 데 큰 도움이 될 것이다. "2019년 5헥타르 규모의 재배지에서 수확한 아이리스 플로렌티나로 12톤의 뿌리줄기를 생산해냈습니다." 스테파니 그루는 기뻐하며 전했다. 이제 이들의 역사는 로베르트의 생산시설이 있는 튀르키예에서 이어지고 있다.

느린 가공 과정

로베르테는 성숙한 뿌리줄기를 가공할 수 있는 공장을 그라스와 튀르키예에 두었다. 가루로 만든 뿌리를 증류 추출하는 데는 꼬박 하루가 넘게 걸린다. 숙성 기간과 낮은 수율은 이 원료가 비싼 이유를 설명한다. 추출된 에센셜 오일은 상온에서 버터를 떠올리게 하는 점도로 인해 '오리스 버터orris butter'로 불린다. 바이올렛의 향기가 더해진 흙내음의 우디 노트가 특징이다. 휘발성 용매 추출의 결과물인 콘크리트를 알코올로 세척하면 과일과 같은 향이 돋보이는 앱솔루트가 만들어진다. 한편 아이리스 게르마니카의 뿌리줄기를 알코올 추출하면 더 쌉싸름하고 초콜릿 향이 나는 레지노이드를 얻을 수 있다. 로베르테는 오리스 버터에서 정제된 이론에 이르기까지 조향계의 주요 업체들을 위해 특정한 품질을 갖춘 다양한 원료들을 제공한다.

아이리스가 사용된 향수들

N° 19
IRIS SILVER MIST 자리에 대응되지 않음 — 아래 표 참조

브랜드	샤넬
조향사	앙리 로베르
출시년도	1970년

잘 표현된 갈바넘의 흙내음과 녹색 향기는 아이리스가 전하는 놀라운 부드러움과 공기같이 가벼운 파우더리함에 감싸인다. 샤넬의 시그니처인 빛나는 알데하이드로 시작되는 탑 노트는 장미와 재스민, 히아신스, 일랑일랑이 이루는 플로럴 어코드로 연결된다. 그 뒤로 베티버와 시더우드, 오크모스의 반투명한 우디 노트가 시프레 같은 뉘앙스를 풍기며 따뜻하고 매끈한 아이리스의 향기를 이어나간다.

아이리스 실버 미스트
IRIS SILVER MIST

브랜드	세르주 루텐
조향사	모리스 루셀
출시년도	1994년

미니멀한 날것의 이미지를 가지고 있으면서도 섬세하게 다듬어진 이 향수는 멜랑콜리한 분위기 속에서 풀잎 향, 파우더리한 느낌, 버터 같은 냄새, 흙내음, 그리고 근엄함까지 원료가 가지고 있는 모든 부분을 담아내었다. 당근에서 느껴지는 식물의 떨떠름한 향, 과일 향처럼 다가오는 바이올렛 노트, 그리고 합성 향료로 재구성된 아이리스 앱솔루트가 안개가 자욱한 하늘과 눈 덮인 대지를 배경으로 솜털 구름과 반짝이는 달 먼지가 그려진 한 폭의 그림처럼 펼쳐진다.

디올 옴므 오리지날
DIOR HOMME ORIGINAL

브랜드	디올
조향사	올리비에 폴주
출시년도	2005년

견고하고 안정감을 주는 우디 향 베이스와 초콜릿처럼 부드러운 아이리스의 만남이다. 탑 노트에서는 흙 묻은 당근에서 느껴지는 라벤더와 세이지, 카르다몸의 스파이시하고 아로마틱한 분위기에 녹아든다. 그 다음으로 파우더리한 엠버 향과 가죽 향의 세계에서는 스모키한 파촐리와 시더우드, 베티버가 코코아와 버터를 연상시키는 아이리스에 녹아든다. 클래식하고 도도한 자태에도 불구하고 이 향수가 현대적이고 뛰어난 구조를 가지고 있다는 사실만은 분명하다.

아이리스

재스민 그란디플로럼 아흐메드 파크리 & 컴퍼니

이집트
이집트에서 조향계 원료를 재배하는 선구적인 기업 아흐메드 파크리 & 컴퍼니A. Fakhry & Co.는 나일강 삼각주 중심부에서 햇살처럼 화사하고 꿀 같은 향이 나는 재스민 앱솔루트뿐 아니라, 관목에 피어 있는 재스민 꽃과 매우 흡사한 향기의 에센셜 오일을 세계 최초로 생산하고 있다.

이집트에서 재스민을 수확하는 사람들은 일반적으로 헤드램프와 갈대로 만든 바구니를 사용한다. 이 작고 하얀 꽃들은 5월 하순부터 11월까지 향 분자가 가장 많이 발산되는 밤에 수확된다. 또한 밤에 수확해야 나일강 삼각주 한가운데서 일하는 작업자들이 한낮의 더위를 피할 수 있게 된다. 재스민이 집중적으로 재배되는 곳은 가르비아 지방의 코투어 마을 인근으로, 1955년 아흐메드 파크리가 공장을 설립한 슈브라 벨룰라 엘 사카웨야와 멀리 떨어져 있지 않다. 오늘날 설립자의 아들 후세인이 경영하는 아흐메드 파크리 & 컴퍼니는 이집트에서 가장 오래된 향료 생산 회사로서 센티폴리아 로즈, 네롤리, 로즈 제라늄, 클라리 세이지, 아카시아 등 150여 개의 제품군을 가지고 있다.

원료 신분증

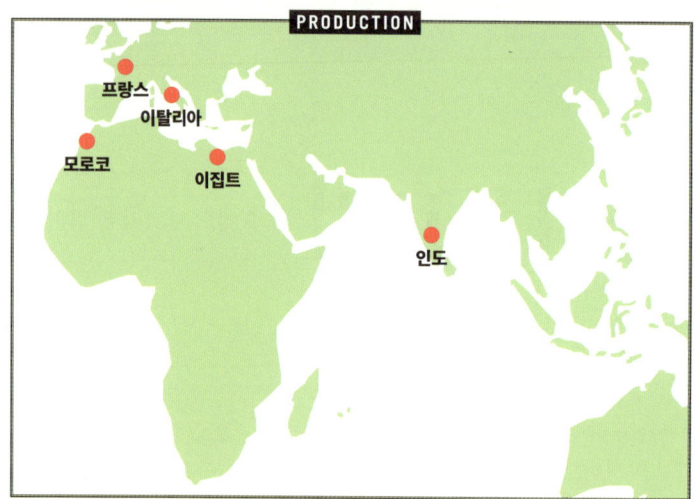

라틴명
Jasminum grandiflorum

향료명
Jasmine grandiflorum, Spanish jasmine, royal jasmine

분류
Oleaceae

어원
라틴어 자스미눔Jasminum은 '재스민 꽃'을 의미하는 아랍어 야사민yāsamīn에서 유래된 명칭이며, 이 아랍어는 '감미로운 향기'를 뜻하는 페르시아어 야사만yāsaman에서 유래되었다. 그란디플로럼Grandiflorum은 '큰 꽃'을 의미한다.

역사
인도 북부의 산악 지대가 원산지인 재스민 그란디플로럼은 지중해 연안을 거쳐서 르네상스 시대에 프랑스 남부에 도입되었다. 17세기 중반부터 20세기 후반까지 재스민은 그라스 지방에서 재배되는 꽃의 대명사로 불리며 마을의 명성을 드높이는 데 일조했다. 오늘날 그라스에서는 소수의 생산자들만 재스민을 수확하고 있으며 주로 이집트와 인도에서 재배되고 있다.

향 노트
플로럴, 따뜻한, 달콤한, 풀잎, 풍성한, 과일, 햇살처럼 밝은, 꿀, 약품, 애니멀릭한

주요 성분
벤질 벤조에이트, 시스-자스몬, 인돌, 메틸 자스모네이트, 메틸 안트라닐레이트, 벤질 아세테이트

한 명의 작업자가 하루에 평균적으로 3킬로그램의 꽃을 수확한다. 1.5킬로그램의 앱솔루트를 생산하기 위해서는 6백만 송이의 재스민이 필요하다. 앱솔루트의 가격은 최근 몇 년간 킬로그램당 2,000-5,000달러(270만원에서 670만원) 사이에서 결정되었다.

수확 시기

추출법
휘발성 용매 추출법

수율
 →

신선한 꽃 → 앱솔루트 (1t → 1.54kg)

이집트에서 재스민의 연간 생산량
1700-2400t

이집트에서 재스민이 재배되는 경작지의 면적
150-210헥타르

야간 수확 작업

회사는 약 15페단(6.5헥타르에 해당됨) 면적의 재스민 재배지를 소유하고 있으며, 대부분의 이집트 재스민은 1페단 미만의 가족 경영 농장에서 생산된다. 펠라(나일강 삼각주 농부를 지칭하는 명칭)들은 종종 재스민과 함께 비터 오렌지 나무를 재배하기도 하며, 재스민을 전지하는 겨울에는 완두콩이나 다른 야채들을 심는다. 덩굴성 식물인 재스민의 건강한 상태를 유지하기 위해 매년 가지치기를 진행하며, 직경 1.3-1.4미터 내외의 둥근 형태로 모양을 내어 작업자가 꽃을 빠르고 쉽게 수확할 수 있도록 만든다. 수확은 작물을 심은 지 4년이 지난 후부터 시작되며 건강한 관목의 경우 20년까지 수확이 가능하다. 개화기는 5월 초순부터 연말까지 이어지고 8월 10일경에 절정에 이른다. 후세인 파크리는 다음과 같이 묘사했다. "매일 저녁, 햇살이 비추지 않는 관목의 뒤편에서 꽃봉오리가 열리기 시작합니다. 하지만 재스민의 햇살처럼 화사하고 따뜻하며 매력적인 플로럴 향기는 한밤중이 되어서야 정점을 이루고, 어느 시점에서는 손으로 만져질 듯이 생생하게 느껴집니다." 바로 그때가 수확을 시작할 순간이다. 자정이 되면 주로 여성으로 구성된 수확 작업자들이 인근 마을에서 모여든다. 이들은 수확 시기 내내 자신에게 할당된 라인에서 하루 8시간 동안 분주하게 일한다. 오전 7시가 되면 재배지와 지근거리에 위치한 아흐메드 파크리 & 컴퍼니의 공장에서 첫 수확물들이 가공된다. 회사는 생산물을 직접 납품하는 주변 지역의 소규모 농부들과 반경 30킬로미터 이내의 더 먼 거리에 있는 농장들의 수확물을 모으는 중개업자들을 포함해 약 300-400개의 공급업체를 두고 있다. 성수기에는 이들에게 공급받는 꽃의 양이 15톤에 달한다. 이렇게 모인 재스민은 최상의 후각적 품질과 신선도를 유지하기 위해 오후 2시 이전에 모두 가공된다.

23년간의 연구

헥산을 사용하여 용매 추출한 콘크리트는 에탄올 세척과 냉각, 그리고 왁스를 제거하기 위한 여과 과정을 차례로 거친다. 그 후 알코올을 증발시키면 마침내 앱솔루트를 얻게 된다. 수확기가 긴 만큼 시기에 따라 다양한 뉘앙스가 나타난다. 봄에 수확한 재스민을 추출한 앱솔루트에서는 풀잎 향이 강하고, 여름에는 과일이나 꿀 같은 향이 나다가, 연말에 이르러서는 애니멀릭한 가죽 향을 띠게 된다. 아흐메드 파크리 & 컴퍼니는 이집트에서 65년 이상 재스민을 추출해 온 경험을 바탕으로 콘크리트와 앱솔루트를 생산할 때 용매 증발 단계에서 불필요한 가열을 줄여 헥산을 적게 소비하는 공정을 사용하고 있다. 이들은 농업 생산 요소 감축과 물 소비량 개선, 화석 연료 의존도 저감, 증류 추출을 위한 바이오매스 사용 확대 등 향후 환경에 미치는 영향을 최소화하기 위해 노력하고 있다. 또 여성들의 자립 및 교육 지원 프로그램을 통해 업계를 보호하고 현대화하는 데 힘쓰고 있다. 2020년, 아흐메드 파크리 & 컴퍼니는 그동안 불가능하다고 여겨졌던 업적을 달성하며 큰 혁신

을 이끌어냈다. 23년간의 연구 끝에 세계 최초로 재스민 그란디플로럼을 증류 추출하여 에센셜 오일을 만들어 낸 것이다. 후세인 파크리는 다음과 같이 자찬하였다. "마린 노트에서 느껴지는 상쾌함, 차와 서양배의 향기, 네롤리와 일랑일랑이 내는 효과를 가진 이 에센셜 오일은 덤불에 피어난 재스민 생화의 모든 측면을 전례 없는 방식으로 전달할 겁니다."

재스민 그란디플로럼이 사용된 향수들

N° 5 엑스트레
N° 5 EXTRAIT

브랜드	샤넬
조향사	에르네스트 보
출시년도	1921년

샤넬의 향수 넘버 5가 오 드 파르팡이나 오 드 뚜왈렛으로 출시되기 전 엑스트레로만 존재하던 시절이 있었다. 대담하고 혁신적인 이 향수에는 오늘날 몇 안 되는 이집트산과 함께 그라스산 재스민 앱솔루트가 사용되었다. 샤넬의 시그니처인 톡톡 튀는 알데하이드 노트와 함께 5월의 장미(센티폴리아 로즈)와 일랑일랑의 풍성한 부케가 창작자의 혁신적인 의도에 따라 추상 예술과도 같은, 가장 아름다운 재스민의 향기를 완성시킨다.

알 라 뉘
À LA NUIT

브랜드	세르주 루텐
조향사	크리스토퍼 셀드레이크
출시년도	2000년

동양으로 떠나는 여정 안에서 어느 여름 저녁에 마시는 따뜻한 재스민 차 한 잔을 연상시킨다. 세 가지 품종의 재스민으로 밤에 피는 꽃의 스파이시하고 애니멀릭한 향기를 구현했다. 환하게 빛나는 화이트 플라워는 약간의 풀잎 향을 품은 은방울꽃의 모습을 하고 있지만, 곧 정향에 의해 열기를 더하며 깊이 있는 벤조인과 머스크 노트, 그리고 육감적인 꿀 냄새에 빠져든다.

자스민 마지팬
JASMINS MARZIPANE

브랜드	랑콤
조향사	도미니크 로피옹
출시년도	2016년

재스민 삼박과 재스민 그란디플로럼의 듀오는 휘황찬란한 금빛 교향곡을 연주한다. 부드러운 비누 냄새의 화이트 플로럴 어코드는 인돌처럼 애니멀릭하고 도도한 매력을 선보인다. 최면을 걸어오는 쌉싸름한 그린 아몬드의 향기가 달콤함이 빠진 차분한 온기로 재스민의 꽃잎을 감싼다. 공기처럼 연한 우디 향의 캐시미란과 가벼운 머스크가 크리미한 바닐라를 에워싸며 섬세하고 부드러운 여운을 남긴다.

락톤 원료들 만

프랑스
20세기 초반부터 합성을 통해 얻은 락톤 원료들은 크리미한 과일 향 덕분에 조향계에서 필수불가결한 존재로 자리 잡게 되었다. 만Mane에서는 생명 공학 기술을 활용하여 락톤 원료들을 생산하며 이러한 원료들이 천연 향료로 사용될 수 있는 새로운 길을 열었다.

과즙이 풍부한 복숭아 향, 크리미한 코코넛 향, 활짝 핀 화이트 플로럴 부케 향… 이 다양한 효과들의 원천은 락톤 계열의 화합물들이다. 이들은 머스크와 같은 향 분자들에 비해 덜 알려져 있지만 향장향 및 식품향 업계에서 널리 사용되어져 왔다. 락톤 원료들은 다양한 용매에서 안정적이고 오래 지속되며 가격이 저렴하기 때문에 샴푸와 세제뿐 아니라 고급 조향계에서도 많이 사용된다. 편안함을 주는 이들의 후각적 특징은 전 세계 모든 이들의 마음을 사로잡았다. 만의 조향사 롤프 가스파리앙은 다음과 같이 묘사했다. "이 계열의 분자들은 공통적으로 달콤하고 부드러운 과일 향을 가지고 있습니다."

원료 신분증

역사

조향계에서 사용되는 주요 락톤 원료들은 다섯 개 혹은 여섯 개의 원자 고리와 다양한 길이의 탄소 사슬이 결합된 에스테르다. 이들은 원래 '알데하이드'로 불렸지만 사실상 이 화합물과는 아무 관련이 없다. 이 기괴한 명칭은 당시 매우 인기 있었던 알데하이드 원료로 위장시키기 위해 해당 분자 본래의 화학적 성질을 숨기려고 했던 원료업체에 의해 붙여졌다. 락톤은 전유와 같은 냄새를 가진 그들의 후각적 특징에서 유래한 명칭이다.

감마-운데카락톤, 알데하이드 C-14 혹은 피치 락톤

이 분자는 20세기 초 두 화학자 그룹에서 합성했다. 1905년 프랑스 화학자 E. E. 블레즈와 L. 후이옹이 연구 결과를 처음 발표했고, 1908년 러시아 화학자 A. A. 슈코프와 P. I. 스체스타코프가 뒤를 이었다. 그리고 바로 그해 피르메니히가 맛있는 복숭아 향을 낸다고 하여 복숭아로 만든 알코올 음료 '페르시코persicot'에서 따온 '페르시콜persicol'이라는 원료를 출시했다. 겔랑의 미츠코와 자크 파스의 아이리스 그리에서 프루티한 부드러움을 더하고, 디올의 디오렐라와 세르주 루텐의 페미니테 뒤 부아에서 자두 같은 향을 표현할 수 있었던 것은 모두 이 원료 덕분이다.

감마-노나락톤, 알데하이드 C-18 혹은 코코넛 락톤

코코넛과 살구, 오스만투스에 자연적으로 존재하는 이 분자는 1909년 E. E. 블레즈와 A. 쾰러가 처음으로 합성했다. 이것을 사용하여 복숭아나 코코넛, 전유, 이국적인 과일, 크리미한 느낌 같은 효과를 줄 수 있다.

6-12개
조향계에서 사용되는 락톤 분자들이 갖고 있는 탄소 원자의 수

3.5%
향료 회사 루르의 전설적인 조향사 제르맨 셀리에가 튜베로즈의 과도하게 풍성하고 도톰한 꽃잎 같은 느낌을 주기 위해 피게의 프라카스에 사용한 감마-노나락톤과 감마-운데카락톤의 함량

동일 계열의 원료들

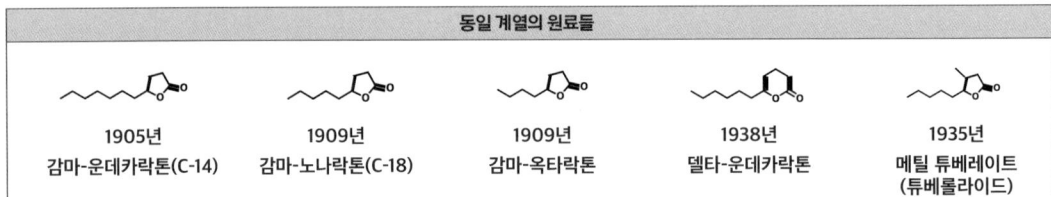

| 1905년
감마-운데카락톤(C-14) | 1909년
감마-노나락톤(C-18) | 1909년
감마-옥타락톤 | 1938년
델타-운데카락톤 | 1935년
메틸 튜베레이트
(튜베롤라이드) |

과즙이 풍부한 과일과 화이트 플로럴 향

하지만 락톤 계열의 분자들은 각기 다른 특징들을 가지고 있다. 조향계에서 사용하는 락톤 분자들은 여섯 개에서 열두 개의 탄소 원자를 가지고 있다. 탄소 사슬이 길수록 크리미하고 기름진 느낌의 잘 익은 과일 향이 강해진다. 가장 많이 사용되는 원료로는 복숭아 시럽 향이 나는 감마-운데카락톤(알데하이드는 아니지만 알데하이드 C-14라는 별칭으로 불림)과 밝은 느낌의 코코넛 향이 나는 감마-노나락톤(알데하이드 C-18), 따뜻한 우유를 연상시키는 델타-운데카락톤, 아몬드 향이 나는 감마-옥타락톤 등이 있다. 이 중 두 원료를 조합하여 다양한 어코드를 만들어 내기도 한다. "이러한 조합을 통해 과일의 과즙이나 과육 같은 느낌을 강조하며 질감을 표현할 수 있습니다. 예를 들어 감마-옥타락톤을 사용하면 약간 오돌토돌한 배의 과육을 재현할 수 있습니다"라고 만의 또 다른 조향사 시릴 롤랑이 설명했다. 락톤 원료들은 재스민이나 튜베로즈와 같은 화이트 플로럴의 풍성한 향기를 구현하기 위해 사용된다. 이들은 또한 솔티드 버터 카라멜이나 초콜릿의 구르망 노트를 구성하는 중요한 원료다. 롤프 가스파리앙은 이렇게 덧붙였다. "락톤 원료들은 향에 볼륨감과 편안함, 그리고 풍성함을 더해줍니다. 하지만 종이 상자 같은 텁텁한 느낌을 줄 수도 있기 때문에 사용에 주의를 기울여야 합니다."

생물 전환 공정과 지방산

이렇듯 없어서는 안 될 만큼 중요한 향 분자들을 얻는 방법은 무엇일까? 대부분의 락톤 분자들은 파인애플이나 망고, 코코넛과 같은 열대 과일, 복숭아, 딸기, 산딸기 등의 과일뿐 아니라 버터, 크림, 우유, 치즈 같은 유제품, 맥주를 비롯한 발효 식품, 그리고 코코아 안에 소량으로 존재하고 있다. 그럼에도 불구하고 20세기 초 화학자들이 실험실 안에서 합성하기 전까지 이들은 향수 산업에서 핵심 원료로 활약하지 못했다. 수년 전부터 만은 환경 친화적인 제품에 대한 소비자와 브랜드의 증가하는 수요에 대응하기 위해 생물 전환 공정을 통해 천연 물질로 간주되는 락톤 원료들을 개발해왔다. 효소나 박테리아 같은 미생물의 특성을 활용하는 이 기술은 발효를 통해 천연 원료를 하나 이상의 향 분자로 변환시킨다. 회사의 생명 과학부 부서장인 파니 랑베르는 다음과 같이 설명했다. "자연에서 락톤 성분들은 지방산으로부터 합성됩니다. 우리는 실험실에서 해바라기유나 올리브유, 피마자유 같은 식물성 기름의 지방산으로 이 과정을 재현하여 원하는 분자를 얻을 수 있습니다. 첫 번째 단계는 투입한 지방산을 목표한 락톤 분자로 변환시킬 수 있는 효모를 선택하는 것입니다. 공정과 목표한 분자에 따라 효모나 곰팡이, 박테리아 등 균주가 달라집니다. 이것을 분리해내는 데 성공하면 산업적 규모로 락톤 분자를 생산할 수 있는 챔피언으로 만듭니다."
이제 생물 전환 공정이 시작될 수 있는 환경이 마련되었다. 37°C의 온도가 유지되는 액체 배지에 균주를 넣고 설탕이나 단백질, 비타민 등 영양분을 공급해 준다. 그런 다음 발효를 통해 점차 락톤으로 변환될 지방산 외에는 아무것도 투입하지 않는다. 반응은 일주일이면 완료된다. 그 후 원심 분리와 용매 추출을 진행하는데, 사용된 용매는 증류를 통해 증발시켜 재활용한다. 수거된 락톤 분자는 향장향 및 식품향 조향사에게 제공된다. 바이오테크놀로지인 생물 전환 공정의 특장점은 석유 화학에서 추출한 물질을 사용하지 않고 자연적인 과정만을 거치기 때문에 결과물이 사용된 성분을 '천연'으로 표기할 수 있다는 것이다. 또한 이 공정은 놀라운 결과를 선사한다. "특정 락톤 분자를 생산할 것이라 예상되었던 효모가 또 다른 분자를 생산하는 경우가 있습니다. 이것이 바로 우리가 이국적인 과일의 향이 나는 캡티브 원료 '트로피칼론'을 얻은 방법입니다." 파니 랑베르는 강조했다.

락톤 원료들이 사용된 향수들

프라카스
FRACAS

브랜드	로베르 피게
조향사	제르맨 셀리에
출시년도	1948년

프라카스는 프루티하고 크리미한 향이 돋보이는 화려한 튜베로즈를 연주한다. 이 악보에는 날카로운 알데하이드, 코코넛과 복숭아 향이 나는 락톤, 서양배 향의 벤질 아세테이트, 루바브 향의 스티랄릴 아세테이트 등 강렬하고 당돌한 합성 원료들과 오렌지 블라썸이 담겨 있다. 이와 대조적으로 베이스 노트는 꽃가루처럼 부드럽고 포근하며 크리미한 향기로 변화한다.

코코 엑스트렘
COCO EXTRÊME

브랜드	콩투와르 쉬드 파시피크
조향사	레몽 카를라방
출시년도	2007년

콩투와르 쉬드 파시피크는 일상으로부터 벗어난 이국적인 여행으로 당신을 초대한다. 전신에 향이 나는 태닝 오일을 바르고 해변의 야자수 아래에 누워 있는 모습을 상상해보라. 코코넛의 우유같이 크리미한 노트가 프루티하고 즙이 많은 과육과 바닐라의 달콤함이 가미된 부드럽고 풍성한 코코넛 워터를 떠올리게 한다. 베이스 노트에서는 통카콩과 아몬드가 쾌청한 여름날의 이미지에 파우더리한 느낌으로 편안함을 더한다.

우머니티
WOMANITY

브랜드	뮈글러
조향사	만 & 파브리스 펠레그랭
출시년도	2010년

엔젤을 통해 구르망 향수라는 개념을 도입한 티에리 뮈글러는 이제 달콤하면서 짭짤한, 일명 단짠의 향기를 만들어 냈다. 탑 노트에서 기묘한 인상을 주는 마린 노트는 더 큰 바다로 나아가지 않는다. 오히려 약간의 코코넛과 전유의 느낌, 우유의 부드러움, 달콤함, 활엽수의 잎 같은 향기가 곁들여진 무화과 어코드로 인해 지중해 연안에 이르게 된다. 마지막으로 스모키하게 느껴지는 쿠마린과 우디 노트가 건조하고 어두운 베이스 노트를 선사한다.

라벤더 봉투

프랑스

프로방스를 상징하는 라벤더로부터 추출한 에센셜 오일은 봉투Bontoux의 가장 핵심적인 제품이다. 현지에서 가족 경영 방식으로 운영되는 이 회사는 해당 산업의 전 분야에 걸친 전문성을 바탕으로 경작지와 작물, 또 그곳에 사는 사람들을 보호하기 위해 최선을 다하고 있다.

봉투의 본사는 프로방스 드롬 주의 라 오트 발레 드 루베즈에 펼쳐진 라벤더 밭 바로 앞에 위치해 있다. 1898년 시작된 이 가족 경영 회사는 사무실과 생산 시설까지 작고 파란 꽃의 상쾌하고 감미로운 향기로 가득 차 있다. 제로 봉투가 증류 추출 사업을 시작하였을 때만 해도 라벤더는 재배되는 것이 아니라 현지의 산악 지대에서 수작업으로 수확되는 야생 작물이었다. 그러나 4대에 걸친 세월이 흐르면서 많은 것들이 변화했다. 인간의 손에 길들여진 라벤더가 이 시골 마을의 광활한 풍경을 물들이고 있다. 오늘날 봉투는 네 개 대륙에 진출하여 생산량의 95퍼센트를 수출하는 국제적인 기업으로 성장하였다. 회사는 에센셜 오일, 천연 추출물, 허브 시장용 건조 식물 등 37개국에 판매되는 200개 이상의 제품을 보유하고 있다.

라벤더

원료 신분증

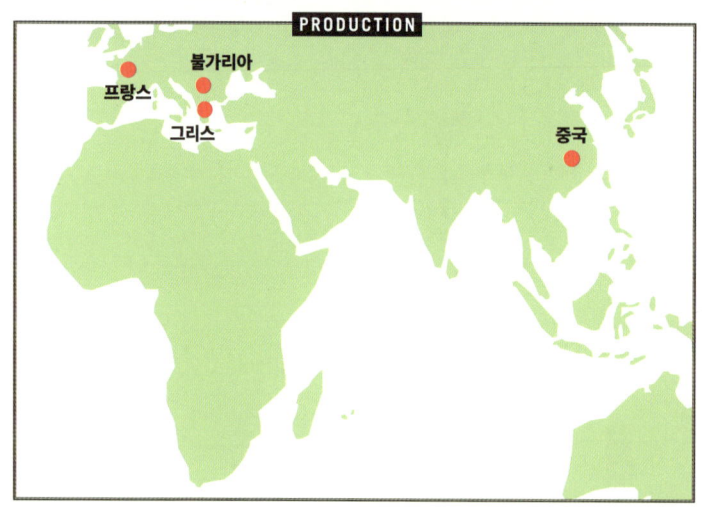

라틴명
Lavandula angustifolia

향료명
True lavender, common lavender, English lavender

분류
Lamiaceae

어원
라벤더는 '씻는 행위'를 의미하는 라틴어 라바레lavare에서 유래된 명칭이다. 라벤더는 아주 오래 전부터 목욕물이나 세탁물에 향을 내는 용도로 사용되었다.

역사
지중해 서부를 원산지로 하는 라벤더는 이미 2천 년 전부터 목욕물이나 세탁물에 이 식물을 사용한 로마인들에 의해 프로방스 지방에 도입되었다. 라벤더가 19세기 프랑스에서 황금기를 맞이할 수 있었던 것은 화창한 기후와 석회질의 토양, 높은 고도라는 이상적인 조건을 갖춘 그라스에서 에센셜 오일 생산이 급증하였기 때문이다. 수율이 높고 장뇌 향이 강한 특징을 가진 라반딘은 트루 라벤더와 스파이크 라벤더의 교잡종으로 본 품종을 뛰어넘는 생산량을 기록하고 있다.

향 노트
상쾌한, 허브, 아로마, 플로럴, 장뇌, 나무, 파우더리한

주요 성분
리날릴 아세테이트, 리날로올, 라반둘릴 아세테이트, 테르피넨-4-올, 베타-오시멘, 라반둘롤, 쿠마린

알프 드 오트 프로방스 지방의 라벤더 재배 방식은 2018년 유네스코로부터 프랑스의 무형문화유산으로 지정되었다.

수확 시기

1 2 3 4 5 **6**
7 **8** 9 10 11 12

추출법
증류 추출법

추출 시간

45-90분

수율

1 ha 재배지 → 3t 라벤더 → 10-25 kg 에센셜 오일

프랑스에서 연간 생산되는 라벤더 에센셜 오일의 양

150t

하지만 120년이 넘는 역사를 만들어 오며 그들의 가슴속에 자리 잡은 가족 경영진과 수확 작업자들 간의 관계에서 라벤더는 언제나 가장 아름다운 상징이었다. 제로의 증손자이자 회사의 현 최고 경영자 레미 봉투는 다음과 같이 회상했다. "저는 재배자셨던 할아버지 곁에서 1년 내내 묻어나던 라벤더 꽃의 쿠마린 같은 달콤한 냄새와 수확철 저녁이면 아버지가 가지고 오셨던 에센셜 오일의 상쾌하고 신선한 향기를 기억합니다." 회사를 4대에 걸쳐 이끌어 온 이들과 라벤더 사이에 형성된 뿌리 깊은 정서적 연결성은 봉투가 가진 훌륭한 평판과 무관하지 않다. 향장향 분야와 아로마 테라피 업계는 이들의 주요 고객으로서 매출의 55퍼센트를 담당하고 있으며, 식품향 분야가 그 뒤를 쫓고 있다. 레미 봉투는 최근 많은 향수에서 라벤더가 현대적 감각으로 표현되고 있으며 회사가 이 새로운 흐름에 기여하고 있는 점을 자랑스럽게 생각했다. 또 조향사들이 라벤더를 찾는 이유에 대해 다음과 같이 설명했다. "라벤더의 플로럴 노트가 가진 섬세함과 각 산지와 에센셜 오일의 여러 측면에 대한 깊은 이해로 얻어진 다양한 향조의 균형 덕분입니다." 봉투는 재배지에서 에센셜 오일의 증류 추출 혹은 앱솔루트를 위한 용매 추출뿐 아니라 허브 시장용으로 다듬어진 꽃의 사용까지 모든 과정을 완벽하게 관리하고 있다.

지속 가능한 라벤더를 위하여

봉투는 라벤더를 심신에 미치는 긍정적인 영향이나 후각적 측면의 가치를 뛰어넘는 보물로 여긴다. 프로방스 드롬 주에서 라벤더는 역사적으로 행운을 상징해왔다. "라벤더는 그라스와 파리의 시장으로, 또 20세기 중반부터는 국제적으로 진출하며 이 외딴 골짜기 마을의 새로운 지평을 열었습니다"라고 레미 봉투는 설명했다. 열악한 토양에서도 우아한 향기를 피워내는 이 꽃은 해당 지역의 헤아릴 수 없는 가치를 가진 자원이자 절대적으로 보호해야 하는 경제 발전의 귀중한 원천이다. 2007년 봉투는 이러한 신념을 토대로 프렌치 라벤더와 라반딘 에센셜 오일 부문의 지속 가능한 개발을 위한 최초의 헌장을 제정하고 서명하였다. 그 이후로 회사는 토양뿐 아니라 그곳에 사는 사람과 식물을 아우르는 생태계와의 상호 의존성을 인정하기 위해 다양한 활동을 전개했다. "우리의 가장 중요한 사명은 지역 농민들과 교류하고 라벤더 밭을 관리하며 지역에 역동적인 활기를 불어넣는 등 합리적인 사업을 지속해 나가는 것입니다."

지역 유산 조명하기

봉투는 자연과 인간의 상호 발전을 추구하기 위하여 2018년부터 UN 글로벌 콤팩트의 10대 원칙을 준수하고 있으며, 이는 오늘날 봉투의 전략과 활동을 이끄는 역할을 하고 있다. 지역 사회에 굳건하게 뿌리를 내린 이 회사는 새로운 라벤더 재배 기술을 개발하는 데 도움을 주고 있으며, 농약 사용 저감이나 토양 재생, 탄소 배출 감량과 같은 환경 문제에 관련된 안건을 다루기 위해 생산자 및 전문 기관과 협력하고 있다. 특히 봉투는 프로방스 라벤더 유산 보호를 위한 기부 재단의 창립 멤버이자 2030년까지 이산화탄소 사용 및 배출량을 절반으로 줄이는 것을 목표로 하는 그린 & 라방드의 창시자로서 환경 분야의 최전선에서 활약하고 있다. 또한 회사는 여러 전문 기관들에 오랫동안 참여해 온 경험을 바탕으로 업계와 산업의 발전을 도모하고 있다. 봉투는 고유한 유산과 노하우를 유지하고 조명하려는 의지와 끊임없이 변화하는 현대 사회에 적응해야 하는 필요성 사이에서 전승이라는 야심찬 목표를 설정했다. 현재 가업을 물려받고 있는 5대 경영자는 사람과 환경을 생각하는 회사의 신념을 더욱 강화하고자 한다. 물론 회사의 근간인 라벤더를 향한 무조건적인 사랑을 잊지 않고 말이다.

라벤더가 사용된 향수들

푸르 언 옴므
POUR UN HOMME

브랜드	카롱
조향사	에르네스트 달트로프
출시년도	1934년

푸르 언 옴므는 출시 당시 남성만을 겨냥한 최초의 향수 중 하나였다. 조향사 에르네스트 달트로프는 대비되는 두 원료의 예상치 못한 조합을 만들어 냈다. 우선 라벤더가 보라색과 녹색이 묻어나는 자신의 향기를 터트린다. 이윽고 상쾌하고 활기차며 아로마 향을 만개하는 라벤더에 오 드 꼴론 같은 효과를 슬며시 가져오는 시트러스 노트가 곁들여진다. 시간이 지나면서 피부에 녹아드는 바닐라가 엠버와 쿠마린으로 이루어진 어코드와 함께 자리 잡는다.

저지
JERSEY

브랜드	샤넬
조향사	자크 폴주
출시년도	2011년

저지는 카롱의 상징적인 향수 라벤더보다 더 현대적인 방식의 향수이며 전형적인 남자의 향기를 여성스럽게 만드는 당돌한 행보를 보인다. 푸르 언 옴므가 단순한 이분법적 구조를 가지고 있다면, 저지는 라벤더와 바닐라, 화이트 머스크, 통카콩이라는 동일한 원료들을 이용하면서 그들 사이의 경계를 흐릿하게 하는 방식으로 전개된다. 향수 안에서 존재감이 줄어든 점잖은 라벤더는 머스크의 파우더리한 느낌에 둘러싸여 플로럴한 부드러움이 강조된다.

라방드 로메인
LAVANDE ROMAINE

브랜드	페리스 몬테 카를로
조향사	장 클로드 엘레나
출시년도	2020년

어느 여름 저녁, 프로방스의 햇살을 고스란히 머금은 들판에서 갓 수확한 라벤더 한 다발의 향기가 담겨 있는 향수다. 보랏빛 꽃의 아로마틱한 허브 향은 에버라스팅과 감초에서 느껴지는 리큐어 같은 아니스 노트를 드러내며 라벤더 밭의 풍경을 그려 낸다. 그 후 녹색 과일의 향기가 나는 블랙커런트의 흔적은 라벤더를 손으로 짓이겼을 때 느껴지는 생기로운 감각처럼 피부 위에 영원히 지속될 상쾌함을 남기며 기대하지 않았던 싱그러움을 불어넣는다.

만다린 카푸아

이탈리아

5대에 걸친 가족 경영 기업 카푸아Capua는 칼라브리아 섬에서 자신의 존재감을 공고히 한다. 현지 농민들의 네트워크로 재배되는 만다린은 고유의 향기를 조명하고 환경에 미치는 영향을 줄이기 위한 혁신의 대상이다.

만다린은 중국에서 시작되었지만 이탈리아, 특히 칼라브리아 섬을 제2의 고향으로 삼고 있다. 감귤류 과일의 높은 품질로 유명한 이 지역의 만다린은 매우 뛰어난 맛과 향을 자랑한다. 1880년 레지오 디 칼라브리아에 세워진 가족 경영 기업 카푸아는 베르가못과 레몬, 오렌지뿐 아니라 만다린의 에센셜 오일을 통해 향장향 및 식품향 산업계에서 없어서는 안 될 공급업체로 자리 잡았다. 오늘날 회사가 추출하는 시트러스 에센셜 오일들은 이탈리아 전체 생산량의 약 1/3을 차지하며 전 세계 54개국에 수출되고 있다.

산업을 지원하다

카푸아 가문의 5대 경영자인 로코 카푸아는 아버지인 잔프란코, 그리고 형제인 잔도메니코와 함께 회사를 이끌고 있다. 그는 회사가 선도적인 위치를 차지하고 있는 것은 무엇보다도 작물을 제공하는 현지 재배자들과의 긴밀한 관계 덕분이라고 전했다. "지역 및 농부들과의 관계는 이 사업의 핵심입니다.

만다린 165

원료 신분증

라틴명
Citrus reticulata
향료명
Mandarin
분류
Rutaceae

수확 시기

1 2 3 4 5 6
7 8 **9** **10** **11** 12

추출법
(과일 전체 혹은 껍질의) 냉압착법 후 에센셜 오일과 과즙 혼합

수율

100kg 과일 → 600g 에센셜 오일

어원

만다린은 포르투갈어 만다링mandarim에서 유래된 명칭이다. 이는 각각 '사유'와 '조언자'를 의미하는 산스크리트어 만트라mantra와 만트리mantri가 파생된 말레이시아어 만타리mantari에서 유래되었다. 원래는 해당 과일의 색깔처럼 주황색을 보완하는 용도의 형용사였다. 포르투갈 사람들은 주황색 옷을 즐겨 입는 중국 관료들을 만다링이라 불렀고, 이것이 해당 과일의 색깔을 지칭하는 형용사가 된 것이다.

역사

중국을 원산지로 하는 만다린은 19세기 포르투갈에 의해 지중해 연안에 도입되었다. 높이가 3-4미터인 만다린 나무는 다른 감귤류보다 산도가 낮은 과일을 생산한다. 향이 나는 에센셜 오일을 함유한 껍질은 숙성도에 따라 녹색, 주황색, 빨간색의 세 가지 등급으로 분류된다.

향 노트

시트러스, 감귤류 과일, 풀잎, 과일, 알데하이드, 달콤한, 산미 있는

주요 성분

리모넨, 감마-테르피넨, 메틸 N-메틸안트라닐레이트

클레멘타인은 20세기 초 알제리 오란Oran 지역에서 클레망 사제가 발견한 자연 교배종이다. 이 식물은 만다린 나무의 꽃과 오렌지 나무의 화분이 만나며 탄생하였다.

이탈리아의 레지오 디 칼라브리아 주변 지역에서 만다린이 재배되는 경작지의 면적

1500헥타르

헥타르당 재배된 나무의 수

450그루

해당 지역에서 연간 생산되는 만다린 에센셜 오일의 양

320t

이를 지속하려면 산업 전반을 지원해야 한다는 사실을 잘 알고 있습니다." 그는 강조했다. 회사가 새로운 일자리를 창출하거나 장기 계약을 체결하는 것은 농업 협동조합과의 직접적인 협상을 통해 가격을 최대한 안정적으로 유지하려는 노력과 병행되고 있다. 카푸아의 지속적인 성공의 또 다른 비결은 업계의 변화하는 수요에 대응하기 위해 적응하고 혁신하는 능력에 있다. 최근 이오니아 해안에 문을 연 '팹 팜'에서 알 수 있듯이 현재 카푸아의 핵심 관심사는 지속 가능한 개발이다. 회사의 연구 개발 부서가 자체적으로 작물을 재배할 수 있는 28헥타르 규모의 야외 실험 시설에서 기후 변화에 맞서 생산량을 확보하기 위한 연구를 진행한다. "산 카를로의 실험 농장은 베르가못과 만다린, 칼라브리아 오렌지 등 생명윤리무역연합의 인증을 받은 우리 작물들의 생산을 지원하기 위한 시설입니다. 순수 재생 농업 기술이 도입된 이 농장에서는 추후 관련 영역에 적용할 수 있는 최신 친환경 농업 기술들을 시험합니다." 로코 카푸아는 설명했다. 이러한 행동은 회사의 지속 가능 개발 정책의 가장 중요한 핵심이며 그 효과는 이미 증명되었다. "우리는 실제 농업 환경과 동일한 이 실험실을 통해 작물 생산 전반에 걸쳐 탄소 배출량과 관개에 사용되는 물 소비량을 크게 줄일 수 있었습니다."

혁신의 전통

카푸아는 재배부터 생산까지 전 라인의 관행을 개선하여 차별화를 꾀하는 데 강력한 의지를 드러내고 있다. 물론 오늘날 환경적 영향이 핵심 이슈로 떠올랐지만 제품의 후각적 품질은 여전히 가장 중요한 부분으로 남아 있다. 잔프랑코 카푸아와 그의 두 아들은 가장 매력적인 제품을 제공하기 위해 선조들로부터 물려받은 혁신의 전통을 이어 나가고 있다. "제 아버지는 만다린을 비롯한 감귤류 과일들의 과즙에 함유되어 있는 휘발성 성분을 저온으로 추출하는 낫프로파일NatProFil 기술을 개발했습니다"라고 로코 카푸아는 말했다. 회사는 2013년에 선보인 이 기술을 통해 괄목할 만한 발전을 이루어냈다. 그 전까지 과즙에 함유되어 있는 휘발성 성분을 추출하려면 반드시 가열을 해야 했기 때문에 향이 다소 변질됐으며, 이는 감귤류 과일들의 경우 특히 치명적이었다. 카푸아의 낫프로파일 추출물은 원물에 충실하면서 갓 짜낸 과즙보다 최대 150배 농축된 향 성분을 함유하고 있어 식품향 조향사들의 팔레트에 자연스레 이름을 올릴 수 있었다. 조향사들도 예외는 아니다. 맛있는 향기의 트렌드가 지속되고 천연물에 대한 소비자들의 수요가 증가함에 따라 이러한 제품은 현 시장에서 분명한 강점을 갖는다. 하지만 카푸아의 기존 에센셜 오일은 여전히 조향사들의 첫 번째 선택지다.

껍질이 녹색일 때 수확된 만다린으로 서로 다른 후각적 특징을 가진 두 제품을 얻을 수 있다. 첫 번째는 예로부터 칼라브리아에서 사용되어 온 추출 기계의 현대적 버전 '펠라트리스pelatrice'로 껍질만을 추출하여 얻는다. 이렇게 추출된 녹색 에센셜 오일은 상쾌하고 감귤류 껍질과 식물 같은 향기를 낸다. 두 번째는 '스푸마토르키오sfuma-torchio'로 과일 전체를 분쇄하여 얻는 노란색 에센셜 오일이며, 과일의 씨 같은 느낌을 주고 과즙이 풍부한 프루티 노트를 가진다. 이 에센셜 오일의 완벽한 향기는 칼라브리아의 언덕에서 맡을 수 있는 만다린을 고스란히 담고 있으며, 그 인기 또한 굉장하다.

만다린이 사용된 향수들

오 드 만다린 앙브레
EAU DE MANDARINE AMBRÉE

브랜드	에르메스
조향사	장 클로드 엘레나
출시년도	2013년

새콤달콤한 만다린의 기분 좋은 광채는 햇살처럼 미소 짓는 이 향수로 행복감을 전달한다. 부드러운 달콤함과 풍부한 과즙의 상쾌함이 동시에 느껴지는 향기를 패션 푸르트 어코드가 조심스럽게 밀어 올린다. 뒤편으로 엠버 노트가 조금씩 모습을 드러내지만 향기는 가벼움과 투명함 그 무엇도 잃지 않는다. 아로마향도 쌉싸름함도 느껴지지 않는 이 향수는 클래식한 꼴론과는 거리가 멀지만 생동감 넘치는 섬광의 물보라를 선사한다.

만다리나 코르시카
MANDARINA CORSICA

브랜드	라티잔 퍼퓨머
조향사	캉탱 비슈
출시년도	2018년

압도적 향기의 껍질, 쌉싸름함이 느껴지는 가지, 풍부한 과즙의 새콤달콤한 과육… 만다린의 껍질과 과육을 동시에 추출하는 방식 덕분에 이 모든 것을 재현했다. 자연주의적 향기에도 불구하고 만다린은 통카콩과 크리미한 향기의 구르망 노트에 감싸여 캐러멜화된다. 베이스 노트에서는 입맛을 돋우는 향기가 미묘하게 짭쪼롬한 뉘앙스를 가진 에버라스팅의 온화한 바람을 일으킨다.

인퓨전 디 만다린
INFUSION DE MANDARINE

브랜드	프라다
조향사	다니엘라 안드리에
출시년도	2018년

과일 향을 드러내지만 먹음직스럽기보다는 비누 같은 느낌의 반짝이는 머스크 노트에 부합하는, 현실적이고 기분 좋은 만다린이 껍질과 과즙 사이 어딘가에서 날 법한 향기를 낸다. 그것은 오포포낙스의 발사믹 노트에 의해 희미해진 순수한 오렌지 블라썸으로 변화한다. 부드러운 미들 노트는 청량한 만다린에서 날카롭고 톡 쏘는 측면을 지우고 과육의 달콤함만을 남긴다.

머스크 케바

인도

깨끗하고, 편안하며, 과일이나 솜 같은 향기… 머스크 계열 원료들은 향수, 샴푸, 세제 등 거의 모든 제품에 사용되고 있다. 여러 화학 계열들을 아우르는 이 분자는 19세기부터 조향계의 역사와 함께했으며 지속적으로 연구되고 있다. 토날라이드를 발견하였으며 오늘날 향료 회사 케바Keva의 자회사인 'PFW 아로마 케미컬스 BV'가 이 분야의 선구자라고 할 수 있다.

최초의 머스크는 5세기부터 『탈무드Talmud』에 최음제와 치료제로 언급된 통킨 머스크로, 아프가니스탄과 몽골, 베트남의 산악 지대에 서식하는 사향노루Moschus moschiferus의 성분비샘에서 만들어진다. 사향낭에 있는 알맹이를 우려내어 사용하였으며 여기에는 머스크 특유의 희귀하고 애니멀릭한 부드러움을 담당하는 무스콘이 20퍼센트 함유되어 있다. 1킬로의 사향을 얻기 위해서는 약 서른다섯 마리의 사향노루가 필요하다. 즉, 조향계에서 머스크 원료가 톤 단위로 사용되던 19세기 말에는 한 해에 3십만 마리가 죽었음을 시사한다. 사향노루는 1973년 '멸종 위기에 처한 야생 동식물종의 국제 거래에 관한 협약CITES'에 의해 보호종으로 분류되어 멸종 위기로부터 벗어날 수 있었다. 통킨 머스크는 이후 사용이 금지되었지만 따뜻하고 지속력 있는 그의 향기는 매우 큰 인기를 끌었기에 산업계는 결국 합성 머스크를 개발하기에 이른다.

1888년 독일 화학자 알베르트 바우어는 트라이

원료 신분증

네 가지 핵심 포인트

니트로 머스크	매크로사이클릭 머스크	폴리사이클릭 머스크	앨러사이클릭 머스크
19세기 머스크 케톤	20-21세기 무스콘, 에틸렌 브라실 레이트, 엑살톨리드...	1950년대 토날라이드, 갈락솔라이드...	1990-2000년 헬베톨라이드, 실콜라이드...

역사

동물성 원료인 통킨 머스크는 사향노루가 자신의 영역을 표시하기 위해 분비하는 물질에서 비롯되었다. 그 후 거대한 제품군을 이룬 합성 머스크들은 오늘날 조향계를 떠받치는 기둥이 되었다. 1973년부터 시행된 사향노루 보호 조치로 인해 지난 한 세기 동안 이어져 온 합성을 통해 대체 원료를 찾는 연구가 더욱 확대되었다. 통킨 머스크에 함유된 무스콘은 1905년 분리 추출되었고, 1925년 화학적 구조가 규명되었다. 19세기 말부터 머스크 향을 재현하기 위한 수많은 합성 향료가 존재하였고 발전되어 왔지만, 이들은 환경 및 법적 제약과 같은 사안에 적응해야 했다.

40%

1960년대 후반에 출시된 프랑스의 유명 섬유 유연제 카졸린에 사용된 갈락솔라이드의 함량

사향노루의 사향낭 안에 포함된 머스크의 무게

25g

머스크 향이 나는 식물들

안젤리카 속 엑살톨리드나 암브레트 시드 속 암브레톨리드처럼 특정 머스크 계열의 분자들은 식물 안에 자연 상태로 존재한다.

동일 계열의 원료들

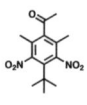

| 1893년
머스크 케톤 | 1905년
무스콘
(분리 추출) | 1935년
에틸렌
브라실레이트
(듀폰 드 느무르) | 1953년
토날라이드
(폴락스 프루탈 웍스,
오늘날의 케바) | 1962년
갈락솔라이드
(IFF) | 1983년
모잘론
(지보단) | 1990년
헬베톨라이드
(피르메니히) |

나이트로톨루엔TNT 계열의 폭발물에 대해 연구하던 중 우연히 최초의 합성 머스크를 발견하였고 특허를 출원했다. 천연 머스크의 절반 가격에 판매되었던 바우어 머스크의 뒤를 이어 머스크 자일렌과 머스크 암브레트, 머스크 케톤 등의 동종 계열 분자들이 등장했다. 이들은 파우더리하고 안개 같은 뉘앙스를 가졌으며 '니트로 머스크'라고 불렸다. 하지만 1981년 광민감성 및 안전성의 문제로 인해 위험성이 없는 머스크 케톤을 제외한 분자들은 모두 사용이 금지되었다.

산업을 떠받치는 기둥

1950년대부터 화학자들은 니트로기가 없는 분자가 머스크 향을 낼 수 있는지에 대해 연구하기 시작했다. 쿠르트 푹스는 이러한 선구적인 과학자들 중 하나였으며 최초로 폴리사이클릭 머스크를 발견하였다. 그가 재직하던 폴락스 프루탈 웍스에서는 각각 1952년과 1954년에 발견된 팬톨라이드와 토날라이드에 대한 특허를 출원하였다. 후에 PFW 아로마 케미컬스 BV로 명칭을 변경한 이 회사는 2011년 케바에 매각되었다. 케바는 1922년 인도에 설립된 S. H. 켈카르 & 컴퍼니를 전신으로 하는 향료 회사다.

이 회사는 세계 최대의 토날라이드 생산업체로 자리 잡고 있다. 케바의 최고 경영자 케다르 베이즈는 다음과 같이 설명했다. "파우더리하고 사과를 연상시키는 과일 향의 이 아름다운 분자는 향수부터 실용품까지 모든 제품에 사용되고 있습니다. 이 원료는 강력한 잔향성을 가진 머스크 중 하나로, 7주에서 8주가량 향기가 지속됩니다." 이는 폴리사이클릭 머스크의 공통적인 특징으로, 1962년 발견된 갈락솔라이드를 비롯한 동종 계열의 머스크 원료들이 산업을 떠받치는 기둥과 같은 역할을 하게 해준다. 매우 저렴하고 안정적이며 확산력이 강하고 물에 녹지 않는 소수성을 띠기 때문에 세제나 섬유 유연제 제품에 특히 적합한 이 원료들은 실용품 향료 시장에 혁신을 일으켰다. 이들의 깨끗하고 비누 같은 향기는 위생의 상징이 되었다.

편안하고 깨끗한 느낌

세 번째 계열은 매크로사이클릭 머스크다. 화학 산업이 발전함에 따라 무스콘처럼 자연에서 발견되는 것과 흡사한 분자들을 찾기 위한 연구가 20세기 내내 진행되었다. 그 결과 바이올렛과 붉은 과일의 특징을 가진 엑살톨리드, 살짝 메탈릭하고 밀랍 같은 느낌을 내는 하바놀라이드, 암브레트 악센트가 드러나는 암브레톨리드, 가열된 철과 엠버 향이 나는 니르바놀라이드 등 조향사의 팔레트는 더욱 다채로워졌다. 하지만 기술적인 발전에도 불구하고 매크로사이클릭 머스크는 부드러운 향기를 가진 에틸렌 브라실레이트(혹은 머스크 T)를 제외하면 대부분 높은 가격을 유지했기 때문에 고급 조향계에서만 사용되었다. 이들은 특정 사람들에게 향이 느껴지지 않는다는 단점도 가지고 있다. 우리 중 적게는 10퍼센트, 많게는 50퍼센트의 사람들은 이 향을 맡을 수 없다. 따라서 생산 비용을 낮출 수 있는 다른 분자들을 개발하기 위한 후속 연구들이 이어졌다. 1980년대부터는 '선형 머스크' 혹은 '앨러사이클릭 머스크'라 불리는 차세대 머스크가 조향계에 등장했다. 과일 향이 나고 전유 같은 느낌의 헬베톨라이드, 더 파우더리한 세레놀라이드, 부드럽고 섬세한 로마놀라이드가 이에 해당한다.

머스크 케톤만 남게 된 니트로 머스크나 폴리사이클릭 머스크, 매크로사이클릭 머스크, 앨러사

이클릭 머스크는 오늘날 조향계 안에서 공존하며 사용되고 있다. "이 분자들은 상호 보완적으로 사용될 때 최고의 능력을 발휘하기 때문에 종종 조합하여 사용합니다." 케다르 베이즈는 강조하여 말했다. 그 결과 편안하고 깨끗한 느낌의 향이 만들어진다.

머스크가 사용된 향수들

화이트 머스크
WHITE MUSK

브랜드	더바디샵
조향사	알 수 없음
출시년도	1981년

화이트 머스크로 불리는 갈락솔라이드는 붉은 과일의 향기를 옅게 풍긴다. 오랫동안 세제에 사용되었으며 상쾌하고 깨끗한 느낌을 자아낸다. 이러한 인상은 비누 향의 알데하이드로 더욱 강조된다. 미들 노트에서 머스크와 알데하이드로 이루어진 어코드가 벨벳처럼 부드러운 복숭아와 재스민, 일랑일랑의 프루티 플로럴 노트를 안락한 흰색 누에고치처럼 감싸안는다. 바닐라와 우디 향의 베이스 노트는 피부 위에서 포근한 향기를 오랫동안 지속시킨다.

오리지널 머스크
ORIGINAL MUSK

브랜드	키엘
조향사	알 수 없음
출시년도	2004년

플로럴 부케를 감싸는 머스크 어코드 역시 깨끗한 느낌을 주기 때문에 단순하고 클래식하게 보일 수 있지만, 오리지널 머스크는 애니멀릭한 머스크의 관능미를 가감 없이 드러낸다. 갓 세탁한 하얀 린넨 같은 인상을 뒤로하고 잘 씻지 않은 피부에서 느껴지는 생생하고 뜨거우며 더러운 느낌의 향을 마주하게 된다. 이 향수의 독창성은 만들어진 이미지의 천연 머스크에서 느껴지는 동물성과 머스크가 사용된 세제처럼 깨끗한 향기의 순결성 사이의 균형에서 찾을 수 있다.

머스크 통킨
MUSC TONKIN

브랜드	퍼퓸 드 엠파이어
조향사	마르크 앙투안 코르티치아토
출시년도	2012년

강력하고 육감적인 시프레 계열의 향수로 짭짤하고 따뜻한 피부에 입맞춤하는 듯하다. 매혹적이고 어두운 야상곡 안에서는 놀랍도록 밝게 빛나는 풍성하고 하얀 꽃잎이 느껴진다. 화이트 플로럴은 야수의 모피나 머스크 냄새가 나는 땀을 연상시키는 송진 향의 우디 노트와 만나면서 밀랍처럼 부드럽고 포근하며 감미로운 향을 낸다. 가죽 향에 가까운 애니멀릭한 어코드는 실제 통킨 머스크처럼 극단적이지는 않지만 빈티지한 아우라에 둘러싸이며 자신의 복합미를 뽐낸다.

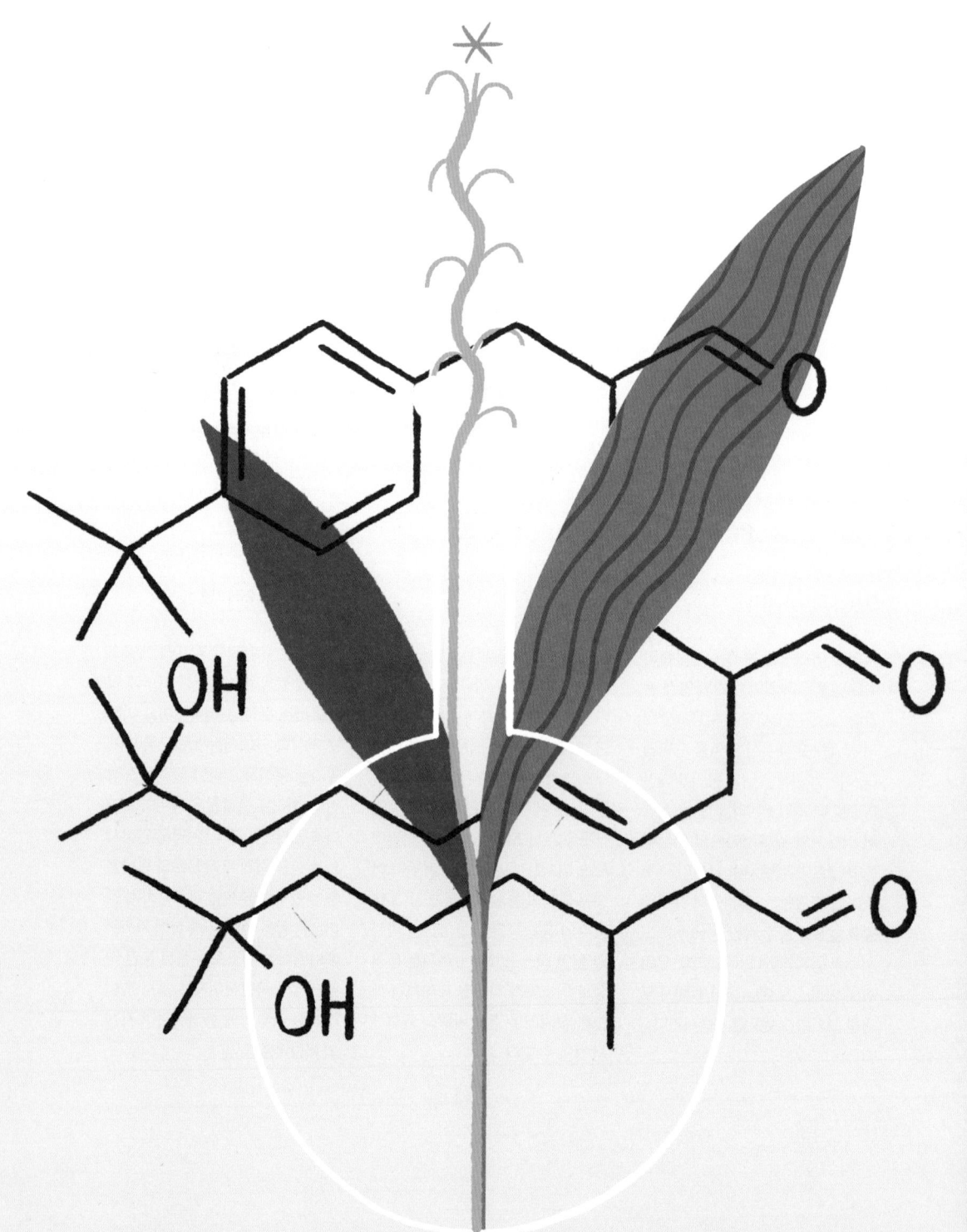

뮤게 노트 다카사고

일본
최근 뮤게의 향기를 재현할 때 사용되는 일부 원료들이 제한된 이래로 산업계는 이들의 안전한 대체재를 만들기 위한 연구에 박차를 가하였다. 다카사고Takasago는 자신의 전문 분야인 입체화학 기술과 화이트바이오를 접목시켜 바이오사이클라몰과 바이오뮤게와 같은 분자들을 개발하였다.

하얀 종 모양의 꽃으로부터 추출물을 뽑아낼 그 어떤 기술도 존재하지 않지만, 뮤게 노트는 조향사의 팔레트에서 매우 중요한 요소다. 1905년 하이드록시시트로넬랄이 합성된 후로 5월 1일을 상징하는 꽃인 뮤게와 상쾌함을 떠올리게 하는 분자들은 향수와 실용품을 가리지 않고 조향계에서 많이 사용되어져 왔다. 특히 이 계열의 대표 주자인 릴리알과 리랄이 큰 성공을 거두었다. 이는 이러한 원료들의 다재다능한 면모 덕분이다. 이들은 뮤게 향을 재현하는 데 사용되며, 더 나아가 워터리 플로럴이나 그린 플로럴 노트를 구성하는 데도 도움을 준다. 특히 이 분자들은 가격 대비 매우 인상적인 후각적 영향력을 미친다. 저렴한 가격에 뛰어난 확산력과 지속력을 제공하기 때문에 청소 및 위생용품에 향을 내는 용도로 사용되었다. 하지만 IFRA가 피부 자극 위험성을 이유로 리랄과 릴리알의 사용을 차례로 금지하면서 전 산업계가 이들을 대체할 새로운 분자들을 개발해야 하는 상황에 처하게 되었다.

원료 신분증

역사

'무언'의 꽃이라는 별칭을 가진 뮤게를 조향계에서 사용하는 방법은 합성 분자들을 통한 재구성이 유일하다. 하이드록시시트로넬랄은 자연 상태에 존재하지 않지만 뮤게를 자연스럽게 표현할 수 있도록 해주는 첫 번째 분자였다. 그 후 조향사의 팔레트에는 릴리알과 리랄과 같은 분자들이 추가되며 더욱 다채로워졌다. 하지만 이 분자들은 피부 자극 위험성이 있어 오늘날 사용이 제한되거나 금지되었고, 이는 릴리플로르나 플뢰르날, 님페알과 같이 더 안전한 신규 화합물에 대한 연구를 촉진시켰다. 2012년 다카사고는 뮤게의 실제 향기를 구성하고 있는 분자인 디하이드로파르네잘의 생산 공정에 대한 특허를 출원하였다. 바이오뮤게라는 이름으로 상품화된 이 원료는 뮤게 노트를 가진 유일한 '네이처 아이덴티컬(자연에 동일한 분자가 존재하는)' 분자다.

릴리알의 인내

1946년 지보단 들라와나의 매리언 스콧 카펜터와 윌리엄 이스터 주니어는 하이드록시시트로넬랄보다 열 배 더 강력한 향기를 가진 분자를 만들어 냈지만, 감정가들은 두 분자가 너무 흡사하다는 판단을 내렸다. 하지만 1956년 카펜터는 뮤게 노트의 합성 분자에 대한 특허를 출원하도록 조향사들을 설득하였고, 이는 곧 릴리알이라는 이름으로 상품화된다. 릴리알은 거의 모든 세제 및 위생용품에 사용되며 전 세계에서 가장 많이 팔린 원료가 되었다.

....

디오리시모Diorissimo는 뮤게 향수를 상징하는 아이콘으로 남아 있다. 1956년 디오리시모를 조향한 에드몽 루드니츠카는 자신의 작품을 완전히 새로운 방식의 조향을 통한 자연으로의 회귀라고 묘사했다.

10%

1911년 출시된 바이어스도르프의 니베아 크림 안에 사용된 하이드록시시트로넬랄의 함량

동일 계열의 원료들

| 1905년 하이드록시시트로넬랄 | 1946-1956년 릴리알 (지보단) | 1958년 리랄 (IFF) | 1999년 릴리플로르 (피르메니히) |

| 2006년 플뢰르날 (만) | 2012년 바이오뮤게 (다카사고) | 2014년 님페알 (지보단) |

랄 칼럼에서 처리되어 바이오뮤게(L-디하이드로파르네잘)와 바이오사이클라몰(L-디하이드로파르네솔)로 생산됩니다." 다카사고의 영업 이사 세바스티앵 앙리에가 설명했다. 비슷한 구조를 갖고 있지만 서로 다른 후각적 특징을 보이는 이 두 분자는 마지막 변환 단계가 화학의 영역에 속하여 천연 성분으로 취급받지 못하지만 100% 생분해성을 가지고 있으며 완전히 재생 가능한 탄소 화합물로 구성되어 있다.

잔향성과 볼륨감

바이오뮤게는 뮤게의 향기처럼 수분감이 느껴지고 풀잎 향이 난다. 반면 바이오사이클라몰은 시간이 지나도 플로럴 노트가 유지되도록 잔향성과 볼륨감을 강화하는 특징을 가지고 있는데, 이는 세제용 향을 만들 때 꼭 필요한 효과다. "릴리알과 리랄에 100% 상응하는 분자들을 찾는 것은 불가능합니다. 조향사는 매번 그들을 다른 분자로 교체하여 처방전을 구성해야 했지만, 이제 바이오사이클라몰과 바이오뮤게가 새로운 해결책을 제공합니다." 다카사고의 글로벌 향료 홍보 및 판매부서의 부사장 홍주 리는 설명했다.

2010년경부터 다카사고는 바이오사이클라몰과 바이오뮤게를 제공하고 있다. 회사는 이를 위해 산업 규모의 생산에 미생물을 사용하는 화이트바이오와 두 광학 이성질체에서 하나를 분리시키는 입체화학 기술을 함께 사용한다. 2001년 노벨 화학상을 수상한 료지 노요리 교수가 이끄는 연구팀은 1983년 파인 에센셜 오일로부터 L-멘솔을 카이랄 합성하는 데 성공하였으며, 다카사고는 친환경 화학의 선구자로 올라설 수 있었다. "바이오사이클라몰과 바이오뮤게를 만드는 것은 천연 원료인 사탕수수로부터 시작됩니다. 일본 요리에서 영감을 받은 전통적인 효모 기반 발효법으로 파르네센을 얻습니다. 이제 이 물질은 일본으로 보내진 후 카이

"바이오사이클라몰과 바이오뮤게는 제가 특히 좋아하는 추상적인 향기를 선보입니다." — 오렐리앙 기샤르

그라스 출신의 오렐리앙 기샤르는 지보단과 피르메니히에서 조향사로 일하다가 2018년 다카사고에 입사하였다. 그의 대표작으로는 나르시소 로드리게즈의 나르시소와 구찌의 길티, 그리고 자신의 브랜드 마티에르 프레미에르에서 출시한 레디컬 로즈와 인센스 수아브가 있다.

바이오사이클라몰과 바이오뮤게의 향기를 묘사해주실 수 있나요?
우선 두 원료 모두 그린 플로럴 노트에 해당합니다. 바이오뮤게는 부드러우면서 깨끗한 바다 향이 나고, 목련이나 뮤게와 같은 흰 꽃잎을 짓이길 때 나는 자연의 향기가 강하게 느껴집니다. 그리고 바이오사이클라몰은 놀랍도록 긴 잔향성을 가지고 있습니다.

이 분자들은 어떠한 역할을 하나요?
클래식한 뮤게 노트는 애니멀릭한 향과 풀잎 향, 화이트 플로럴 향이 만들어 내는 특유의 밀도감을 가지고 있습니다. 반대로 바이오사이클라몰과 바이오뮤게는 깨끗함, 그리고 제가 특히 좋아하는 추상적인 향기를 선보입니다. 이 분자들은 향에 경쾌함과 반짝임, 탄력을 부여합니다. 예를 들어 일부 시트러스 노트나 풀잎 노트가 낼 수 있는 거친 느낌을 부드럽게 만듭니다. 이들은 또한 입체감과 풍성함, 리듬, 현대적인 느낌을 전달합니다. 이 분자들은 다른 원료를 뒷받침하는 역할을 하며, 특히 천연 향료의 효과를 증폭시킨다고 묘사할 수 있겠습니다.

이들을 주로 어떤 종류의 어코드에 사용하나요?
추상적인 꽃향기로 시프레 노트나 우디 노트를 부드럽게 만들 수 있기에 여성 향수에 잘 맞습니다. 빛을 조향한다는 생각으로 작업한 나르시소 오 드 파르팡 앙브레에서 바이오뮤게를 우디 노트와 머스크 노트에 연결 지어 사용한 적이 있습니다. 저는 뮤게가 순수성이나 순백, 부드러움, 추상성 등 많은 부분을 공유하는 머스크와 완벽한 조화를 이룬다고 생각합니다.

뮤게 노트가 사용된 향수들

디오리시모
DIORISSIMO

브랜드	디올
조향사	에드몽 루드니츠카
출시년도	1956년

디오리시모는 상상으로 만들어진 뮤게로 꽃 자체가 아니라 이 꽃이 피는 봄철을 표현하였다. 일랑일랑의 경쾌하고 순수한 향기가 피어오르면서 공기처럼 가벼운 인상을 남기고, 버석한 서양배처럼 상쾌한 효과를 내는 풀잎 향이 자리 잡는다. 그 후 파우더리하고 쌉싸름한 향기와 우디 노트가 부드러움 속에서 고요한 숲속 산책을 마무리한다. 이 향수가 전하는 매력은 오늘날까지 이어지고 있다.

아쿠아 유니버셜
AQUA UNIVERSALIS

브랜드	메종 프란시스 커정
조향사	프란시스 커정
출시년도	2009년

공기처럼 가볍고 수분을 함유한 시트론과 레몬, 베르가못의 시트러스 노트가 시링가와 프리지아, 뮤게로 구성된 추상적인 부케에 빛을 흩뿌리며 날아오른다. 그 뒤로 벨벳같이 부드러운 머스크가 세련되고 건조한 우디 노트를 감싼다. 아쿠아 유니버셜은 무더운 여름밤 차가운 물로 샤워를 하고 상쾌하게 세탁되어 어떤 향도 나지 않는 흰 침대보 위로 미끄러져 들어가 깨끗함을 느끼고 싶은 날에 뿌리는, 세월을 타지 않는 범용적인 향수다.

아포제
APOGÉE

브랜드	루이비통
조향사	자크 카발리에 벨트뤼
출시년도	2016년

탑 노트에서 공기처럼 가볍고 투명하며 수분을 조금 함유한 뮤게 노트가 만다린과 오렌지의 부드럽고도 감귤류 껍질 같은 느낌에 의해 두드러진다. 크리스털처럼 반짝이고 상쾌한 분위기 속에서 뮤게는 로즈를 필두로 한 매그놀리아, 재스민같이 무게 있는 꽃들 사이에 곁들여진다. 봄꽃의 향연 속에서 하얀 종 모양의 작은 꽃이 내는 감미로운 향기는 점차 가려진다. 베이스 노트에서는 화이트 머스크와 구아이악우드가 흙 내음 같은 향기를 전달한다.

파촐리 반 아로마

인도네시아
인도네시아에 위치한 반 아로마Van Aroma는 에센셜 오일을 주력으로 하는 세계 제일의 파촐리 가공업체다. 이 신생 기업은 재배지를 존중하고 생산자들과 가까운 관계를 유지하고 있다.

"파촐리가 원래 있던 곳으로 돌아가는 것은 쉽지 않습니다." 반 아로마의 경영자 아유시 테크리왈은 말했다. 파촐리 에센셜 오일과 기타 가공품은 전 세계에서 연간 1200-1400톤이 생산되는데, 반 아로마는 그중 600-750톤을 맡고 있다. "현재 파촐리의 80퍼센트 이상이 인도네시아 제도 내 다섯 개의 주요 섬 중 하나인 술라웨시에서 수확됩니다. 미래에는 어떨까요? 파촐리는 보르네오나 소수의 농부들이 재배를 시작한 동쪽에서 재배될 가능성이 있습니다." 그가 매일 직면하는 어려움은 토양의 피로도를 높이는 작물에 적응하기 위해 항상 민첩하게 대처하고, 회사에서 수백 킬로미터 떨어진 거리의 생산자들과 연락을 유지하면서, 동시에 윤리적이고 지속 가능한 생산 표준을 제정하는 것이다.

"반 아로마는 가족 경영 회사입니다. 2006년 제 아버지는 파트너들과 함께 가장 신뢰할 수 있고 지속 가능한 인도산 에센셜 오일 공급업체가 되고자 이 사업을 시작하였습니다. 원래 향신료와 허브를

원료 신분증

라틴명	Pogostemon cablin
향료명	Patchouli
분류	Lamiaceae

수확 시기

①②③④⑤⑥
⑦⑧⑨⑩⑪⑫

추출법
증류 추출법

추출 시간
8-12시간

수율

50kg 말린 잎 → 1kg 에센셜 오일

파촐리가 평균적으로 재배되는 기간
2-3년

어원

파촐리는 각각 '녹색'과 '잎'을 의미하는 타밀어 파카이paccai와 일라이ilai에서 유래된 명칭이다. 영어 패치 리프patch-leaf를 거쳤을 수도 있다. 라틴어 카블린cablin은 필리핀에 자생하는 식물 카블램cablam에서 유래된 명칭이다.

역사

필리핀을 원산지로 하는 파촐리는 아시아 열대 지방의 높은 온도와 습도를 선호한다. 토양을 척박하게 만드는 파촐리의 재배는 19세기 말레이시아에서 시작되어 수십 년에 걸쳐 인도네시아 제도로 옮겨 갔다. 유럽에는 이 시기에 좀을 쫓기 위해 파촐리 잎을 끼워 넣은 캐시미어 숄이 인도로부터 수입되면서 널리 알려졌다. 이 향이 나는 옷감이 큰 인기를 끌면서 파촐리는 자연스레 조향사의 팔레트 안에 들어가게 되었다.

향 노트

나무, 흙내음, 스모키한, 사탕무 같은 느낌과 함께 리큐어를 연상시키는, 사과, 이끼, 초콜릿을 연상시키는, 가죽, 민트나 감초

주요 성분

파촐롤, 노르테트라사이클로-파촐롤, 노르파촐레놀, 알파-파촐렌

19세기에는 화류계 여성들이 파촐리를 애용했기 때문에, 정부들은 그 향기를 통해 남편이 어떤 여성과 함께 밤을 보냈는지 알아내곤 했다. 따라서 파촐리는 '행실이 나쁜 여자의 향기'로 악명을 날리게 되었고, 1960년대 후반에는 마리화나 냄새를 가리는 잔향 덕분에 히피들의 상징이 되었다.

취급하는 도매상이었던 아버지는 반 아로마를 설립함으로써 자신의 사업에 자연스레 가치를 더했습니다." 아유시는 설명했다. 반 아로마는 파촐리를 가공할 뿐 아니라 시트로넬라, 카낭가, 육두구, 정향, 레몬그라스, 진저, 베티버 등의 에센셜 오일과 커피, 코코아, 진저, 블랙 페퍼, 쿠베브 등의 추출물을 생산하고 있다. 회사는 이러한 원료들을 아로마테라피, 향장향 및 식품향 업계에 제공함으로써 단 15년 만에 입지를 다질 수 있었다. 반 아로마는 자바 섬의 자카르타 인근 도시인 보고르에 본사를 두고 있으며, 수마트라 섬에 두 곳, 술라웨시 섬에 세 곳의 시설까지 총 여섯 개의 시설에서 160명의 정규 직원이 근무하고 있다.

시중에서 가장 투명한 오일

"제 셔츠는 빨래하기 전에 더 좋은 냄새가 납니다. 하루 종일 파촐리 향으로 가득 찬 곳에 있기 때문이죠." 아유시는 이메일을 읽고 영업 관리를 하는 것보다 제품 평가에 참여하는 것을 더 선호한다고 털어놓았다. 반 아로마는 각기 다른 지역의 생산자들이 자신의 공장에서 직접 추출한 에센셜 오일을 조합하여 표준화된 다양한 품질의 파촐리를 공급할 수 있다. 기술 혁신의 측면에서 반 아로마는 시중에서 가장 투명한 파촐리 에센셜 오일을 개발하였다. 이는 '회사 기밀'로 분류된 독보적인 분자 증류 기술로 파촐리의 후각적 특징을 변질시키지 않고 추출한 제품이다. 게다가 반 아로마는 파촐리 원료 특유의 장뇌 향과 우디 노트를 내는 분자인 파출롤 크리스털을 생산하는 몇 안 되는 회사다.

유튜브를 통한 유익한 농업 기술 전달과 상호 지원

파촐리 잎은 장기 계약을 맺은 주거래 농부들이 수확한다. 이들의 4분의 3 이상이 술라웨시 섬에 자리 잡고 있으며, 나머지는 수마트라 섬과 자바 섬에 분포되어 있다. 에센셜 오일의 구매 가격은 평균적으로 킬로그램당 50-55달러에 형성된다. "우리는 파촐리 에센셜 오일 생산 및 수출의 세계적인 리더로서 가격을 안정시키고 재고 가용성을 유지하기 위해 최선을 다하고 있습니다. 우리의 업무는 농부들이 겪는 문제들을 미리 해결하는 것입니다. 그들 중 대부분은 다양한 작물을 재배하며, 파촐리의 재배 면적은 1헥타르를 넘지 않습니다. 그들을 독려하고 함께 나아가야 합니다." 이 식물은 성장에 많은 영양분을 필요로 하기 때문에 주의를 기울여야 한다. 파촐리를 2-3년 동안 재배하면 토양이 척박해진다. 따라서 농부들이 파촐리를 바나나, 옥수수, 강황, 레몬그라스와 같이 계속해서 생산할 수 있는 작물들로 대체하거나 영구적으로 전환하지 않도록 그들을 지원해야 한다. 반 아로마는 이들과 함께 윈윈하기 위해서 2020년 6월 인도네시아어로 파촐리를 의미하는 '닐람nilam'에서 유래된 '닐람페디아nilampedia'라는 이름의 페이스북 그룹을 만들었다. 심라이즈와 파트너십을 통해 진행되는 공유 플랫폼으로 오늘날 지역의 거의 모든 농부에 해당하는 2천 명 이상의 회원을 두고 있다. 닐람페디아는 무료로 가입할 수 있으며 바이오다이내믹 비료 제조법, 종자 관리법, 병해충 예방법 등 유익한 농업 방식을 나눌 수 있는 토론 스레드를 제공한다. 특정 유튜브 채널에는 재배자들을 위한, 또 재배자들에 의한 비디오 튜토리얼 모음집을 공개하여 적은 비용으로 각 농업 기술을 쉽게 실행할 수 있게 하였다. 이것은 교육을 넘어 토양과 생태계를 존중하면서 파촐리의 미래를 보호하기 위한 행동이다.

토양을 존중하고 보답하기

반 아로마의 환경을 위한 다양한 행동 중에서도 폐수 관리는 중요한 기준이다. 회사의 폐수는 호기성 및 부식성 세균을 활용하는 생물 반응기와 오존 처리, 그리고 여러 필터로 정화된다. 일상적으로 분석을 진행하지만 문제가 발생할 경우 정화된 물이 채워진 수조 속을 헤엄치는 물고기들이 먼저 신호를 보내온다. 회사는 탄소 발자국을 줄이기 위해 열 교환기 사용 및 화석 연료 소비 저감, 초임계 CO_2 추출법을 통한 향신료 처리, 식품 등급 에탄올 용매 사용 등 다양한 관행들을 도입했다. 아유시는 다음과 같이 결론지었다. "매우 비옥한 화산 토양은 우리에게 많은 것을 제공합니다. 이러한 토양을 존중하고 보답하는 것은 당연한 일입니다."

파촐리가 사용된 향수들

파촐리
PATCHOULI

브랜드	레미니상스
조향사	모리스 소지오
출시년도	1970년

전설적인 클래식 향수로 흙내음과 이끼 냄새까지 파촐리의 모든 특징을 돋보이게 한다. 탑 노트에서 리큐어 어코드가 쌉싸름하게 느껴지는 샌달우드와 스모키하고 건조한 시더우드를 선보인다. 그 후 파촐리가 건초와 베티버의 습하고 땀처럼 느껴지는 뉘앙스와 함께 드러난다. 랍다넘과 톨루 발삼이 약품 냄새가 섞인 송진 같은 특징을 전달하면, 바닐라와 통카콩이 베이스 노트에 약간의 달콤함을 부여한다.

엔젤
ANGEL

브랜드	뮈글러
조향사	올리비에 크레스프
출시년도	1992년

티에리 뮈글러는 자신의 역작 '푸른 별'을 만들 때부터 어린 시절의 축제를 연상시키는 향기를 원했다. 구르망 계열의 시초로 여겨지는 엔젤에서는 구운 빵과 프랄린 초콜릿, 캐러멜 향을 내는 분자인 에틸 말톨이 오버도즈되어 파촐리의 초콜릿 같은 향기가 부각된다. 어둡고 흙내음을 내는 파촐리는 강력하고 이국적인 잔향으로 후각적 충격을 일으키며 이 향수를 성공으로 이끌었다.

템포
TEMPO

브랜드	딥디크
조향사	올리비에 페쇼
출시년도	2018년

딥디크의 첫 번째 향수가 50주년을 맞이한 것을 기념하기 위해 출시된 템포는, 1960년대를 상징하는 원료를 치사하는 향수다. 향의 중심에서 느껴지는 파촐리는 자신의 여러 측면을 차례로 드러낸다. 핑크 페퍼와 클라리 세이지, 마테가 스파이시하고 아로마틱한 특징을 강조하고, 발삼과 바이올렛 리프가 나른한 향기를 전한다. 이끼 냄새가 나는 시프레의 클래식하면서 고요한 분위기가 깔리고 나면 건조한 우디 노트의 잔향이 울려 퍼진다.

파인 유도체 DRT-피르메니히

프랑스

디하이드로미르세놀, 헬베톨라이드, 안셈버, 시트로넬롤… 테르펜 유도체들의 종류는 매우 다양하다. 이 분자들이 조향사의 팔레트를 차지하는 비중은 10-20퍼센트이며 계속해서 증가하고 있다. 나무에서 시작하여 분자에 이르기까지, 피르메니히Firmenich가 지휘하는 일련의 가공 공정은 순환 경제의 완벽한 예시다.

프랑스 랑드 숲속의 늪

약 2백 년 전만 해도 프랑스 남서부의 랑드는 늪과 사구 지대로 이루어진 지역이었다. 매년 모래가 해안선을 갉아먹으며 물을 흡수하는 통에 모기와 각종 질병이 유입되었다. 18세기부터 이 위험한 환경에 뿌리를 내릴 수 있는 유일한 종인 '파인'이 해결책으로 떠올랐다. 나폴레옹 3세는 바욘과 포, 샤랑트마리팀의 남부가 이루는 아키텐 삼각 지대 안에 이 나무를 심도록 명하였다. "사람들은 일반적으로 인간이 자연을 파괴한다고만 생각합니다. 그러나 유럽 최초로 인공 숲을 조성한 것은 인간이 자연에 이로운 프로젝트도 추진할 수 있다는 사실을 방증합니다." DRT의 CSR 및 IR 책임자 크리스토프 마르샹은 전했다. 파인의 역사가 지역민들의 역사로 연결되는 이곳에서는 자신의 아버지로부터 임업을 물려받는 이들이 많다. 과거에는 파인의 통나무가 철도와 석탄 광산의 터널 건설에 사용되었지만, 오

원료 신분증

라틴명과 생산지
1. 피누스 실베스트리스 Pinus Sylvestris
2. 피누스 엘리오티 Pinus elliottii
3. 피누스 마쏘니아나 Pinus massoniana
4. 피누스 라디에타 Pinus radiata
5. 피누스 피나스터 Pinus pinaster 혹은 마리팀 파인 maritime pine

역사

1억 9천만 년에서 1억 3천6백만 년 전 사이에 온대 지방에서 출현한 파인은 이후 극지방과 열대 지방까지 퍼져 나갔다. 오늘날 전 대륙에 분포되어 있으며 기후와 지리적 환경에 따라 종이 변화하였다. 전통적인 방식으로 이루어지는 파인의 송진 채취를 통해 올레오레진의 일종인 테레벤틴을 얻을 수 있으며, 이것을 정제 및 증류하여 접착제나 바인더로 사용되는 무취의 고무 콜로포니를 만든다. 또 조향계의 용매나 유약, 페인트 등으로 사용되는 향이 나는 액체 테레벤틴 에센셜 오일도 만든다. 1863년 독일 화학자 아우구스투스 케쿨레는 해당 오일을 분석하여 침엽수를 포함한 수많은 식물들이 생성하는 탄화수소 계열의 화합물들을 테레벤틴의 독일어 명칭 '테르펜'으로 명명하였다. 파인 유도체 원료들의 개발은 19세기 중반 미국 남부에서 시작되었으며 이후 다른 대륙으로 퍼져 나갔다. 20세기에는 CST라 불리는 제지 산업의 부산물 황산테레빈 원유로부터 이들을 만들어 내는 신기술이 도입되었다.

주요 성분

알파-피넨, 베타-피넨, 델타-3-카렌

부성분

• 모노테르펜류: 리모넨, 캄펜, 테르피놀렌, 베타-펠란드렌, 미르센

• 산소 화합물: 테르피네올, 에스트라골, 아네톨

• 무거운 테르펜류 화합물: 디테르펜, 세스퀴테르펜, 롱기폴렌, 카리오필렌

2019년 제지 산업에서 소비된 파인의 양
320,000,000t

테레벤틴의 올레오레진 고무의 전 세계 연간 생산량
160,000t

CST의 전 세계 연간 생산량
190,000t

늘날 이 나무는 또 다른 쓰임새를 찾게 되었다. 길게 톱질한 통나무는 집이나 팔레트, 가구 등을 만드는 데 사용되며, 가장 귀중한 부분은 제지소로 향한다. 하지만 이는 긴 가공 과정의 시작에 불과하다.

검소한 나무

3센티미터 정도의 파인 새싹은 막대 도구로 심어진다. 모든 나무들이 빛을 골고루 받을 수 있도록 같은 줄 안에서는 서로 1.2미터의 간격을 두었으며 각 줄은 2.5미터씩 떨어져 있다. 식재된 후에는 산성 토양의 pH 균형을 맞추기 위해 칼슘과 인이라는 첫 번째 영양분이 이들에게 투여된다. 두 번째 투여는 그로부터 5년 후에 이루어지기 때문에 이제 햇볕과 시간에 맡기면 된다. 파인의 뿌리는 물을 많이 필요로 하지 않는다. 뿌리가 수직으로 자라는 통에 깊은 곳에서 필요한 만큼 직접 빨아들이기 때문이다.

30년 수령의 성숙한 파인은 하루에 250-300리터의 물을 소비하는 반면 참나무는 700-800리터의 물을 소비한다. 나무가 자라면 임업자들은 선별적인 벌목, 즉 줄기가 곧은 나무만 남기고 다른 나무를 베는 '선명화' 작업을 한다. 15년이 지나면 두 번째 선명화 작업이 이루어진다. 이는 역사적으로 두 번의 솎아내기 과정을 중심으로 인생을 꾸려 온 지역민들에게 중요한 수입원이 되었다. 현재 약 50헥타르의 부지에 구성된 숲에는 원활한 공급과 규칙적인 수입을 보장하기 위해 어린 나무와 성숙한 나무가 번갈아 재배된다. "나무의 공급이 수요를 넘어서면 안 됩니다. 2009년 큰 폭풍이 일어났을 때 많은 수의 파인이 갑작스레 쓰러졌는데, 임업 전문가들은 이들의 특성을 보존하기 위해 나무에 물을 뿌린 후 기록적인 속도로 수확하였습니다. 그 결과 기존 산업의 수요에 맞추어 파인의 공급을 조절할 수 있었습니다." 크리스토프 마르샹은 덧붙였다.

원활한 공급을 위한 체계적인 벌목

파인은 공급이 부족한 경우가 많지 않다. 산림관리협의회FSC와 산림인증제도승인프로그램PEFC의 원칙과 모범 관행에 따라 숲이 관리되고 있기 때문이다. 이들은 숲 생태계의 지속 가능하고 책임감 있는 운영을 위해 벌목을 할 때마다 새로운 나무 심기를 강제한다.

   1970년대까지 파인은 수령이 45년, 높이가 30미터, 지름이 2미터가 될 때까지 벌목되지 않았다. 하지만 새로운 품종 개량 기술이 도입되어 나무의 직진성을 향상시키고 벌목 평균 나이를 35년으로 줄일 수 있게 되었다. 파인 기둥은 2미터 길이의 통나무로 잘려 제재소로 보내지고, 나머지 부분은 제지소로 향한다. 마지막으로 뽑힌 뿌리는 6-9개월 동안 건조된 후 분쇄되어 땔감으로 사용된다. 파인에게는 딱정벌레를 타고 와 나무껍질에 서식하는 선충류의 기생충, 그리고 산불이라는 두 가지 천적이 있다. 1949년은 이 지역에게 가장 참혹했던 해였다. 화재로 인해 52,000헥타르가 황폐화되었고 82명이 사망했다. 그 이후 불길이 번지는 것을 막기 위해 '불똥막이'로 재배지들을 분리시켜 놓았다.

제지소의 부산물에서 향이 나는 유도체까지

얇은 판으로 재단된 나무를 굽고 화학 처리하면 펄프를 거쳐 종이가 만들어진다. 파인은 전자 상거래와 연관된 포장 상자 사용의 증가로 인해 높은 수요를 보이는 크라프트지를 만드는 데 사용된다. 이 과정에서 황 함유가 높고 악취가 나는 액체 부산물이 생성된다. "우리의 노하우는 CST라 부르는 황산테레빈 원유를 향 분자로 가공하는 것입니다." 피르메니히의 글로벌 원료 운영 부서 부사장 질 오동은 설명했다. "CST 안에는 모노테르펜, 세스퀴테르펜 그리고 제거해야 하는 황 유도체가 포함되어 있습니다. 이 액체의 구성은 사용된 파인의 종류와 원산지에 따라 달라집니다." CST는 랑드 지역의 비엘생지롱과 카스테에 위치한 생산 시설에서 며칠 동안 증류된 후 주요 성분을 분리시키고 조향계에서 필수적으로 사용되는 제품을 위해 일련의 가공 과정을 거친다.

세 가지 핵심 분자

친환경 공정을 통해 생산된 알파-피넨은 디하이드로미르세놀, 테르피네올, 다르타놀, 샌드롤, 에바놀, 니르바놀, 폴리샌톨, 피르샌톨, 샌달마이소어코어, 플로르샌톨 등 많은 분자들을 만들어 낸다. 또한 반응 중간체를 거쳐 헬베톨라이드와 로만돌라이드 같은 앨러사이클릭 머스크가 되기도 한다.

미르센으로 변형되는 베타-피넨은 대표적인 두 계열로 향하는 관문이다. 가장 먼저는 안셈버, 안셈버 프리미엄, 실벰버 등의 우디 노트와 제라니올, 네릴 아세테이트, 제라닐 아세테이트, 네롤, 시트로넬롤, 시트로넬릴 아세테이트 같은 플로럴 노트의 향 분자들이다.

마지막으로 델타-3-카렌은 조향계에서 거의 쓰이지 않으며, 타이어나 접착제 등 산업 응용 분야에 활용되는 폴리테르펜 수지를 만드는 데 사용된다.

순환 경제

파인 유도체들은 선순환 경제의 완벽한 예시로 꼽힌다. 질 오동은 다음과 같이 정리하였다. "산업 응용계, 제지업계, 조향계 등 각 분야가 다른 분야의 폐기물에 가치를 부여합니다. 오늘날 두 가지 프로그램이 우리의 혁신을 주도하고 있습니다. 먼저 그린 게이트는 우리의 제품군에서 생분해성이 좋으면서 재생 가능한 성분의 비율을 크게 높이고 친환경 화학 및 생명 공학의 원리에 새로운 성분을 연구하는 데 초점을 맞추는 프로그램입니다. 다음 프로그램은 조향계의 석유 화학 유래 원료들을 재생 가능한 성분으로 전환하는 실버 그린입니다. 우리의 목표는 2030년까지 그 비율을 50퍼센트에서 70퍼센트로 끌어올리는 것입니다. 2022년에는 파인 테르펜으로부터 100% 재생 가능한 카본으로 구성된 최초의 시트로넬롤을 출시할 예정입니다." 업사이클링, 재생 에너지, 친환경 화학, 그리고 파인과 그 유도체들이 조향계의 미래를 제시한다.

블랙 페퍼 캉디스

마다가스카르
프랑스 원료업체 캉디스Quimdis는 자신의 고객들에게 블랙 페퍼 에센셜 오일을 공급하기 위해 쟁쟁한 경쟁자들을 제치고 소규모 생산국인 마다가스카르를 선택했다.

"이것의 향기는 환상적입니다. 눈을 감고, 마른 열매가 가득 담긴 자루 속으로 뛰어드는 상상을 해 보세요." 캉디스의 에센셜 오일 부서 책임자인 티에리 뒤클로는 으깬 후추의 향이 강하게 나는 마다가스카르산 블랙 페퍼 에센셜 오일에 대한 칭찬을 아끼지 않았다. "이 원료는 고급 조향계에서 매우 높은 인기를 누리고 있습니다. 왜냐하면 다른 원산지의 블랙 페퍼 에센셜 오일과는 다르게 불쾌하게 느껴질 수 있는 비린내가 나지 않기 때문이죠." 블랙 페퍼 생산량은 베트남에서 26만 톤, 브라질에서 9만 톤, 인도에서 6만 톤에 달하지만 마다가스카르에서는 4천 톤에 그친다. 여기서 알 수 있듯이 마다가스카르가 인도의 말라바르를 원산지로 하는 '피페르 니그룸Piper nigrum'의 전 세계 생산량에 미치는 영향은 미미한 수준이다. 하지만 이 점이야말로 프랑스 원료업체 캉디스가 자신의 제품군에 속하는 일랑일랑이나 정향, 베티버와 같은 여러 원료들과 마찬가지로 이곳을 원산지로 하는 블랙 페퍼를 선택한 이유다.

원료 신분증

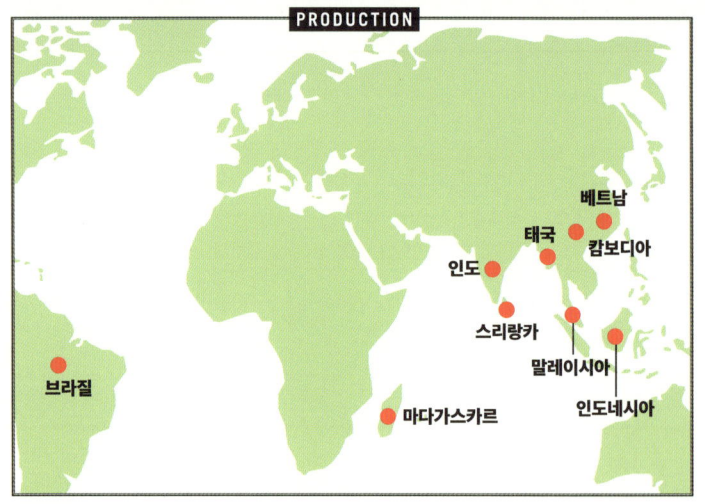

라틴명
Piper nigrum

향료명
Black pepper, pepper

분류
Piperaceae

어원
길쭉한 후추를 의미하는 산스크리트어 피팔리pippali가 그리스어 페페리peperi를 거쳐 라틴어 피페르piper로 파생되었다.

역사
블랙 페퍼는 인도의 말라바르 해안을 원산지로 하는 덩굴 식물로, 자연적 혹은 인공적인 버팀목을 지지대 삼아 자란다. 642년 아랍 세력의 알렉산드리아 정복 이후, 블랙 페퍼는 서양에 거래된 최초의 향신료 중 하나가 되었으며 그 희귀성 덕분에 중세 시대의 화폐로 사용되기도 했다. 18세기 식물학자 피에르 푸아브르는 모리셔스에 블랙 페퍼 재배를 도입하였다. 하지만 우리의 예상과는 다르게 페퍼의 프랑스어인 푸아브르는 그의 이름에서 따온 명칭이 아니다.

향 노트
톡 쏘는, 나무, 테르펜, 치고 올라오는

주요 성분
베타-카리오필렌, 오이게놀, 알파-피넨, 베타-피넨, 리모넨

피페르 니그룸 열매는 아직 덜 익었을 때는 녹색, 9개월째에 수확하면 붉은색, 수확 후 건조하면 검은색, 물에 담근 후 과피를 제거하여 말리면 흰색이다. 이처럼 수확 및 건조 시기에 따라 총 네 가지 종류의 페퍼가 만들어진다.

수확 시기
1 2 3 4 5 6
7 8 9 10 11 12

추출법
증류 추출법

추출 시간
6시간

수율
2-3%

마다가스카르에서 연간 생산되는 피페르 니그룸 열매의 양
4,000t

회사의 노하우: 모으고 배합하기

캉디스는 1896년 시작된 가족 경영 회사 마르셀 콰레를 이어받아 1988년 설립되었다. 오늘날 이 회사는 파리 외곽 도시 르발루아페레와 그라스에 거점 시설을 두고 1억 유로의 매출을 올리고 있다. 캉디스는 80여 명의 직원들과 함께 제약업계와 식품업계, 화장품업계, 그리고 고급 조향계에 사용되는 원료들을 개발하여 30여 개국에 수출한다. "우리의 특장점은 연간 계약을 체결하여 현지 생산자와 고객 모두를 지원하는 것입니다. 우리 회사는 그 무엇도 자체적으로 생산하지 않습니다. CO_2 추출 또한 외주를 맡깁니다. 우리의 전문성은 바로 이들을 모으고 배합하는 것입니다." 티에리 뒤클로는 설명했다. 마다가스카르에서는 전통적으로 소규모 생산자들이 블랙 페퍼를 수확하고 현장에서 추출해왔다. 후추나무는 목재나 벽돌 기둥 등의 버팀목을 세워 재배하는 덩굴 식물로 4년 차에 열매를 맺는다. 이 나무는 1년에 두 번씩 개화기를 맞는다. 숙성되면 송이를 이루고 녹색에서 붉은색으로 변하는 열매는 꽃이 피고 7개월 후인 4-7월, 그리고 10-11월에 수확된다. 이후 흑갈색이 될 때까지 매트 위에서 건조되고 리터당 300그램부터 600그램에 이르는 각기 다른 밀도에 따라 분류된다. 증류 추출은 총 두 단계로 진행된다. 한 번 증류 추출된 열매들은 알람빅 증류기 안에서 두 번째 과정을 거친다. 추출한 에센셜 오일에서 살짝 푸른빛이 도는 것이 마다가스카르산 블랙 페퍼의 특징이다.

품질의 표준화

"증류 추출업체들마다 품질이 크게 다르기 때문에 20년 전까지 이 문제는 꽤나 골칫거리였습니다. 우리는 1톤의 블랙 페퍼 에센셜 오일을 얻기 위해 서로 다른 증류 추출을 거쳐 매우 상이한 후각적 특징을 가진 에센셜 오일을 최대 20로트나 혼합합니다." 오늘날 캉디스는 기존 고객에게 다시 샘플을 보내지 않아도 될 정도로 지속적인 품질을 보장한다. 회사는 품질을 표준화하기 위해 다수의 생산자를 선정하여 특정한 품질의 오일을 제공받고 있다. "2016년부터 우리는 주로 섬의 남동부에 위치한 한 공급자로부터 도움을 받고 있습니다. 그는 재배에서부터 거의 일정한 품질을 보장하여 우리가 더 높은 수준으로 발돋움할 수 있게 해주었습니다. 그의 재배지에는 5천 개의 벽돌 기둥이 설치되어 있는데, 각 기둥마다 여섯 개의 후추나무가 자라며 총 3만 그루가 재배되고 있습니다."

또한 전통적인 재배지와는 다른 큰 경작지를 개발한 덕분에 마을 전체가 블랙 페퍼를 재배하며 생계를 유지할 수 있게 되었다. "농부들은 회사에 고용되어 규칙적인 수익을 얻을 수 있습니다." 티에리 뒤클로는 농부들이 회사의 동반자임을 강조했다. 캉디스가 정향나무 재배를 위해 2만5천 그루의 나무를 심는 일에 출자하고 연료를 반만 소비하는 증류 추출기를 제공했던 것처럼, 블랙 페퍼 재배도 언젠가 수혜를 받을 수 있다. 그 지원에는 아이들의 건강 상태를 개선하는 데 기여하는 음용 분수기를 설치하는 것도 포함된다. "우리는 절대로 공급업체와의 관계를 포기하지 않습니다. 예를 들어 그들이 다른 작물을 재배하기로 결정하면 우리는 그들을 도울 것입니다." 재배자들과 장기적인 관계를 구축하기 위해서는 변동성을 완화할 수 있는 가격 측정 정책을 수립해야 한다.

"우리의 역할은 시장의 충격을 완화하고 가격의 급작스런 하락 및 상승을 피하는 것입니다." 티에리 뒤클로는 설명했다. 그는 현재 90-100유로인 블랙 페퍼 에센셜 오일의 가격이 170유로까지 치솟았던 2017/18 시즌을 회상했다. 원인은 페퍼 시장의 양대 주자인 인도와 베트남에서 당시 작황이 좋지 않았기 때문이다. "원료가 이러한 가격을 형성하게 되면 조향사들도 다루기 어렵기 때문에 모두가 손해를 보게 됩니다. 우리의 목표는 두 가지입니다. 마다가스카르의 재배자들에게 지속 가능성을 보장하면서, 우리 고객들에게 안정적인 가격과 품질을 약속하는 것입니다."

블랙 페퍼가 사용된 향수들

푸아브르 사마르캉드
POIVRE SAMARCANDE

브랜드	에르메스
조향사	장 클로드 엘레나
출시년도	2004년

푸아브르 사마르캉드는 한때 실크로드의 중심지로 이름을 날렸던 우즈베키스탄의 마을과 세계에서 가장 널리 퍼진 향신료에 대한 찬사를 담은 향수로, 선구적인 '에르메상스' 시리즈의 네 작품 중 하나다. 건조하고 톡 쏘는 우아한 향수 안에서 붉은 피망 같은 향기를 내뿜는 블랙 페퍼는 우리를 머스크와 스모키한 향의 따뜻하고 아늑한 베이스 노트로 이끈다. 정제된 우디 계열의 기막힌 변주로, 간결하고 어두운 동시에 섬세하고 미니멀한 향기를 전한다.

데클라라시옹 덩 수아르
DÉCLARATION D'UN SOIR

브랜드	카르티에
조향사	마틸드 로랑
출시년도	2012년

마틸드 로랑은 저녁 파티에 '데클라라시옹'을 뿌리는 남성들에게 메탈릭한 플로럴과 스파이시 노트를 제안한다. 이 야상곡 같은 향수는 블랙 페퍼와 카르다몸, 육두구와 커민의 터질 듯한 향기로 시작된다. 그 후 자줏빛 장미의 향기가 과일과 꿀의 뉘앙스를 내며 펼쳐진다. 장미의 살갗을 스치는 차가운 가시는 벨벳으로 덮인 모피를 연상시키는 파촐리와 샌달우드의 크리미하고 포근한 향기로 누그러진다.

블랙페퍼
BLACKPEPPER

브랜드	꼼 데 가르송
조향사	앙투안 메종디유
출시년도	2016년

피페르 니그룸에 대한 찬가는 레몬과 테르펜처럼 치고 올라오는 상쾌함을 통해 콧속에서 폭발을 일으킨다. 점차 부드러워지는 향기는 크리미한 포옹으로 감싸 안는 통카콩과 우아하고 스모키한 가죽을 향해 나아간다. 여정을 멈춘 향기는 아늑하고 경쾌한 머스크가 어우러진 건조하고 깨끗한 우디 향의 베이스 노트에 자연스레 다다르며, 불타오르는 스파이시 노트 뒤에는 언제나 기분 좋은 평온함이 찾아온다는 것을 상기시켜준다.

다마스크 로즈 로베르테

튀르키예, 불가리아

로베르테Robertet가 60여 년 전부터 꽃의 여왕 '다마스크 로즈'를 재배하는 곳은 점토 석회질 토양으로 유명한 튀르키예의 이스파르타 지역이다. 이곳의 독보적인 떼루아, 기후, 그리고 노하우를 통해 모두가 부러워하는 품질의 장미가 탄생한다.

장미는 세니르 마을 인근 부르두르 호수의 가장자리에서 수확된다. 하루의 시작을 알리는 햇살이 아직 차가운 토양을 깨운다. 해발 1000-1200미터에 위치한 튀르키예 계곡의 중심부는 밤낮의 일교차가 크다. 안개가 꼈다가 소나기가 내리고, 다시 개는 날씨가 반복되는 기후 환경은 서리와 바람을 선호하지 않는 장미가 피어나기에 이상적인 조건이다. 다채로운 색상의 스카프를 두른 여성 수확자들이 꽃밭의 색깔을 바꿀 준비를 한다. 그들의 손이 마법을 부리면 장미 꽃봉오리가 있던 자리는 온통 녹색으로 뒤바뀐다. 이러한 변화는 5월 중순부터 6월 중순까지 약 40일의 수확 기간 동안 이어진다.

다마스크 로즈

원료 신분증

PRODUCTION

러시아, 몰도바, 불가리아, 튀르키예, 튀니지, 모로코, 이란, 중국, 인도

라틴명
Rosa damascena

향료명
Damask rose, Kazanlak rose, Damascena rose

분류
Rosaceae

어원
라틴어 로사rosa는 장미를 의미하며, 형용사 다마스체누스damascenus는 야생 장미가 자라는 페르시아의 도시(현 시리아) 다마스쿠스Damascus에서 유래되었다.

역사
장미수rose water는 페르시아에서 2천 년 전부터 증류 추출을 통해 생산되었으며, 로즈 에센셜 오일은 1612년경 몽골에서 처음으로 등장하였다. 유럽과 아시아의 다양한 품종을 교배하여 만든 다마스크 로즈는 18세기 후반 불가리아에서 재배되기 시작하였으며, 19세기 후반에 이르러 아나톨리아 고원의 서부인 튀르키예의 부르두르와 이스파르타 지방에 도입되었다.

향 노트
플로럴, 풍성한, 달콤한, 스파이시한, 과일. 앱솔루트는 밀랍 같은 느낌과 꿀 냄새가 나는 반면 에센셜 오일은 상쾌한 느낌이 난다.

주요 성분
제라니올, 리날로올, 시트로넬롤, 페네틸 알코올, 로즈 옥사이드, 베타-다마세논, 베타-이오논

튀르키예에서 장미가 재배되는 경작지의 면적
5,000-10,000헥타르

튀르키예에서 장미 재배를 생업으로 하는 농가의 수
10,000가구

수확 시기
1 2 3 4 **5** **6**
7 **8** **9** **10** **11** **12**

추출법
증류 추출법
휘발성 용매 추출법

추출 시간
1-2시간

수율

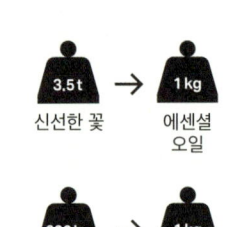

3.5 t 신선한 꽃 → 1 kg 에센셜 오일

600 kg 신선한 꽃 → 1 kg 앱솔루트

로 수확된다. 수확철이 늦어질수록 작업 속도는 빨라지고 정점에 이를 때면 하루에 90톤에 가까운 꽃을 처리하기도 한다. 이는 한 명의 수확자가 하루에 10-20킬로그램의 꽃을 딸 수 있기 때문에 가능한 일이다. 이제 최대한 많은 양의 꽃잎을 증류하기 위한 시간과의 싸움이 시작된다. 장미의 품질이 떨어지는 것을 피하기 위해서는 반나절 안에 가공해야 한다. 장미를 가득 채운 황마 자루를 실은 트럭들의 행렬이 이어진다. 꽃잎을 탱크에 즉시 넣을 수 없는 경우 창고 바닥에 우선 펼친 다음 작업자가 삽으로 뒤적이며 바람을 통하게 한다. 신선한 꽃은 각각 증류 추출과 휘발성 용매 추출을 거쳐 에센셜 오일과 콘크리트로 가공된다. 추출된 제품들은 그라스로 운반되어 앱솔루트화, 정제, 탈색, 분자 증류와 같은 최종 가공 공정에 투입된다.

하나의 품종, 서로 다른 향을 가진 두 원산지

튀르키예 로즈 에센셜 오일은 블랙 페퍼 노트와 터질 듯이 치고 올라오는 느낌, 약간의 메탈릭한 향기를 드러낸다. 반면 불가리아 로즈는 아티초크를 연상시키는 부드럽고 과일 같은 향기를 가졌다. 원료의 추출 방법 또한 제품의 향 특징에 영향을 미친다. 에센셜 오일은 휘발성이 강한 성분이 집중되어 갓 수확된 신선한 꽃의 향에 더 가깝다. 휘발성 용매 추출로 얻어진 앱솔루트는 왁스 같은 느낌과 애니멀릭 노트, 부드럽고 꿀 같은 향기를 제공한다.

40일간의 강도 높은 작업

장미는 두벌김과 잡초 제거, 통풍, 가지치기 등 정기적인 관리를 요구한다. 또한 장미나무는 연약하기 때문에 진드기나 거미, 기타 기생충의 공격을 지속적으로 경계해야 한다. 하지만 대부분의 작업은 수확 전후 3개월 동안 이루어진다.

로베르테의 핵심 원료인 다마스크 로즈는 다른 어떤 작물보다 우선시된다. 이윽고 꽃봉오리가 열리기 시작하면 조직의 모든 인원이 장미의 리듬에 맞추어 움직인다. 이들은 수확을 예측하기 위한 모든 정보, 즉 온도와 기후, 꽃의 수, 수율 등을 지수화한다. 장미는 이른 아침 봉오리가 막 열렸을 때 꽃받침의 밑부분을 손가락으로 꼬집어 따는 방식으

"가공 공정은 여전히 전통적인 방식을 고수합니다." — 줄리앙 모베르

로베르테 그룹에서 5대째 일해 온 모베르 가문의 줄리앙 모베르는 원료 부서의 총괄 이사직을 맡고 있다. 가문의 유산과 혁신을 결합하기 위해 노력하는 그룹은 전통적인 공정과 지속 가능한 소싱 기술 개발의 조화를 도모하고 있다.

장미의 공급망은 어떻게 구성되어 있나요?
그것이 튀르키예산이든, 불가리아산이든, 그룹의 의도는 동일하게 작용합니다. 우리는 1960년대부터 튀르키예의 케치보를루에 자리를 잡았으며 2013년에는 불가리아의 돌노 사라네에 정착하였습니다. 장미와 같이 전략적인 제품은 품질과 추적 가능성이 보장되어야 합니다. 오늘날 우리의 목표는 연간 두 번의 수확이 가능하도록 남반구로 진출하는 것입니다.

업계의 모든 전문가들이 지속 가능성에 대해 이야기합니다. 로베르테 그룹은 어떤 역할을 하고 있나요?
천연 원료를 다룰 때 지속 가능성은 필수적인 부분입니다. 오늘날 이 개념이 남용되는 것처럼 보일 수도 있지만, 이것은 처음부터 우리의 철학과 DNA의 일부였습니다. 장미의 경우에는 지속 가능성이 환경적 및 사회적인 영역에 개입합니다. 어떻게 하면 우리와 일하는 작업자들의 연중 수입을 보장할 수 있을까요? 어떻게 하면 현지에 있는 팀에게 노하우를 전달하고 농업 관행을 공유할 수 있을까요? 우리는 많은 시간을 들여 농약의 사용을 제한하고 플라스틱 용기를 황마 자루로 대체하고 있습니다. 특히 튀르키예와 불가리아에서는 이러한 문제에 점점 더 민감하게 반응하고 있습니다. 한 예로, 불가리아에서는 신고되지 않은 노동을 방지하기 위해 작업 시간을 기준으로 하는 근로 허가제를 도입하였습니다.

이 꽃과 관련된 혁신으로는 무엇이 있나요?
증류 추출이나 용매 추출과 같은 가공 공정은 여전히 전통적인 방식을 고수합니다. 혁신은 탈색이나 규제로 제한되는 메틸오이게놀의 제거와 같은 원료의 기술적인 측면에 집중됩니다. 우리는 증류 추출된 로즈 페탈 앱솔루트와 같은 부산물이나 페네틸 알코올의 생산, 플로럴 워터의 재활용 등 업사이클링에 대한 연구도 병행하고 있습니다.

다마스크 로즈가 사용된 향수들

아로마틱 엘릭시르
AROMATICS ELIXIR

브랜드	크리니크
조향사	베르나르 샹
출시년도	1972년

플로럴 시프레 계열의 모호한 향수로, 리큐어와 와인의 느낌을 가진 장미와 습한 나무의 냄새를 풍기는 파촐리의 조합으로 시작된다. 도입부는 제라늄과 버베나, 캐모마일이 전하는 아로마틱 노트와 풀잎 향으로 장식된다. 후반부에서는 정향과 고수 같은 따뜻한 향신료와 베티버, 오크모스가 플로럴 부케 노트를 강조한다. 풍성하면서도 복잡한 균형을 이루는 향기는 발삼 노트의 잔향에 도달하며 마무리된다.

클로에 오 드 파르팡
CHLOÉ EAU DE PARFUM

브랜드	클로에
조향사	미셸 알메이락, 아망딘 클레르 마리
출시년도	2008년

클로에가 이 향수를 출시하며 언급한 '장미 정원 속 산책'은 새벽이슬처럼 자연스럽고 공기처럼 가벼우며 축축한 느낌의 로즈 부케를 완벽하게 묘사하는 표현이다. 장미는 후추처럼 톡 쏘는 핑크 페퍼와 뮤게, 그리고 과즙이 넘치는 리치 노트에 둘러싸여 있다. 꿀 같은 향기가 풀잎 향과 스파이시 노트의 도움을 받아 플로럴 어코드를 부드럽게 연장시킨다. 상쾌하고 우아하게 진행되는 향기는 파우더리하고 깨끗한 느낌의 머스크 노트로 치장된 엠버 향의 시더우드를 천천히 받아들인다.

포트레이트 오브 어 레이디
PORTRAIT OF A LADY

브랜드	에디시옹 드 파르팡 프레데릭 말
조향사	도미니크 로피옹
출시년도	2010년

프레데릭 말과 도미니크 로피옹은 '제라늄 푸르 무슈'의 특정 요소들에서 새로운 모던 오리엔탈 향수의 핵심으로 발전시킬 만한 잠재력을 확인하고, 평상시와는 다르게 높은 함량의 로즈 앱솔루트와 에센셜 오일을 사용하여 작업을 시도했다. 따뜻한 향신료들과 머스크, 프랑킨센스, 파촐리는 로즈 노트를 송진 냄새와 엠버 향이 나는 스모키한 나무와 함께 중동 세계로 데리고 간다. 뛰어난 잔향과 높은 지속력을 보여주는 독창적인 향수다.

샌달우드 퀸티스

호주
오늘날 호주는 샌달우드의 원산지인 인도를 제치고 이 성스러운 나무의 최대 생산국이 되었다. 세계 최대 수출업체인 퀸티스Quintis는 일관된 가격과 수율을 보장하기 위해 장기적인 개발 전략을 수립했다.

하늘에서 바라본 농장의 전경은 숨이 멎을 만큼 아름답다. 빼곡히 늘어선 나무들 사이로 황토빛 길이 복잡하게 나 있다. 챙 넓은 모자를 쓰고 오렌지색 셔츠와 반바지를 입은 남녀 무리가 나무 그늘 아래에서 분주히 움직인다. 이들은 화이트 샌달우드의 세계 최대 수출업체인 퀸티스의 직원들로, 나무 기둥에 센서를 설치하여 일일 성장량을 측정하고 알맞은 양의 물을 공급할 수 있도록 한다. "우리 회사는 12,000헥타르의 부지에 5백5십 만 그루의 나무를 보유하고 있으며, 전 세계의 고급 조향계, 화장품 업계, 아로마 테라피 업계, 전통 의학계, 가구 업계에 나무 블록이나 지저깨비, 파우더, 그리고 에센셜 오일의 형태로 샌달우드를 납품하고 있습니다." 마케팅 부서 책임자 바네사 리고비치는 설명했다.

퀸티스는 조향계에서 사용되는 세 가지 품종의 샌달우드 중 인도산인 산탈룸 알붐Santalum album을 주력으로 재배하고 증류 추출하지만 호주산인 산탈룸 스피카툼Santalum spicatum 또한 다룬다.

원료 신분증

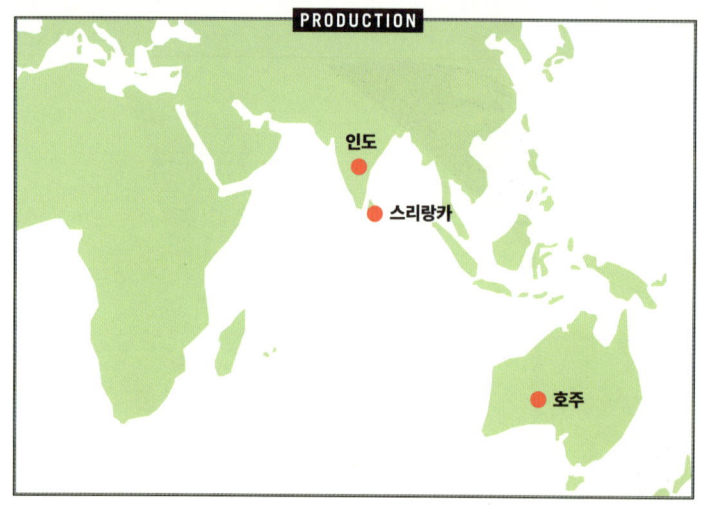

라틴명
Santalum album, Santalum spicatum

향료명
White sandalwood, Mysore sandalwood, Australian sandalwood

분류
Santalaceae

어원

샌달우드는 나무를 의미하는 산스크리트어 '찬다나chandana'에서 시작하여 아랍어 '산델sandal'을 거쳐 최종적으로 중세 라틴어 '산달럼sandalum'에서 파생된 명칭이다. '흰색'을 의미하는 라틴어 '알붐album'은 연한 녹색이나 흰색을 띠는 심재 부분을 연상시키는 명칭이다.

역사

인도와 오세아니아가 원산지인 산탈룸Santalum 속은 약 열다섯 가지의 종을 포함하고 있다. 이 나무는 3천 년 전부터 종교 의식과 사원 건설에 사용되어 왔으며, 19세기부터는 조향사들을 위해 거래되었다. 인도의 샌달우드는 20세기 무분별한 채벌로 인해 멸종 위기에 처하였고, 현재 조향계에서는 거의 사용되지 않는다. 그리하여 20여 년 전부터는 주로 호주의 토착종인 산탈룸 스피카툼 등이 재배되었다.

향 노트

나무, 따뜻한, 우유 같은, 크리미한, 부드러운, 가죽, 흙내음, 기름진, 애니멀릭한, 어렴풋한 살내음

주요 성분

알파-산탈롤, 베타-산탈롤, 알파-트랜스-베르가모톨, 에피-베타-산탈롤, 알파-트랜스-베르가모텐, 사이클로산탈랄

샌달우드가 보호의 상징으로 알려지게 된 것은 비단 이 나무가 인도의 신들과 연결되어 있기 때문만은 아니다. 16세기 시인 라힘에 따르면 샌달우드의 심재에는 그 근처에 서식하는 뱀의 독을 치유할 수 있는 성분이 담겨 있다고 한다.

수확 시기
① ② ③ ④ ⑤ ⑥
⑦ ⑧ ⑨ ⑩ ⑪ ⑫

추출법
증류 추출법

샌달우드 에센셜 오일 1kg을 추출하는 데 걸리는 시간

5시간 30분

수율

35 kg 샌달우드 → 1 kg 에센셜 오일

'나무들의 왕'이라는 별명이 붙은 첫 번째 품종은 회사가 해당 나무의 역사적인 발상지 인도의 마이소어 지방산을 직접 들여와 1999년부터 재배한 것이다. 이 품종은 남인도와 흡사한 열대 기후를 가진 호주 북부에 쉽게 적응했다. 추출된 에센셜 오일에는 훌륭한 향기와 이로운 효능을 내는 알파-산탈롤과 베타-산탈롤의 함량이 70-90퍼센트에 달한다. 두 번째 품종은 호주 남서부 지방의 반건조 토양에서 자라는 고유종이다. '나무들의 왕자'라 불리는 해당 품종의 에센셜 오일은 알파-산탈롤과 베타-산탈롤의 함량이 20-40퍼센트로 비교적 낮다. 상쾌하고 풀잎 향이 짙은 탑 노트와 테르페닉하고 스모키한 흙내음의 베이스 노트를 내는 후각적 특성으로 인해 고급 조향계에서는 거의 사용되지 않는다.

미래를 위한 재배

이처럼 100% 현지에서 샌달우드를 생산하는 퀸티스는 호주의 세 지역에 거점 시설을 두고 있다. 쿠누누라에는 벌목된 나무를 가공하는 시설이 있고, 캐서린에는 묘목을 위한 농원이 자리 잡고 있다. 그리고 북쪽의 두 도시로부터 4천 킬로미터 떨어진 서호주 최남단의 도시 알바니에는 증류 공장이 있다. 중국 샤먼에도 창고가 있는데, 한의학 같은 분야에서 샌달우드 가공품을 많이 소비하는 중국은 회사의 주요 고객이다. 중화권뿐 아니라 호주의 토착 부족인 능가와 마르투 또한 살균 및 항염 효과를 위해 샌달우드를 사용해 왔다. 현대식 농장에 비하면 훨씬 작은 규모이지만, 호주에서는 이미 이들에 의해 샌달우드가 재배되고 있었다.

오늘날 퀸티스는 충분한 양의 인디언 샌달우드를 심어 향후 수십 년 안에 고객의 수요를 충족시킬 수 있을 것이라 주장한다. 1997년에 트로피컬 포레스트리 서비스TFS라는 이름으로 설립된 이 회사는 2008년 에센셜 오일 추출 전문 업체인 마운트 로맨스를 인수하며 생산 능력을 확장시켰다. 2017년 채택한 현재 회사의 이름은 정수를 의미하는 '퀸티센셜quintessential'에서 '퀀트quint'와 '인디언 샌달우드indian sandalwood'의 첫 글자를 따와 합친 것이다. 회사는 증류에 사용되는 나무의 심재 부분이 최대 18퍼센트나 높은 수율을 제공하도록 자연적 기술을 개발하는 등 수년에 걸쳐 기술적인 혁신을 거듭해 왔다. 퀸티스의 제품에는 성장 호르몬이나 유전자 변형 기술이 사용되지 않는다.

정밀한 물 공급

현장에서 직원들은 친환경적인 농업 관행을 중심으로 작업하며 인공 비료나 호르몬은 일절 사용되지 않는다. "우리 농장의 3분의 2는 기존의 관개 방식보다 최대 75퍼센트까지 물을 절약할 수 있는 물방울 관개법을 사용하고 있습니다." 바네사 리고비치는 강조했다. 땅 아래에 층층이 삽입되어 있는 센서들이 공급되는 물을 지속적으로 모니터링한다. 물 소비를 더욱 줄이는 방법은 잎이 물을 적게 소비하도록 가지치기를 하는 것이다. 이러한 과정의 중심에는 전체 에너지 소비량의 40퍼센트를 차지하는 재생 가능 에너지가 있다. 알바니 공장의 바이오매스 보일러는 생산 과정에서 나오는 폐목재를 활용하며, 여기서 발생하는 열은 증류 추출에 필요한 증기를 발생시키는 데 사용된다. 이러한 방식을 통해 화석 연료로 인한 탄소 배출량을 매년 65퍼센트씩 줄이고 있다. 2011년부터 공장에서는 미생물을 이용한 정수 시스템을 갖춰 증류기 냉각탑의 용수를 재활용하고 있다. 이러한 노력 덕분에 퀸티스는 서호주 수자원 공사로부터 챔피언 타이틀을 수상하였다.

나무가 성목이 되기까지는 15년이라는 긴 시간이 필요하기 때문에 세심한 주의를 기울여야 성공적인 성장을 보장할 수 있다. 한편 샌달우드는 몇 년 전부터 원료 부족 현상으로 인해 가격이 상승하고 있다. 바네사 리고비치는 다음과 같이 설명했다. "현재 샌달우드 에센셜 오일 킬로그램당 가격은 최소 2,100-2,500달러입니다. 이제 공급량이 안정적으로 확보되었기 때문에 가격대가 정상화되기를 기대하고 있습니다." 이러한 안정성은 최종 소비자를 포함한 모든 이들의 이익을 위한 길이다.

샌달우드가 사용된 향수들

부아 데 질	
BOIS DES ÎLES	
브랜드	샤넬
조향사	에르네스트 보
출시년도	1926년

샹탈 드 마이소어	
SANTAL DE MYSORE	
브랜드	세르주 루텐
조향사	크리스토퍼 셸드레이크
출시년도	1991년

탐 다오	
TAM DAO	
브랜드	딥디크
조향사	다니엘 몰리에르
출시년도	2003년

도입부에서 반짝이는 알데하이드 노트가 깨끗하고 비누 같은 효과를 더하며 베르가못과 쁘띠그랑, 네롤리를 조명한다. 장미와 재스민, 아이리스, 이국적인 일랑일랑으로 꾸려진 풍성한 플로럴 부케가 스파이시 어코드로 녹아든다. 세련되게 조각된 샌달우드는 베티버와 벤조인, 오포포낙스에 둘러싸여 파우더리하고 부드러운 발삼 노트로 천천히 변모하고, 감미로운 크림 같은 머스크 노트 위에서 절제된 우아함을 뽐내며 점차 희미해져 간다.

투명하고 가벼운 향기가 인기를 끌던 시기에 세르주 루텐은 대세를 거스르며 신비롭고 복잡하며 어둡고 깊이감 있는 향수를 선보였다. 시나몬과 사프란, 커민이 가미된 리큐어 같은 느낌의 도입부는 인도 카레를 연상시킨다. 그 뒤로 샌달우드가 위엄있게 등장하며 구운 캐러멜과 식욕을 돋우는 우유 향을 받아들이고, 이들은 점점 따뜻한 가죽 향의 스티락스 안에 녹아든다.

로즈가 곁들여진 샌달우드는 달콤하고 우유 같은 부드러움을 선보이며 후추와 초콜릿 향의 물결 속에 파묻힌다. 곧이어 건조하고 치고 올라오는 향으로 샌달우드의 포근함과 균형을 맞추는 스파이시한 시더우드가 합류한다. 사이프러스와 은매화의 송진 노트가 힘을 더하며 수직적으로 진행되는 향기는 머스크로 감싸인 그윽한 바닐라의 베이스 노트에 도달한다. 탐 다오는 균형감을 갖춘 따뜻하고 복합적인 우디 계열의 향수다.

튜베로즈 IFF의 LMR 내추럴

인도
한때 인도 남부에서 관상용 식물로 재배되던 튜베로즈는 오늘날 IFF의 천연 원료를 담당하는 자회사 LMR 내추럴LMR Naturals에 의해 조향계 핵심 원료로 거듭나게 되었다.

타밀나두와 카르나타카에서 재배되는 튜베로즈는 결혼식 때 여성들이 머리를 꾸미거나 종교 의식에서 사원을 장식하는 데 사용되고, 목걸이나 화환으로도 만들어지는 등 인도에서 흔하게 볼 수 있는 꽃이다. 조향계는 비록 튜베로즈 전체 생산량의 약 10퍼센트밖에 사용하지 못하지만, 힌두어로 라즈니 간다rajni gandha라 불리는 이 꽃의 아름다운 향기에 열광한다. LMR 내추럴은 튜베로즈를 공급하기 위해 현지 생산업체인 네소와 파트너십을 맺었다. 이들은 마두라이와 사티야망갈람, 마이소르 등 재배지에서 멀지 않은 곳에 공장을 두고 있다. 그곳에서는 2-3월에 '덩굴손'으로 불리기도 하는 이 식물의 구근이 심긴다. 물과 비료를 제공하고 수작업으로 꼼꼼하게 잡초를 관리해주면 그해 7월에 꽃이 핀다. 그리고 두 번째와 세 번째 해에는 3월부터 개화기가 시작된다. 3월부터 12월까지 이어지는 수확 작업은 전통적으로 이른 아침에 이루어진다. 종종 분홍빛을 띠는 꽃봉오리가 아직 닫혀 있을 때 꽃대

원료 신분증

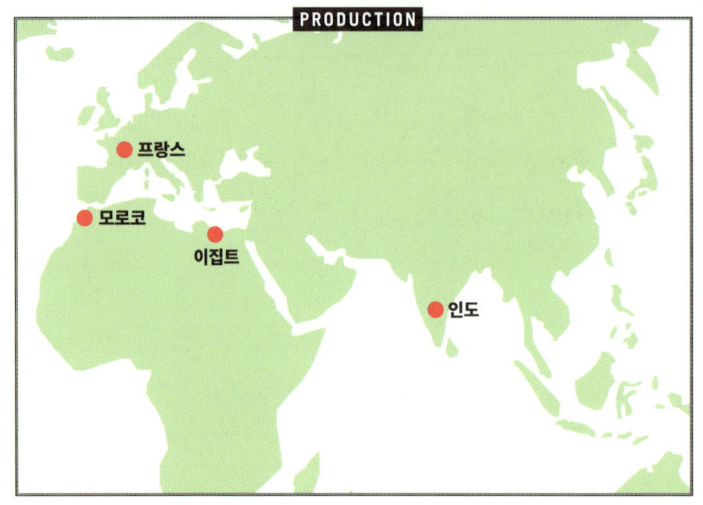

라틴명
Polianthes tuberosa

향료명
Tuberose, Mistress of the Night

분류
Agavoideae

어원
튜베로즈는 '돌기들을 가진 것'을 의미하는 라틴어 투베로수스tuberosus에서 파생된 명칭이다. 여기서 투베tuber는 돌기를 의미한다. 라틴어 폴리안테스Polianthes는 '여럿'을 의미하는 그리스어 폴리poly와 '꽃'을 의미하는 안토스anthos가 합쳐져 만들어진 명칭이다.

향 노트
장뇌, 약품, 스파이시한, 흙내음, 꿀, 밀랍 같은, 크리미한, 오렌지 블라썸과 코코넛의 뉘앙스, 애니멀릭한

주요 성분
메틸 벤조에이트, 벤질 벤조에이트, 인돌, 메틸 살리실레이트, 메틸 안트라닐레이트

수확 시기
1 2 3 4 5 6
7 8 9 10 11 12

추출법
휘발성 용매 추출법

수율

꽃 7t → 앱솔루트 1kg

역사
멕시코산 튜베로즈의 초창기 구근은 1530년 프랑스 선교사에 의해 유럽에 도입되었으며, 17세기부터 그라스에서 재배되었다. 긴 줄기를 따라 꽃송이에 모여 있는 별 모양의 흰색 관형 꽃은 두껍고 밀랍 같은 질감을 가졌으며, 수확한 후에도 이틀 정도는 향기가 지속된다. 튜베로즈는 식물계에서 향을 많이 내는 종 중 하나다.

르네상스 시대 이탈리아에서는 젊은 여성들이 튜베로즈 재배지 안을 산책하는 것을 금지했다. 꽃의 야릇한 향기가 사람들을 홀리는 것을 염려한 것이다.

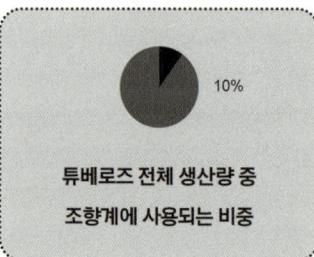

튜베로즈 전체 생산량 중 조향계에 사용되는 비중 10%

인도에서 튜베로즈가 재배되는 경작지의 면적
795,000헥타르

로부터 조심스럽게 떼어낸다. 수확된 튜베로즈는 가장 가까운 마을의 수거 지점을 거쳐 하루 종일 여러 꽃시장으로 운반된다. 그곳에서는 관상용 꽃으로 팔리며 가격은 수요와 공급에 따라 달라진다. 결혼 시즌이 한창일 때는 킬로그램당 가격이 최대 10유로까지 상승한다. "1킬로그램의 튜베로즈 앱솔루트를 추출하기 위해서는 꽃 7톤이 필요하기 때문에 조향 산업에 사용되기에는 부담스러운 가격입니다." LMR의 연구 개발 부서 책임자인 소피 팔라탕은 강조했다. 따라서 추출용 튜베로즈는 생산량이 가장 많은 4-6월과 9-12월, 가격이 가장 낮아지는 장 마감 직전에 구매해야 한다.

하지만 2020년부터 LMR과 그들의 현지 협력사들은 전통적인 유통 구조에서 벗어나 조향계만을 위한 공급망을 구축하였다. 지난해 네소는 튜베로즈의 절반 이상을 생산자로부터 직접 구매하였다. 이러한 운영 방식은 품질 관리 및 제품 추적 가능성의 향상과 농약 사용 저감, 관개 및 비료 기술 개선, 제초 작업의 기계화 등 모범적인 농업 관행을 세우는 데도 도움을 준다. 중개인을 거치지 않고 농부에게 직접 작물을 구매하는 것은 수확과 가공 사이의 시간을 단축시켜 신선도를 지킬 수 있다는 이점이 있다. "회사가 앞서 구매할 작물의 양과 가격을 약속함으로써 농부들에게 미래에 대한 가시성과 공정한 수입을 보장하여 줍니다." 소피 팔라탕은 말했다. 이처럼 합리적이고 책임감 있는 재배를 위한 회사의 노력은 에코서트의 '포 라이프For Life' 인증을 통해 증명되었으며, 이는 튜베로즈 분야에서 처음 있는 일이다. 결국 조향계만을 위해 특별히 지정된 재배지를 만들게 되면서 IFF 조향사들의 팔레트에는 생화의 향기에 더 가까워진 최상품의 튜베로즈 앱솔루트, 즉 '튜베로즈 블루밍Tuberose Blooming'이 추가될 수 있었다.

"튜베로즈는 희화되는 경우가 많습니다." — 셀린 바렐

셀린 바렐은 2001년부터 IFF에서 조향사로 일하며 이솝의 테싯, 주올로지스트의 스쿼드, 조 말론의 바닐라 & 아니스, 메종 데토의 카난과 더르반 제인을 만들어냈다.

당신은 튜베로즈의 향을 어떻게 묘사하나요?

신선한 튜베로즈 생화는 최면을 거는 것처럼 몽롱한 향을 내뿜습니다. 햇살처럼 밝으면서 코코넛을 연상시키는 크리미한 노트와 상쾌한 풀잎 향과 스파이시함, 애니멀릭함이 섞인 매우 복합적인 향기입니다. 이러한 특성들은 튜베로즈 앱솔루트에서도 나타나며, 메틸 살리실레이트와 메틸 벤조에이트로 인해 약간의 약품 냄새도 납니다.

튜베로즈 블루밍은 기존 제품과 어떻게 다른가요?

LMR의 독점 원료인 튜베로즈 앱솔루트를 생산하기 위해서는 우선 꽃이 향기 분자를 가장 많이 내뿜는 황혼 무렵에 수확해야 합니다. 이 특수한 과정을 통해 앱솔루트에서 약품 냄새와 밀랍 같은 느낌을 없애고 생화의 후각적 특성에 더욱 가까워질 수 있습니다. 튜베로즈 블루밍은 과일 향, 우유 같은 느낌, 인돌 향, 정향을 연상시키는 스파이시한 뉘앙스를 강조하여 향기를 더 현대적이고 매력적이게 만듭니다.

조향할 때 이 원료를 어떻게 사용하나요?

튜베로즈는 다양한 뉘앙스를 가지고 있지만 너무 같은 방법으로만 소비되는 경향이 있습니다. 예를 들어, 튜베로즈 솔리플로르 향수는 저렴하게 느껴질 수 있는 코코넛이나 우유 같은 느낌만이 강조되어 희화되는 경우가 많습니다. 저는 메종 데토의 카난을 조향할 때 이 클리셰를 비틀어 유니섹스 튜베로즈를 만들어 냈습니다. 수준 높은 향기를 만들기 위해 장뇌 향, 가죽 향, 흙내음 같은 측면을 공유하는 아가우드를 튜베로즈와 결합했습니다.

튜베로즈가 사용된 향수들

조르지오
GIORGIO

브랜드	조르지오 베벌리 힐스
조향사	프랑시스 카마이
출시년도	1981년

재스민과 오렌지 블라썸, 일랑일랑이 이루는 관능적인 플로럴 부케의 중심에 있는 튜베로즈는 과장된 어깨 패드와 헤어로 대표되는 1980년대 스타일을 취하고 있다. 갈바넘의 풀잎 향과 복숭아의 과일 향, 만다린의 알데하이드 노트가 도입부를 장식하고 바닐라 향의 선크림을 바른 튜베로즈가 등장하며 풍선껌 같은 느낌을 자아낸다. 풍성하고 식욕을 자극하는 향을 내는 동시에 깨끗한 느낌을 주는 이 개성 강한 '워킹 걸'은 그 누구도 무관심하게 지나칠 수 없는 성격을 가졌다.

튜베로즈 크리미넬
TUBÉREUSE CRIMINELLE

브랜드	세르주 루텐
조향사	크리스토퍼 셀드레이크
출시년도	1999년

세르주 루텐의 가장 강렬한 악의 꽃인 튜베로즈 향수는 당신을 무장 해제하기 위해 자신의 거친 성격을 강조한다. 튜베로즈는 쌉싸름하게 느껴질 수 있는 장뇌 향으로 당신을 마취시킨 다음 예상치 못한 포근함으로 은밀하게 감싸오며 자신의 포로로 만들어 버린다. 향기는 햇살처럼 밝고 물에 젖은 풀잎 향이 나는 재스민과 오렌지 블라썸, 히아신스 노트 덕분에 더욱 플로럴하게 나아간다. 베이스 노트에서는 약간의 가죽 향이 나는 바닐라가 이 매력적이면서 위험한 꽃잎에 당신을 묶어 둔다.

카날 플라워
CARNAL FLOWER

브랜드	에디시옹 드 파르팡 프레데릭 말
조향사	도미니크 로피옹
출시년도	2005년

따뜻한 부드러움과 식물이 가진 물기라는 튜베로즈의 두 얼굴을 재구성한 자연주의적 향수다. 기름지고 관능적인 흰 꽃송이들은 사람에게 느껴질 듯한 온기를 가졌으며, 크리미한 살냄새와 몽롱한 증기를 내뿜는다. 바스락거리는 질감에 즙으로 가득한 긴 녹색 줄기에 매달린 채 조금은 탁한 물에 담겨 있는 튜베로즈는 모호한 안개 속에서 무서운 포식자로 변모한다.

바닐라 만

마다가스카르
프랑스 조합 향료 회사 만Mane이 바닐라의 전 세계적 중심지인 마다가스카르 사바 구에 자리 잡은 지 어느덧 40년이 지났다. 회사는 현지 파트너의 전문성에 힘입어 바닐라 앱솔루트뿐 아니라 정글 에센스, 오일, 인퓨전 등을 생산하며 향장향 및 식품향 조향사들의 팔레트를 풍성하게 만들고 있다.

'마담뚜'라 불리는 여성들은 10월부터 12월까지 새벽마다 수분 준비가 된 바닐라 꽃을 찾아내고, 레몬 나무의 가시나 바늘을 이용해 암술과 수술을 섬세하게 접촉시킨다. 이 정밀한 행위는 그들의 노동력과 노하우가 바닐라 재배에 필수적임을 증명한다. 마다가스카르의 북동부에 위치한 사바 구는 덥고 습한 해안 지대로 바닐라가 자라기에 매우 적합한 기후를 가졌다. 농장은 반쯤 그늘져 있는데, 귀중한 콩을 제공하는 바닐라에게 천연 파라솔이자 버팀목이 되어주는 글리리시디아와 같은 토착 나무들 덕분이다. 마다가스카르의 주 수입원인 바닐라는 지난 20년간 가격이 큰 폭으로 변동되면서 이름을 날렸다. "바닐라 가격은 생산량이나 바닐린의 함량, 특히 투기가 유행하는 정도에 따라 100달러에서 600달러 사이를 오르내렸습니다. 그러다 보니 이곳에 확실하게 정착하여 안정적인 파트너들을 갖는 것이 중요하다는 것을 깨달았습니다." 만에서 천연 원료 소싱을 담당하는 클레망 투상은 강조했다.

원료 신분증

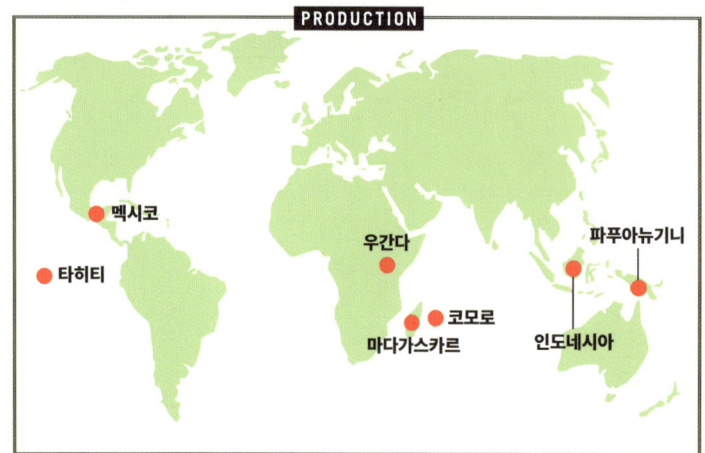

PRODUCTION

멕시코, 타히티, 우간다, 마다가스카르, 코모로, 인도네시아, 파푸아뉴기니

라틴명
Vanilla planifolia

향료명
Vanilla

분류
Orchidaceae

어원
바닐라는 껍질을 의미하는 바이나vaina의 지소사로 깍지를 의미하는 스페인어 바이니야vainilla에서 유래된 명칭이다.

역사
중앙아메리카를 원산지로 하는 바닐라는 덩굴성 난초와 식물의 열매로 습한 열대 우림의 나무 기둥을 따라 자란다. 마야인과 아즈텍인이 사용해 온 이 식물은 1519년 멕시코로 온 정복자들에 의해 처음 알려지게 되었지만, 유럽에 정착하기까지는 오랜 시간이 걸렸다. 양성화 식물인 바닐라나무가 과실을 맺기 위해서는 벌이나 벌새에 의한 자연적인 수분이나 인위적인 수분이 필요했기 때문이다. 유럽에서의 첫 번째 인공 수분은 1836년 벨기에 리에주 식물원에서 이루어졌다.

향 노트
나무, 가죽, 담배, 스파이시한, 파우더리한, 크리미한, 과일, 애니멀릭한

주요 성분
바닐린, 구아야콜, 메틸 구아야콜, 옥-1-엔-3-원

수확 시기
1 2 3 4 5 6
7 8 9 10 11 12

추출법
휘발성 용매 추출법
초임계 유체 추출법
하이드로 알코올 인퓨전

추출 시간

5일

수율

4-6%

마다가스카르에서 바닐라가 재배되는 경작지의 면적	바닐라 전체 생산량 중 마다가스카르산이 차지하는 비중
44,000헥타르	**85%**

매년 마다가스카르에서 생산하는 바닐라콩의 양	한 명의 작업자가 하루에 평균적으로 수확하는 바닐라콩의 양
1,800t	**25kg**

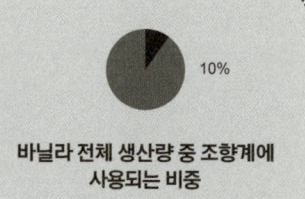

10%

바닐라 전체 생산량 중 조향계에 사용되는 비중

프랑스 조합 향료 회사 만은 40년 전부터 마다가스카르에 진출한 개척자로서 2000년에는 지속 가능하고 추적 가능하며 책임감 있는 공급망을 적극적으로 지지하는 플로리비스와 같은 업계의 리더와 파트너십을 맺기도 하였다. "바닐라는 만에게 가장 중요한 천연 원료 중 하나이며, 그것을 얻게 해주는 독보적인 노하우를 보존하는 것은 우리에게 중요한 일입니다."

세 단계의 전통적인 가공법

독보적인 노하우는 정밀한 바닐라 가공 공정에서 드러난다. 수분이 이루어지고 9개월이 지난 7월에서 9월 사이에 바닐라콩의 수확이 이루어진다. 하지만 이 단계에서는 아직 향이 강하게 나지 않는다. 수확해도 될 정도로 숙성된 바닐라콩은 노란색에 가까운 연두색으로 변한다. 이를 통해 가공된 바닐라의 품질이 보장된다. 향 분자들의 품질을 유지하기 위해 수확 후 2-3일 내로 작물을 처리한다. 전통적인 바닐라 가공법은 총 세 단계로 이루어진다. 먼저 데치기 과정에서 바닐라를 65°C 물에 3분간 담가 고유의 향을 내는 분자인 바닐린을 방출시킨다. 그런 다음 열기를 유지하기 위해 양모 덮개를 씌운 나무상자 안에서 열두 시간의 증기 처리 과정을 거친다. 이때 바닐라콩은 점점 검게 변해간다. 마지막은 건조 과정인데 날씨에 따라 1-2주 동안 햇빛 아래에서 말린 다음 그늘로 옮겨 한 달을 더 말린다. 바닐라콩에는 주름이 생기고 검은색이 짙어진다. 이제 촉감과 냄새를 검사하며 제품화할 준비가 된 바닐라콩을 분별한다. 최종적으로 이들은 그라스 근방에 위치한 만의 시설에서 가공 및 추출된다.

"바닐라는 잔향과 볼륨감, 후각적 특징을 부여하는 데 독보적입니다."

― 줄리 마세

만에서 2010년부터 조향사로 일하고 있는 줄리 마세는 마티외 나르댕과 함께 구딸의 르 떵 데 헤브를, 크리스틴 나이젤과 함께 조르지오 아르마니의 시를, 세실 마통과 함께 아르마니 프리베의 테 울롱과 피브완 수저우를, 베로니크 니베르그, 랄프 슈와이저와 함께 캘빈 클라인의 이터니티 포 맨 꼴론을 조향했다.

이 원료에서 무엇이 떠오르나요?

바닐라는 역설적인 원료입니다. 모든 사람들이 바닐라의 냄새를 알고 있다고 생각하지만 대부분 바닐린의 달콤하고 파우더리한 향과 혼동하고 있으며 그것은 단지 바닐라를 구성하는 한 성분에 지나지 않습니다. 만약 당신이 누군가에게 바닐라 앱솔루트를 시향할 기회를 주더라도 그는 분명 그것이 무엇인지 알아차리지 못할 것입니다. 바닐라는 심지어 조향사들에게도 놀라움을 가져다주는 원료입니다. 녹색의 콩은 아무 냄새도 나지 않는다고 알려져 있지만, 마다가스카르에서 가공을 앞둔 바닐라 창고에 들어갔을 때 스파이시하고 햇살처럼 밝은 느낌의 화이트 플로릴 향기에 큰 충격을 받았습니다.

여러 바닐라 제품들에서 어떤 후각적 차이를 느끼시나요?

휘발성 용매 추출로 얻어진 앱솔루트는 향이 가장 풍성하고 복합적입니다. 오이게놀에서 느껴지는 스파이시한 우디 향과 약간의 가죽 향, 그리고 담배 향이 납니다. 초임계 유체 추출의 결과물인 정글 에센스는 바닐라콩의 냄새에 더 가까우며 더 부드럽습니다. 우리는 퓨어 정글 에센스 바닐라 오일과 같은 2차 제품을 얻을 수도 있습니다. 이것은 크레졸에서 느껴지는 애니멀릭함이 훨씬 강합니다. 마지막으로 바닐라콩을 물과 알코올의 혼합물을 통해 우려낸 인퓨전은 향이 매우 가볍고 가격적 접근성이 좋아 대량으로 사용할 수 있다는 장점이 있습니다.

바닐라를 사용하면 처방전에 어떤 효과를 줄 수 있나요?

바닐라의 관대하면서도 관능적인 향기는 부드러움과 편안함을 제공하고 조금 강한 노트를 누그러뜨리기도 합니다. 저는 그것이 미네랄이나 스파이시, 가죽, 우디 어코드에 특히 잘 어울린다고 생각합니다. 바닐라는 분명 고급스러운 원료지만 소량만 사용하더라도 잔향과 볼륨감, 후각적 특징을 부여하는 데 독보적입니다. 조르지오 아르마니의 시에서 바닐라 정글 에센스는 향수에 캐릭터와 입체감을 불어넣었습니다.

바닐라가 사용된 향수들

샬리마
SHALIMAR

브랜드	겔랑
조향사	자크 겔랑
출시년도	1925년

자크 겔랑이 만들어 낸 불멸의 걸작 샬리마는 작렬하며 빛나는 베르가못과 따뜻한 부드러움을 가진 바닐라의 대조가 돋보이는 향수다. 장미와 재스민의 플로럴 노트가 향수의 중심을 거닐고 있지만 검은 바닐라콩이 점점 자신의 영향력을 넓히기 시작한다. 에틸바닐린과 발삼, 통카콩, 아이리스, 그리고 '지키'로부터 이어지는 약간의 애니멀릭 노트가 뒤섞인 향이 피부 위에서 부드럽게 펼쳐지며 파우더리하게 느껴지는 깊고 관능적인 잔향을 남긴다.

오 듀엘
EAU DUELLE

브랜드	딥디크
조향사	파브리스 펠레그랭
출시년도	2010년

이 향수는 바닐라의 두 얼굴을 드러낸다. 바닐라콩의 스파이시하고 치고 올라오는 노트는 후추의 산미를 가진 엘레미와 다양한 모습을 보이는 칼라무스의 아로마틱한 송진들, 그리고 카르다몸과 핑크 페퍼 같은 차가운 향신료들에 의해 더욱 고조된다. 사이프러스의 애니멀릭하고 우디한 흐름과 프랑킨센스의 물결이 더해지면서 바닐라는 머스크를 떠올리는 순수한 분위기로 나아가고, 결국 부드러운 자신의 본모습을 되찾는다.

베티버 & 골든 바닐라
VETIVER & GOLDEN VANILLA

브랜드	조 말론
조향사	마틸드 비자우이
출시년도	2020년

이 향수의 도입부에서 상쾌하고 톡 쏘면서 생동감이 느껴지는 자몽과 카르다몸의 숨결은 두 스타 원료의 등장을 알린다. 따뜻하고 리큐어 같은 향기의 바닐라는 힘 있고 거친 베티버의 뿌리를 부드럽게 만들며 스파이시하고 우디한 분위기를 자아낸다. 너그럽게 감싸오는 엠버 향의 베이스 노트는 꿀 냄새가 나는 시가 연기를 연상시키고, 그 속에서 주도권을 거머쥔 바닐라콩은 부드러운 스모키함으로 족적을 남긴다.

베티버 IFF의 LMR 내추럴

아이티
아이티의 핵심 자원인 베티버는 3만 명에서 4만 명에 달하는 현지인들의 삶을 책임지고 있다. LMR 내추럴LMR Naturals은 베티버의 수확을 기계화하였으며 더 나아가 추적 가능하고 지속 가능한 공급망을 구축하기 위해 현지 파트너들과 함께 노력하고 있다.

아이티 남서부의 레카예 지역에는 약 8,000헥타르 규모의 베티버 농장이 자리 잡고 있다. 그곳의 석회 모래질 토양은 가늘고 조밀한 베티버의 뿌리를 보호한다. 베티버의 뿌리는 최대 1미터까지 자라며 상쾌한 우디 향의 에센셜 오일을 제공한다. LMR 내추럴은 2014년 베티버 증류 추출에 특화된 업체 유니코드와 파트너십을 맺고 에센셜 오일을 생산하고 있다.

베티버의 뿌리는 일반적으로 충분한 수율과 훌륭한 후각적 품질이라는 두 지표가 균형을 이루는 12개월 이후에 수확된다. 수확은 1년 내내 이루어질 수 있지만 9월부터 우기가 시작되면서 향이 나는 성분의 품질이 떨어지고 수확이 어려워진다. 따라서 건기인 2월부터 5월까지가 수확 성수기다. 수확은 육체적인 작업이기 때문에 강렬한 더위를 피하기 위해 해가 뜨는 이른 아침부터 오전 11시 정도까지 진행되고, 오후 4시경에 다시 시작되어 해질 녘까지 이어진다. 작업은 연속적으로 이루어진다.

원료 신분증

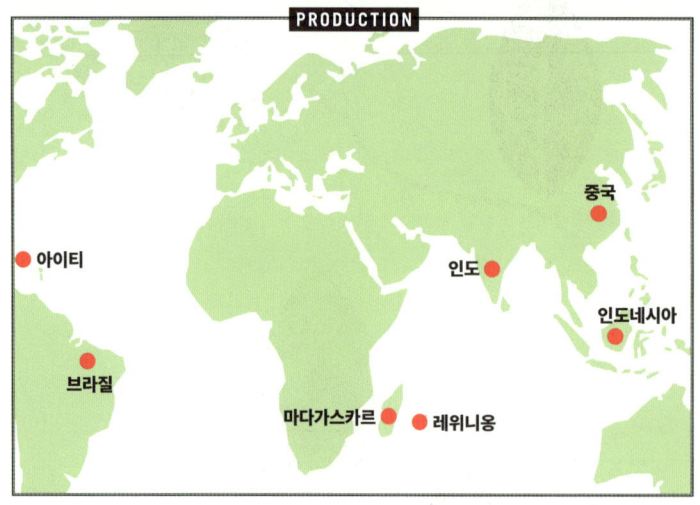

라틴명
Chrysopogon zizanioides 혹은 Vetiveria zizanioides

향료명
Vetiver, khus

분류
Poaceae

어원
베티버는 19세기 초 프랑스에서 등장하였다. '뽑다'를 의미하는 베티vetti와 '뿌리'를 의미하는 버ver가 합쳐진 타밀어 베티베루vettiveru에서 유래된 명칭이다.

역사
남인도를 원산지로 하는 베티버는 고대부터 치유 효과로 유명했다. 처음에는 레위니옹에서 재배되었으며 그 후 자바 섬과 아이티로 진출하였다. 베티버는 20세기부터 조향계를 위해 대량 증류 추출되었다. 마법의 식물로 여겨진 베티버는 부두교의 의식과 아유르베다 치료법, 정수 등에 사용되었다. 복잡하게 엉킨 뿌리가 깊이 내려 토양을 지탱하고 침식 작용을 막아주는 버팀목이 되기도 한다.

향 노트
나무, 풀잎, 식물, 흙내음, 스모키한, 가죽, 자몽이 떠오르는, 땅콩, 숲, 헤이즐넛

주요 성분
쿠시몰, 이소발렌세놀, 알파-베티본, 베타-베티본, 베타-베티베넨, 알파-아모르펜, 베타-베티스피렌

1헥타르를 수확하는 데 걸리는 시간
3주

평균적으로 재배에서 수확에 이르기까지 걸리는 시간
12개월

수확 시기
1 2 3 4 5 6
7 8 9 10 11 12

추출법
증류 추출법

추출 시간
10시간

수율

뿌리 → 에센셜 오일
1t → 5-10kg

No. 1
아이티는 세계 최대의 베티버 생산국이다

고 있습니다." LMR 내추럴의 최고 경영자 베르트랑 드 프레빌은 강조했다. 현재 여러 시제품들이 농장에서 성공적으로 테스트되고 있다. 기계화는 작업 여건은 물론 에센셜 오일의 품질과 수율도 개선할 것이다. 1헥타르의 재배지에서 수작업으로 작물을 수확하는 데는 대략 3주가 걸리지만 기계화가 이루어지면 일주일 만에 작업할 수 있다. 이는 향상된 후각적 품질을 가진, 훨씬 더 신선한 베티버를 증류할 수 있게 됨을 의미한다. 게다가 성수기인 2월부터 5월 사이에 집중적으로 수확하는 것도 가능하다. LMR 내추럴과 유니코드는 에코서트의 '포 라이프' 인증 및 무공해 인증을 받은 생산 방식을 사용하고 있으며, 추적 가능한 공급망을 구축하기 위한 농업 협동조합을 설립하고 환경에 미치는 영향을 줄이기 위한 바이오매스 보일러를 설치하는 등 지속 가능성을 위한 행보에 동참하고 있다. 이 두 파트너 업체는 그라스와 아이티에서 식물의 신진대사와 올바른 농업 관행에 대한 연구를 진행하고 있다. 이와 같은 지속적인 연구는 더 나은 수율과 우수한 품질의 에센셜 오일을 얻게 해 준다.

잎을 잘라낸 뒤 땅 아래에 남아 있는 부분을 곡괭이로 뽑아내고, 다시 자라나게 될 그루터기를 곧바로 심어 다음 수확을 준비한다. 흙을 털어낸 뿌리다발은 공 모양으로 압축되어 묶고, 다시 한 번 흔들어 남은 흙을 최대한 제거한다.

선한 기계화

수작업으로 베티버를 수확하는 것은 허리 통증을 유발하고 흙먼지를 흡입하는 과정에서 호흡기 문제 등을 야기하는 극도로 고통스러운 일이므로 앞으로 점점 더 설 자리를 잃게 될 것이다. 이러한 이유로 수확의 기계화는 공급망을 보호하기 위해 필수적으로 다루어져야 하는 사안이다. "우리는 파트너 업체인 유니코드와 함께 기계화를 위한 연구를 수행하고 있으며, 블랙커런트와 나르시스, 아이리스를 수확하며 얻은 전문성을 활용하

"만약 베티버가 사람이었다면, 인디아나 존스였을 겁니다."
— 이브 카사르

1998년부터 IFF 뉴욕 지사에서 조향사로 일하고 있는 이브 카사르는 단독 혹은 공동 작업을 통해 수많은 성공적인 향을 만들어 냈다. 대표적인 향수로는 에스티 로더의 퓨어 화이트 리넨과 인투이션 포 맨, 톰 포드 포 맨, 헨리 로즈의 캐시미어 미스트 에센스와 포그, 그리고 토리 버치의 노크 온 우드가 있다.

이 원료에서 무엇이 떠오르나요?
저는 베티버를 아프리카 국가들이나 사막과 연결 짓습니다. 아마 이것은 제가 북아프리카에서 태어났기 때문일 수도 있어요. 메마른 땅과 흙먼지, 황토색의 풍경… 베티버는 이국적인 장소를 떠오르게 만듭니다. 만약 베티버가 사람이었다면, 인디아나 존스였을 겁니다.

신선한 베티버 뿌리와 에센셜 오일의 향을 묘사해줄 수 있나요?
흙에서 막 뽑아낸 뿌리를 약하게 긁어보면 자몽이나 진저에서 날 법한 상쾌한 냄새를 맡을 수 있습니다. 그 후로 가죽 향이 곁든 강한 흙내음이 나죠. 에센셜 오일의 경우 스모키한 향, 땅콩 냄새, 가죽 향, 나무 향, 흙내음과 함께 훨씬 더 어두운 느낌을 줍니다. 현재 우리는 그라스의 실험실에서 기존 제품을 분자 증류하여 얻은 정제된 에센셜 오일도 보유하고 있습니다. 이는 기존 에센셜 오일에서 스모키하고 구운 땅콩 같은 부분을 제거하여 더 깔끔하고 상쾌하며 현대적인 향기를 가진 제품입니다. 또한 그라스에서 이루어지는 분별 증류법 덕분에 우리는 자몽같이 상쾌한 측면을 드러내는 베티버 코어라는 제품을 얻기도 했습니다.

베티버를 어떤 원료와 함께 사용하는 것을 즐기시나요?
베티버는 시트러스한 부분을 가지고 있기 때문에 감귤류 원료들과 매우 잘 어울립니다. 또한 시더우드나 엠버 우드 노트와 같은 우디 향과도 조화롭게 사용될 수 있습니다. 이 원료들은 베티버에 모던하고 생동감 있는 느낌을 더하며 서로를 보완합니다. 여성 향수에서는 피오니 같은 로즈 노트와 결합시키는 것을 좋아합니다. 베티버는 꽃과도 환상적으로 잘 어울립니다. 최근 튜베로즈와 베티버 조합으로 작업하였는데 효과가 아주 좋았습니다. 부드러움과 편안함을 줄 수 있는 머스크도 흥미롭겠네요. 베티버는 향의 구조를 잡을 수 있게 해주는 아주 다재다능한 원료입니다. 어려운 점이라면 그의 거친 면을 잡는 것입니다.

베티버가 사용된 향수들

베티버
VÉTIVER

브랜드	겔랑
조향사	장 폴 겔랑
출시년도	1959년

베티버 엑스트라오디네르
VÉTIVER EXTRAORDINAIRE

브랜드	에디시옹 드 파르팡 프레데릭 말
조향사	도미니크 로피옹
출시년도	2002년

앙크르 누아르
ENCRE NOIRE

브랜드	라리크
조향사	나탈리 로슨
출시년도	2006년

장 폴 겔랑이 처음으로 사인한 향수의 도입부에서는 깨끗하고 섬세한 비누처럼 느껴지는 레몬 노트의 꼴론 향이 터져 나오고, 다른 한편에서는 우디 향과 흙내음을 품은 그윽한 연기가 피어오른다. 시간이 지남에 따라 풍성해지는 베티버는 파우더리하고 스파이시한 뉘앙스에 둘러싸여 오랜 시간 머문다. 반론의 여지가 없이 베티버 향수의 대명사가 된 이 작품은 편안한 우아함을 지속시키며 소나무를 떠올리는 녹갈색의 어둠 속으로 우리를 이끈다.

이 향수에는 분자 증류로 추출하여 약품 냄새와 장뇌 향에서 벗어나게 해준 LMR의 아이티 베티버 에센셜 오일이 무려 25퍼센트라는 전례 없는 함량으로 사용되었다. 이처럼 높은 함량의 베티버는 간결하고 순수하며 직선적인 향의 골격을 구성한다. 베르가못과 핑크 페퍼의 구름이 지나가면 베티버는 마치 잘 다려진 셔츠 같은 순백의 머스크와 캐시미란으로 짜인 구조 안에서 빛나는 아우라를 뿜어낸다.

탑 노트에서 섬세하게 반짝이는 시트러스와 대조를 이루는 사이프러스와 소나무의 수액은 완전하게 펼쳐지는 어둡고 스모키한 송진 냄새를 전한다. 여기에는 먹물의 페놀릭하고 가죽 같은 느낌이 드러난다. 시더우드와 구아이악우드는 향의 중심에 있는 베티버와 함께 아름다운 후광이 흐릿하게 비치는 건조한 나무와 포근한 머스크로 둘러싸인다. 이 작품은 가공되지 않은 심플한 어코드인 동시에 베티버 향수의 장르를 일신하는 세련됨을 선보인다.

일랑일랑 비오랑드

코모로, 마다가스카르

마다가스카르와 코모로 제도는 이 우아한 실루엣을 가진 꽃이 피어나기에 이상적인 토양을 제공한다. 비오랑드Biolandes 그룹은 세 곳의 추가적인 시설을 통해 다양한 품질의 일랑일랑 에센셜 오일을 생산한다. 과일 향과 스파이시한 향을 가지고 있으며 햇살같이 밝고 때로는 스모키한 일랑일랑의 향기는, 분별 증류 추출 기술에 힘입어 각각 고유의 후각적 특징을 가진 여러 에센셜 오일을 만들어 낸다.

연한 녹색에서 진한 노란색으로 변한 꽃잎과 꽃의 중심에 나타난 양홍빛의 빨간 점은 일랑일랑이 충분히 성숙했고 수확할 준비가 되었다는 신호다. 습기가 많은 열대 기후를 선호하는 카난가 오도라타는 에콰도르와 가나, 인도, 인도네시아, 마요트 섬 등에서 재배된다. 하지만 이 꽃의 핵심 생산국은 코모로와 마다가스카르이며, 생산량의 80퍼센트는 조향계와 화장품 업계에서 사용된다. 코모로에서 일랑일랑은 바닐라, 정향과 함께 가장 많이 수출되는 제품으로 대략 1만 명의 생업과 연결되어 있다. 이 꽃은 모엘리, 그랑드코모르, 앙주앙과 같은 섬들의 비옥하고 배수가 잘되는 화산 토양으로부터 수혜를 받는다. 마다가스카르에서는 북쪽의 진흙이 많고 높은 충적 평야와 노지베 섬의 화산 지대에서 꽃을 피우는데, 재배지의 규모가 3,000헥타르를 넘는다. "두 나라에서 재배되는 일랑일랑은 같은 종이지만, 서로 다른 떼루아의 효과를 반영합니다. 코모로산은 마다가스카르산보다 꽃의 크기가 더 작

원료 신분증

라틴명
Cananga odorata

향료명
Ylang-ylang

분류
Annonaceae

어원

일랑일랑은 '사막'을 의미하는 타갈로그어(필리핀 토착 언어)에서 유래된 명칭이며, 해당 나무의 자연 서식지를 지칭한다. 라틴어 카낭가 오도라타Cananga odorata는 일랑일랑 나무를 의미하는 말레이어 케농가kenonga 혹은 카낭가kananga를 이어받은 명칭이다.

역사

일랑일랑의 기원은 인도네시아지만, 이 꽃의 에센셜 오일 무역이 발달했던 곳은 19세기 필리핀이었다. 일랑일랑의 매혹적인 향기에 사로잡힌 한 독일 선원이 1860년 마닐라 지역에 최초로 증류 시설을 설립한 것으로 알려져 있다. 일랑일랑의 생산은 인도양을 건너 레위니옹으로, 그 후 오늘날 대부분의 에센셜 오일을 공급하는 마다가스카르와 코모로 제도로 옮겨졌다.

향 노트

플로럴, 햇살같이 밝은, 몽롱한, 스파이시한, 크리미한, 애니멀릭한, 과일, 장뇌, 재스민과 튜베로즈를 떠올리는, 바나나, 매니큐어

주요 성분

프레닐 아세테이트, 리날로올, 벤질 아세테이트, 제르마크렌 D, 벤질 살리실레이트

> "일랑일랑은 재스민과 함께 제가 가장 선호하는 향기 중 하나예요."
> — 1921년 샤넬의 No.5에 사용된 일랑일랑을 떠올리며 에르네스트 보가 남긴 말

수확 시기

① ② ③ ④ ⑤ ⑥
⑦ ⑧ ⑨ ⑩ ⑪ ⑫

추출법

분별 증류 추출법

수율

40-50 kg 꽃 → 1 kg 에센셜 오일

컴플리트 등급 에센셜 오일을 추출하는 데 걸리는 시간

24시간

매년 한 그루의 나무에서 생산되는 꽃의 양

10kg

지만 더 자극적이고 스모키한 측면을 제공합니다." 비오랑드의 마케팅 책임자 카미유 스타쿨 카레트는 설명했다. 1980년 랑드 지방의 소나무를 개발하기 위해 설립된 이 가족 경영 기업은 조향계와 화장품 업계, 식품향 업계, 아로마 테라피 업계에서 사용되는 3백여 개의 에센셜 오일 및 천연 추출물을 제공하고 있다.

총 220헥타르의 친환경 농장과 자회사인 골젬마로부터 물려받은 90헥타르의 이웃 농장을 소유하였으며 생산된 제품은 모두 '페어 포 라이프' 및 유기농 인증을 받았다. 마다가스카르의 두 지역 모두 자체 공장을 보유하고 있다. 코모로의 앙주앙 섬에 설립된 비오랑드의 공장은 유기농 인증을 받은 일랑일랑 에센셜 오일 생산 분야의 선구자다. 오랫동안 협력해 온 246개의 현지 생산업체 네트워크를 통해 품질을 보장하는 공급망 또한 갖추고 있다.

관대한 나무

일랑일랑은 관리가 거의 필요하지 않은 관대한 성격의 나무다. 최대 30미터까지 자랄 수 있지만 수확의 용이성을 위해 가지치기를 통해 사람 키 정도의 높이로 유지한다. 나무의 수령이 5년이 되면 1년 내내 꽃을 피운다. 우기가 끝난 3월부터 12월까지가 수확 성수기다. 한 그루의 나무는 50년이 될 때까지 매년 10킬로그램의 꽃을 제공한다. 수확은 개화가 시작되고 열흘 정도 지난 아침에 진행된다. 두세 시간 동안 남녀 수확자들이 약 15킬로그램의 꽃을 따 버드나무로 만든 큰 바구니에 담는다. "우리의 공장들은 수확 지역의 중심부에 위치해 있기 때문에 신선한 꽃들을 따온 지 몇 시간 만에 가공됩니다. 그 덕분에 꽃의 후각적 품질을 최상으로 유지할 수 있습니다." 카미유 스타쿨 카레트는 강조했다.

엑스트라, 프리미어 혹은 VOP

일랑일랑 꽃은 수율에 있어서도 관대하다. 오일 함량이 풍부하여 40-50킬로그램의 꽃으로 1킬로그램의 에센셜 오일을 얻을 수 있다. 반면 장미로 같은 결과물을 얻으려면 4,000킬로그램의 꽃잎이 필요하다. 일랑일랑의 또 다른 특징은 조향계에서 분별 증류를 통해 가공되는 몇 안 되는 원료라는 점이다. 증류가 시작되면 각기 다른 품질의 에센셜 오일이 수집기 안에서 연속적으로 흘러간다. 처음 몇 시간 동안은 과일 향이 짙은 플로럴 노트의 엑스트라 등급이 추출되고, 그 다음부터는 감미로운 화이트 플로럴 효과를 가진 프리미어 등급이 나온다. 증류 공정의 초기 몇 분 동안만 얻어지는 슈페리어 엑스트라 등급은 과일 향과 크레졸이 돋보이는 탁월한 후각적 효과가 특징이며 코모로산의 특화 제품이다. 밀도가 뛰어난 이 등급들은 휘발성 분자의 농도가 높기 때문에 고급 조향계에서 선호하는 제품이다. 이제 세컨더리 및 써드 등급의 에센셜 오일에 이르는데, 이들은 스모키하고 끈적이는 특징 때문에 주로 화장품 및 실용품 향료에 사용된다. 마지막으로 24시간 동안의 지속적인 증류를 통해 얻어진 컴플리트 등급은 아로마 테라피 업계에서 특히 선호하는 제품이다. "꽃이 제공할 수 있는 모든 것을 모아놓은 오일이므로 더 복잡한 후각적 스펙트럼을 보여줄 뿐 아니라 모든 분자들이 최대 농도로 함유되어 있습니다." 카미유 스타쿨 카레트는 자세히 설명했다. 비오랑드는 이처럼 폭넓은 에센셜 오일 제품군에 마다가스카르의 암반자 농장에서 생산되는 일랑 VOP(휘발성 오일 부분)를 추가하였다. 증류 공정의 초기 몇 시간 동안 얻어지는 이 독특한 추출물은 회사가 만든 역사적인 제품으로 지금까지는 없었던 풍성한 파우더리 노트를 드러낸다. 초기 분별 증류물은 더 높은 가치를 가지고 있기 때문에 일랑일랑 시장에서 이들을 속여 파는 행위가 빈번하게 발생한다. 엑스트라 등급의 에센셜 오일은 실제 비용을 낮추기 위해 품질이 떨어지는 하위 등급 혹은 합성 분자를 섞은 것일 수도 있다. "시장에서 유통되는 많은 제품들은 혼합물입니다. 반면 비오랑드는 100% 순수한 천연 제품임을 보장합니다. 우리는 40년 동안 이어온 생산 경험과 특별한 수확 작업의 역사를 바탕으로 정밀한 기술 규격을 제정하였습니다." 카미유 스타쿨 카레트는 전했다.

일랑일랑이 사용된 향수들

오 모엘리
EAU MOHELI

브랜드	딥디크
조향사	올리비에 페쇼
출시년도	2013년

코모로산 일랑일랑은 진저와 핑크 페퍼의 치고 올라오는 스파이시 노트로 시작되며 밝고 즐거운 분위기를 자아낸다. 그 후 꽃이 식물로 만든 망토를 두르자 진액과 잎에서 느껴지는 녹색 향기가 상쾌함을 선사한다. 햇살같이 빛나는 플로럴 노트를 드러내며 부드러워진 향기는 약간의 스모키한 향이 느껴지는 건조한 베티버의 베일에 둘러싸인 채 자연주의 여정의 끝을 알린다.

플뢰르 데 플뢰르
FLEUR DES FLEURS

브랜드	윈 뉘 노마드
조향사	카린 슈발리에
출시년도	2015년

슬픔을 호소하는 육감적인 일랑일랑에 햇살 같은 베르가못이 생기를 불어넣는다. 약간의 과일 향과 부드러움을 가진 튜베로즈, 그리고 재스민도 동일한 햇살에 달아오르며 빛을 낸 뒤 샌달우드와 바닐라, 감미로운 파우더리 노트로 짜인 침대 위에서 휴식을 취한다. 이 향수는 세련되지도, 화려하지도 않지만 크림의 질감과 하얀색이 연상되는 후각적 측면, 여성적이고 글래머러스하면서 레트로한 면모를 통해 화장품 같은 느낌을 자아낸다. 마치 외딴 섬으로부터 받은 빈티지 엽서처럼 말이다.

앙브랑 딜랑
EMBRUNS D'YLANG

브랜드	겔랑
조향사	티에리 바세
출시년도	2019년

겔랑은 소금기 있는 바람이 뜨거운 모래 위를 휩쓰는 푸른 바다 배경을 유명한 노란 꽃에게 선사했다. 시나몬과 정향에 의해 스파이시한 측면이 강조된 일랑일랑은 투명한 코코넛 우유처럼 프루티한 노트가 더해진 밝은 햇살과 크리미한 느낌을 전한다. 재스민의 흰 꽃잎으로 둘러싸인 향기는 아이리스의 파우더리한 느낌이 가미된 부드러운 바닐라의 침대 위에서 나른해지고, 파촐리는 정의할 수 없는 세련미를 뽐낸다.

미래의 조향계

향수 산업은 미래의 변화를 예측해야 하기 때문에 시대에 부합하는 향기를 생산할 수 있는 기술과 체계를 개발하기 위한 연구에 매진하고 있다. 각자 자신만의 방식으로 미래의 조향계를 만들어 가고 있는 이들의 일곱 가지 혁신적인 접근 방식을 소개한다.

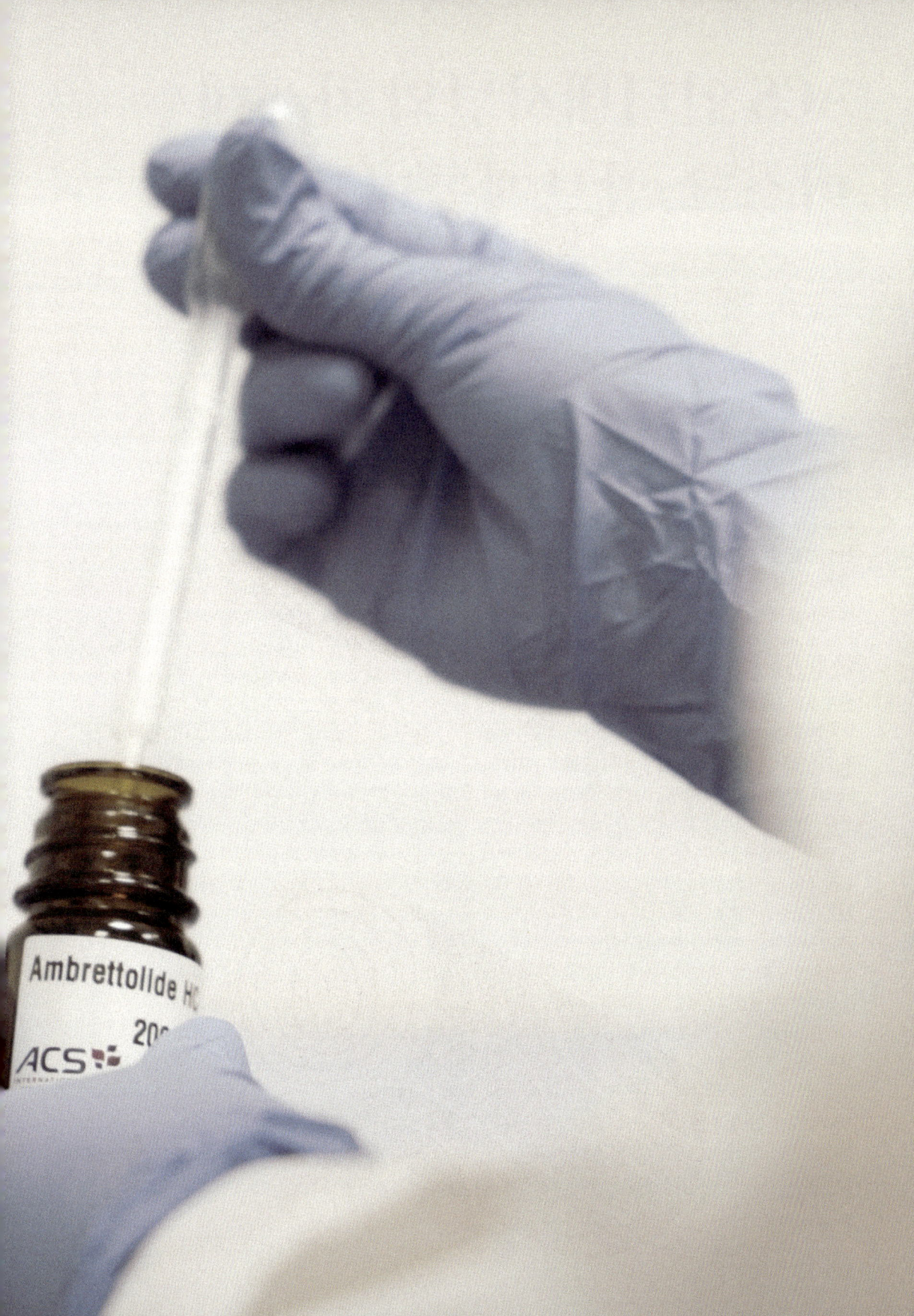

ACS 인터내셔널의 차세대 머스크, 암브레톨리드 HC

모든 향수 안에 들어 있는 머스크는 대부분 합성으로 만들어지기 때문에 조향계의 생태 발자국에 큰 지분을 차지하고 있다는 비난을 받기도 한다. ACS 인터내셔널 ACS International은 머스크가 지구와 인간에게 미치는 영향을 줄이기 위해 화이트 바이오 기술을 이용하여 100% 재생 가능한 탄소로 구성된 최초의 머스크계 핵심 원료를 개발하였다.

부드럽고 편안하면서 감싸는 듯한 특징을 가진 머스크는 수천 년 동안 조향계의 기둥 같은 역할을 해 왔다. 이들은 동남아시아에 서식하는 작은 포유류에서 얻어지는 동물성 원료를 기원으로 한다. 머스크는 매우 희귀하고 비싼 원료였기 때문에 19세기 후반부터 화학자들은 머스크 향을 내는 분자들을 식별해 내고 합성을 통해 그들을 생산하기 위해 노력해 왔다. 이러한 연구들로 탄생한 합성 머스크 계열은 시장에서 법적 제약과 환경 기준에 적응하며 끊임없이 발전했다. 15년 전 지속 가능한 개발과 관련된 이슈가 대두되기 시작한 이래로 지구에 미치는 영향이 적은 머스크를 개발하는 것이 향수 산업 전반의 중요한 쟁점으로 떠올랐다. 매크로사이클릭 머스크와 락톤류 원료를 전문으로 하는 독일 회사 ACS 인터내셔널은 2018년, 생명 공학을 통해 최초의 머스크계 핵심 원료 암브레톨리드 HC를 출시하였다.

100% 재생 가능한 탄소

원래 암브레톨리드는 암브레트 시드에서 분리 추출되는 분자다. 1950년대부터 곤충이 분비하는 수지의 일종인 셸락으로부터 암브레톨리드의 이성질체인 트랜스 암브레톨리드 (일반적인 경우 암브레톨리드라 부름)가 합성될 수 있다는 사실이 알려졌다. 이러한 접근법을 통해 암브레톨리드를 대량 생산할 수 있게 되었지만 주기적인 공급 문제와 가격 변동이라는 어려움에 직면하게 되었다.

오늘날 ACS 인터내셔널은 또 다른 이성질체인 암브레톨리드 HC(High Cis)를 친환경적인 방식으로 생산하고 있다. 암브레톨리드 HC는 기존 분자와 같은 화학식을 공유하지만 이중 결합한 탄소의 원자 배열이 다르다. "100% 재생 가능한 탄소로 이루어진 머스크가 핵심입니다." 혁신 부서 부사장인 코엔라드 반헤쉐는 기뻐하며 말했다. 이 작업은 어떻게 이루어지는 것일까? "우리는 생산성과 선택성 측면에서 효율성을 높이기 위해 유전적으로 최적화된 미생물들로 유럽산 설탕을 발효시킵니다. 그렇게 얻어진 암브레톨리드의 고급 전구체에 녹색 화학 기술을 적용시켜 공정 과정을 마무리합니다. 언제나 사용 가능하고 가격이 저렴한 원재료 설탕을 사용함으로써 안정적이고 경쟁력 있는 가격을 보장할 수 있으며, 이는 규모의 경제가 작동함에 따라 향후 몇 년 동안 더 하락할 것입니다." 코엔라드 반헤쉐는 설명했다.

볼륨감과 진동성

"암브레톨리드 HC는 부드럽고 포근하며 약간의 애니멀릭한 향과 암브레트 시드 에센셜 오일을 연상시키는 천연 원료의 느낌을 냅니다." 조향사 세르주 올덴버그가 강조하며 말했다. 하지만 트랜스 암브레톨리드에 비하면 훨씬 더 강력한 향을 내기 때문에 사용처에 따라 함량을 최대 반으로 줄일

수 있다. 해당 분자는 탑 노트에서부터 존재감이 느껴지며 향이 진행되는 내내 함께한다. "암브레톨리드 HC는 볼륨감을 높이고 '블루밍' 효과를 제공합니다. 일부 머스크 노트는 과도하게 사용될 경우 향을 둔하게 만들 수 있지만, 이 분자는 오히려 향을 개선합니다." 세르주 올덴버그는 설명했다.

암브레톨리드 HC는 다양한 어코드에서 유용하게 쓰인다. "이것은 복숭아나 살구, 망고와 같은 부드러운 프루티 노트뿐 아니라 재스민이나 튜베로즈, 일랑일랑, 매그놀리아 등 플로럴 노트를 부스팅시킵니다. 또 라벤더가 갖고 있는 약품 냄새 같은 측면을 부드럽게 만들어 주고, 건조한 마린 향의 우디 노트에서 그들의 상쾌함을 뺏지 않은 채 확산성을 높여 줍니다. 마지막으로 소박한 로즈 어코드에 볼륨감과 진동성을 가져다 줍니다." 세르주 올덴버그는 열광하며 말했다. 고급 조향계에서 각광받는 해당 분자는 헤어 및 바디 케어 제품이나 세척 용품에도 낮은 함량으로 사용될 수 있다. "이 분자는 향 세기가 매우 강하기 때문에 처방전에 0.1퍼센트의 함량으로만 사용하여도 '향수' 같은 아름다운 효과를 얻을 수 있을 겁니다." 세르주 올덴버그는 이렇게 강조했다.

비건 머스크
암브레톨리드 HC는 지속 가능하다는 특성과 뛰어난 후각적 품질 외에도 비건 제품이라는 장점을 가지고 있다. "물론 동물성 원료들이 윤리적인 이유나 가용성으로 인해 팔레트에서 자취를 감추었기 때문에 대부분의 경우 비건 이슈는 조향계에서 큰 의미를 가지지 않습니다. 하지만 기존 암브레톨리드는 쉘락을 이용하여 만들기 때문에 관련이 있습니다"라고 코엔라드 반헤쉐는 마무리지었다.

다음 10년을 위한 피르메니히의 천연 추출법

스위스의 원료 및 조합 향료 회사 피르메니히Firmenich 에서는 '천연 혁명'이 일어나고 있다. 이들은 수년간 실험실 테스트와 파일럿 테스트를 거친 후 그라스에 설치된 전대미문의 마이크로파 추출기로 만든 첫 번째 원료 '퍼굿'을 공개했다.

6년 전부터 피르메니히의 연구진은 그라스의 공장 안에서 비밀리에 진행되는 프로젝트에 참여해 왔다. 이 프로젝트는 두 가지 중요한 목표를 가지고 있었다. 하나는 지금까지 추출하기 어려웠던 원재료를 천연 방식으로 취급하는 방법을 찾는 것이고, 다른 하나는 자원과 에너지를 더 적게 소비하는 지속 가능한 추출 기술에 대한 필연적인 요구를 충족시키는 것이다. "지난 몇 년간의 모든 발전은 휘발성 용매를 사용하지 않는 추출법처럼 이상적인 이론적 기술을 현실에서 구현할 수 있도록 우리를 이끌어 주었습니다." 피르메니히의 천연 원료 글로벌 혁신부 총괄자인 자비에 브로쉐는 기뻐하며 말했다. "이제 막 중요한 고비를 넘겼을 뿐입니다. 우리는 실험실 테스트에서 시작하여 산업적 수준의 규모로 확장 중입니다."

원료 안의 물만 이용하는 공법

이것은 신선한 바이오매스를 전자기 주파수에 노출시키는 방식이다. 주파수의 영향으로 O-H(산소-수소) 결합의 진동이 마찰을 일으켜 온도를 상승시킨다. 원료 안의 물이 가열되어 세포를 터뜨리면 향이 나는 성분이 끌려나오게 된다. "식물 안의 물 외에 다른 용매는 사용할 필요가 없습니다. 이러한 혁신은 언제나 더 안전하고 더 친환경적인 용매를 추구하며 끊임없이 추출 기술을 발전시킨 결과물입니다. 벤젠을 헥산으로, 또 초임계 CO_2로 대체했으며, 오늘날에는 바이오매스 속 물이 용매가 되었습니다." 피르메니히의 천연 원료 혁신 및 공정 총괄자인 소피 라부안은 강조했다.

피르메니히 연구진들은 단가를 유지하면서 생산 규모를 확장하기 위한 엔지니어링 작업에 공을 들였다. 초창기에 100-200킬로그램이었던 생산량은 이제 톤 단위에 이른다. 이것을 가능케 한 비결은 기존 로트 단위 생산이 아닌 '개방형' 프로세스를 이용한 연속 생산이다. 바이오매스는 컨베이어 벨트를 타고 이동한 후 터널에서 가열 단계를 거친다. 사용되는 에너지는 바이오매스가 지나치게 익는 것을 방지하고 향과 같은 관능적 특성을 보존할 수 있도록 바이오매스의

주요 연혁

2015	2017	2021
프로젝트 시작 실험실 테스트	첫 번째 산업적 수준의 시제품 테스트	피르메니히 제품군 내 세 가지 추출물 런칭

양에 엄격하게 맞추어 최적화된다. 추출물은 중력에 의해 자연스럽게 흘러가 장비의 밑부분에서 수집된다.

'퍼굿Firgood'이라고 명명된 세 종류의 제품들은 향장향 및 식품향 조향사들의 팔레트를 풍성하게 만들고 있다. 가장 먼저 '모액', 혹은 하이드로솔은 수용상에 있는 극성 방향족 분획의 총합이며, 친유성이 낮은 분자들로 구성되어 있다. 두 번째 제품은 이 모액으로부터 방향족 분획을 저온 농축하는 물리적인 방식으로 만들어진다. 여기서 물은 조향계에서 사용되기 위해 알코올과 같은 다른 용매로 대체된다. 마지막으로 모액이 에센셜 오일을 풍부하게 함유하고 있다면 침전을 통해 그것을 회수할 수도 있다. 이는 향신료와 같은 원료에 적합한 방식이다.

자연스러운 향 노트와 건강한 지구

이러한 추출 방법은 낮은 에너지 소비와 같은 여러 장점을 가지고 있다. 또 기존의 추출 방법보다 찌꺼기, 즉 추출 잔류물에 새롭게 가치를 부여하는 것이 훨씬 쉽다. 그 어떤 용매도 사용되지 않기 때문에 재활용되거나 초임계 CO_2 추출법과 같이 보완적인 특징의 결과물을 제공하는 또 다른 추출법의 대상으로서 사용될 수 있다. "사실 초임계 CO_2 추출법의 결과물은 지방족 분획과 알데하이드류에 집중되어 있습니다. 이를 통해 얻은 SFE 바닐라는 바닐린이 풍부한 반면 퍼굿 추출물에서는 산류와 페놀류, 과이어콜 및 그 유도체들이 나타납니다." 소피 라부안은 설명했다.

이처럼 넓은 사용 스펙트럼은 대규모 투자에 대한 위험을 정당화한다. 추출 시간도 매우 짧기 때문에 열이나 화학적 충격이 원료에게 장기간 가해져 발생할 수 있는 산화나 중합, 익혀짐과 같은 원치 않는 부작용을 피할 수 있다. 새로운 추출물들은 기술적 및 후각적 품질을 고려하여 시장에서 알맞은 가격대로 출시되어 고급 조향계나 위생용품 업계, 식품향 업계에 제공될 예정이다. 2021년 최초로 공개된 캡티브 원료는 진저와 블랙 페퍼, 파프리카 퍼굿이었으며, 곧 꽃과 과일, 차나 커피 등 다른 원료들이 제품군에 추가될 것이다.

"이러한 발전에 기여한 여러 선구적 외부 활동들 덕분에 여기까지 올 수 있었던 것 같습니다. 각 원료에 맞게 조정할 수 있는 다재다능한 장비들로 이제 천연 원료 팔레트에서 대체 추출물 생산을 확대할 수 있게 되었습니다. 우리는 또한 조향계의 역사와 함께해 온 추출 방식의 발전에 기여하고 그라스 지방의 위상을 드높일 수 있다는 사실이 자랑스럽습니다." 자비에 브로쉐는 말했다.

> "꽃이나 과일, 향신료, 야채, 뿌리 등을 신선한 상태로 가공하거나, 그렇지 않은 경우 수분을 다시 보충시켜 진행할 수 있다."

* 퍼굿은 피르메니히의 트레이드마크다.

지보단의 파이브카본 패스

많은 브랜드가 환경 문제에 초점을 맞추면서, 이제 자연을 보존할 수 있는 분자를 생산하는 것이 향수 업계의 새로운 숙제가 되었다. 이를 위해 지보단Givaudan은 2019년 그들의 원료가 환경에 미치는 영향을 줄이기 위한 혁신적인 프로그램 파이브카본 패스를 발표했다.

지속 가능한 개발 이슈와 천연 성분에 대한 소비자들의 요구를 충족시키기 위해서는 지구에 적은 영향을 미치는 향을 생산해야 한다. 향수의 역사는 천연 원료를 이용하면서 시작되었지만 19세기부터 조향사들의 팔레트가 크게 확장될 수 있었던 것은 석유 화학에서 유래된 분자들 덕분이었다. 오늘날 향수 업계는 적은 환경 발자국을 남기면서 혁신을 꾀할 수 있는 원료를 개발하는 일에 적극 나서고 있다. 2019년 스위스 조합 향료 업체인 지보단은 파이브카본 패스라 명명된 새로운 프로그램을 발표하였다. "이것은 우리가 조향사의 팔레트를 풍성하게 하기 위해 개발하는 새로운 캡티브 원료들과 지구를 위해 윤리적인 방법을 통해 얻을 수 있는 몇몇 기존 분자들을 더 지속 가능하게 만들어 주는 가이드입니다." 회사의 향 분야 과학 기술 부서 총괄자인 제레미 콤턴은 설명했다. 조향계의 분자들은 주로 유한한 전통 자원인 화석 물질에서 얻어지며 탄소를 중심으로 이루어져 있다. 그렇기에 이 프로그램은 탄소에 적응할 수 있는 친환경 화학에 기반한 다섯 가지 원칙으로 구성된다.

다섯 가지 원칙

파이브카본 패스의 첫 번째 원칙은 재생 가능한 탄소의 사용을 늘리는 것이다. "이는 공급망을 망가뜨리지 않고 합성의 시작 물질로 석유나 그 유도체들보다 천연물을 우선시하는 것을 의미합니다. 생명 공학 기술은 매우 적은 원료로부터 효과적인 분자를 생성할 수 있는 잠재력을 가지고 있기 때문에 매우 흥미로운 답안입니다." 내추럴리티 플랫폼 및 천연물 부서 총괄자인 발레리 드 라 페샤르디에르는 강조했다. 암브로픽스는 새롭게 개발된 발효 공정을 통해 생산되는데, 이 공정은 효소나 박테리아와 같은 미생물들의 특성을 이용하여 천연 물질을 하나 이상의 향이 나는 화합물로 변환시킨다. 사탕수수 원당으로부터 만들어지는 이 분자는 강력한 엠버 노트를 가지고 있고 100% 재생 가능한 탄소로 구성되어 있으며, 클라리 세이지를 사용하는 기존 합성 방식에 비해 100배 적은 면적의 농지만을 필요로 한다. 또한 자연에서 완전히 분해되기 때문에 최종 분자의 생분해성을 개선하고 수질 등의 오염을 최소화하도록 하는 파이브카본 패스의 두 번째 원칙에도 완전히 부합한다.

세 번째 원칙은 합성 공정의 '탄소 효율성'을 높이는 것이다. "우리는 폐기물을 생성하지 않으면서 시작 물질과 최종 제품에서의 탄소 수를 최대한 유지하는 것을 목표로 합니다." 제레미 콤턴은 설명했다. 탄소 효율성을 평가하기 위해 시작 물질의 질량의 합을 얻어진 제품의 질량의 합으로 나눈 값인 '프로세스 매스 인텐시티PMI'를 계산한다. 값이 1에 가까워질수록 효과적인 합성이다. 2020년부터 지보단 소속 조향사들의 팔레트를 채우고 있는 에벨리아Ebelia는 블랙커런트의 상쾌한 향과 즙이 풍성한 느낌을 가지고 있는 원료다. 해당 분자는 PMI 3이라는 훌륭한 점수를 받으며 동일한

후각적 스펙트럼 안에 있는 분자들보다 7배에서 최대 23배까지 더 효율적인 합성임을 증명했다.

파이브카본 패스 프로그램 안에서 한 분자의 효율성은 탄소 비율당 향으로 측정된다. "만약 당신이 더 적은 양을 사용하여 동일하거나 더 큰 후각적 영향력을 낼 수 있는 제품을 개발한다면 그것이야말로 제일 훌륭한 것이 아니겠습니까?" 제레미 콤턴은 말했다. 이런 점에서 뮤게의 향기를 연상시키는 캡티브 원료 님페알은 모범생이라 불릴 만하다. 님페알은 IFRA에 의해 규제되는 뮤게 노트 케미컬 '릴리알'에 비해 열세 배나 더 강한 향 세기를 가지기 때문에 그것을 대체할 수 있었다.

마지막으로 파이브카본 패스는 환경에 더 적은 영향을 미치기 위해 향수 산업이나 다른 분야에서 배출되는 부산물 및 폐기물을 최대한 이용할 것을 권고한다. 후각적인 가치가 떨어지는 파촐리 분획 오일에서 얻어진 아키갈라우드는 블랙페퍼 노트의 우디 뉘앙스를 가진 천연 캡티브 원료로, 이러한 원칙에 완벽하게 부합한다.

"파이브카본 패스는 우리에게 로드맵을 제공합니다. 원료를 개발할 때 우리는 오로지 원칙에 따라 결정을 내립니다. 전통적으로 향수 산업은 두 가지 목표를 추구해 왔습니다. '어떻게 하면 사람들이 좋아할 만한 독특한 분자를 만들 수 있을까?' 그리고 '우리가 만든 뛰어난 원료를 더 저렴하게 생산하려면 어떻게 해야 할까?' 오늘날 환경과 자연을 보호하는 분자를 생산하는 것이야말로 이 전쟁에서 승리할 수 있는 열쇠가 되었습니다. 고급 조향계와 실용품 향료 업계 모두에서 말이죠"라고 제레미 콤턴은 결론지었다.

만, E-퓨어 정글 에센스로 냉침법을 재발명하다

프랑스 조합 향료 회사 만Mane은 전통과 혁신의 교차점에서 환경에 미치는 영향을 최소화하면서 조향사의 팔레트에 새로운 향기를 더하기 위해 고전적인 기술인 냉침법과 초임계 유체 추출법을 결합시켰다.

순백의 지방층으로 덮인 나무틀 위에 섬세한 하얀 꽃잎이 펼쳐져 있는 모습은 제2차 세계 대전 때까지 그라스에서 흔히 볼 수 있는 장면이었다. 지방질이 향이 나는 분자를 흡수하는 특성에 기반한 냉침법은 고대부터 알려져 있었으며, 18세기 그라스에서는 보편화된 기술이었다. 이 기술은 증류 추출의 열을 견디지 못하는 매우 연약한 꽃을 가공하는 데 사용되었다. 재스민과 나르시스의 경우 상온의 동물성 지방 혼합물 위에 올리고 지방질이 향 물질로 포화될 때까지 신선한 꽃으로 갈아준다. 5월의 장미와 오렌지 블라썸은 40-45도 정도로 가열된 지방질로 채운 구리 탱크에 담겨 다음날까지 우려진 후 신선한 꽃으로 교체된다. 이렇게 얻어진 향이 나는 지방은 알코올 세척을 거쳐 앱솔루트로 거듭난다. 시간이 많이 들고 수작업으로 이루어지는 이 비싼 공정은 헥산과 같은 용매가 널리 사용되던 1950년대부터 점차 자취를 감추었다.

재배지와 가장 가까운 곳

2015년 만은 이것을 초임계 유체 추출법을 통해 이루어지는 정글 에센스 기술과 결합시켜 현대화하는 방법을 고안했다. 다른 가공법에 비해 환경 친화적이고 본 식물의 향과 가까운 후각적 결과물을 제공하는 이러한 종류의 추출법은 조향사의 팔레트 안에서 더욱 중요한 위치를 차지하고 있다. 하지만 이 방식은 모든 원료들에 적용되는 것은 아니며 특히 모든 재배지 근처에 값비싼 장비를 설치할 수 없었다. "이는 가공용 원료를 운반하는 데 오랜 시간이 걸릴 수 있음을 의미하고 지금까지 연약한 꽃이나 잎의 가공을 방해하는 요소로 작용하였습니다. 결국 우리는 중간 제품을 만들어야 했습니다. 이것은 재배지와 가장 가까운 곳에서 생산될 수 있어야 하며, 연구소로 운반되어 초임계 유체 추출법을 거치게 됩니다." 만의 조향사 세르주 마주이에는 강조했다.

역사적으로 연약한 원료를 대상으로 했던 냉침법은 이러한 요구 사항을 충족했지만 몇 가지 변화를 필요로 했다. 인도의 타밀나두 지방에서는 만족스러운 후각적 결과와 수율을 확인하기 위해 여러 차례 테스트가 진행되었다. 첫 번째 단계는 사용될 지방질을 선택하는 것이다. 동물성 지방은 윤리적인 이유로 배제되었기 때문에 식물성 기름을 사용해야 한다. "우리의 선택은 호호바 오일이었습니다. 그것은 향이 나지 않고 생산하기 쉬우며 유기농이기 때문이죠." 세르주 마주이에는 설명했다.

이제 공정 자체를 손봐야 했다. 걸리는 시간, 오일의 온도, 한 탱크에 담기는 신선한 꽃의 수량 등 가공되는 원물과 목표한 분자에 따라 각 파라미터들이 달라진다. 그리고 이러한 공정은 특허를 받을 수 없기 때문에 기밀로 유지된다. 차세대 냉침법을 통해 만들어진 'E-오일'은 그라스 인근 마을인 바 쉬르 루에 위치한 만의 연구실로 운반되어 E-퓨어 정글 에센스를 얻기 위해 초임계 유체 추출법을 거치게 된다.

녹색 추출법

새로운 추출법은 석유 화학이나 휘발성 용매를 사용하지 않기 때문에 '녹색', 즉 친환경 기술로 여겨진다. 그 덕분에 E-퓨어 정글 에센스가 천연 향수들에 사용될 수 있었으며, 앱솔루트와는 대조적으로 이것이 사용된 처방전에 '코스모스 오가닉' 라벨을 붙이는 것도 가능했다. 이는 천연 제품에 대한 브랜드와 소비자의 관심이 점점 더 높아지는 만큼 더욱 귀중한 자산이다. 또 다른 이점으로는 식물이 신선한 상태일 때의 후각적 특성을 보존할 수 있다는 것이다. 재스민 그란디플로럼 E-퓨어 정글 에센스는 역시 풀잎 향의 뉘앙스와 약간의 과일 향을 갖지만 같은 꽃에서 추출한 앱솔루트보다 애니멀릭한 향이 매우 적다. "자연에서 만난 것 같은 진짜 재스민을 느낄 수 있습니다." 세르주 마주이에는 열광하며 말했다. 마찬가지로 재스민 삼박 E-퓨어 정글 에센스는 앱솔루트가 가진 인돌 향의 느낌을 지우고 가장 신선한 측면만을 끌어낸다. 인도의 사원을 장식하는 꽃인 참파카로부터 추출한 레드 참파카 E-퓨어 정글 에센스에서는 나른하게 느껴지는 꿀 냄새와 오렌지 블라썸 노트가 더욱 살아난다. 이들은 뮤게나 릴리 어코드를 더욱 풍성하게 만들어 줄 수 있다.

만의 조향사들이 사용하고 있는 이 세 가지 추출물은 곧 다른 이들에게도 제공될 예정이다. "특정 원료들로는 여러 개의 E-퓨어를 만들어 내는 것도 가능합니다. 초임계 유체 추출법을 거칠 때에는 온도나 압력 같은 파라미터를 조정하여 탑 노트 혹은 베이스 노트에 영향을 주는 분자들을 더 많이 남길 수 있습니다. 물론 이것은 조향사의 팔레트를 확장시키고 그들의 창의성을 자극하는 여러 방법 중 하나에 불과합니다." 세르주 마주이에는 설명했다.

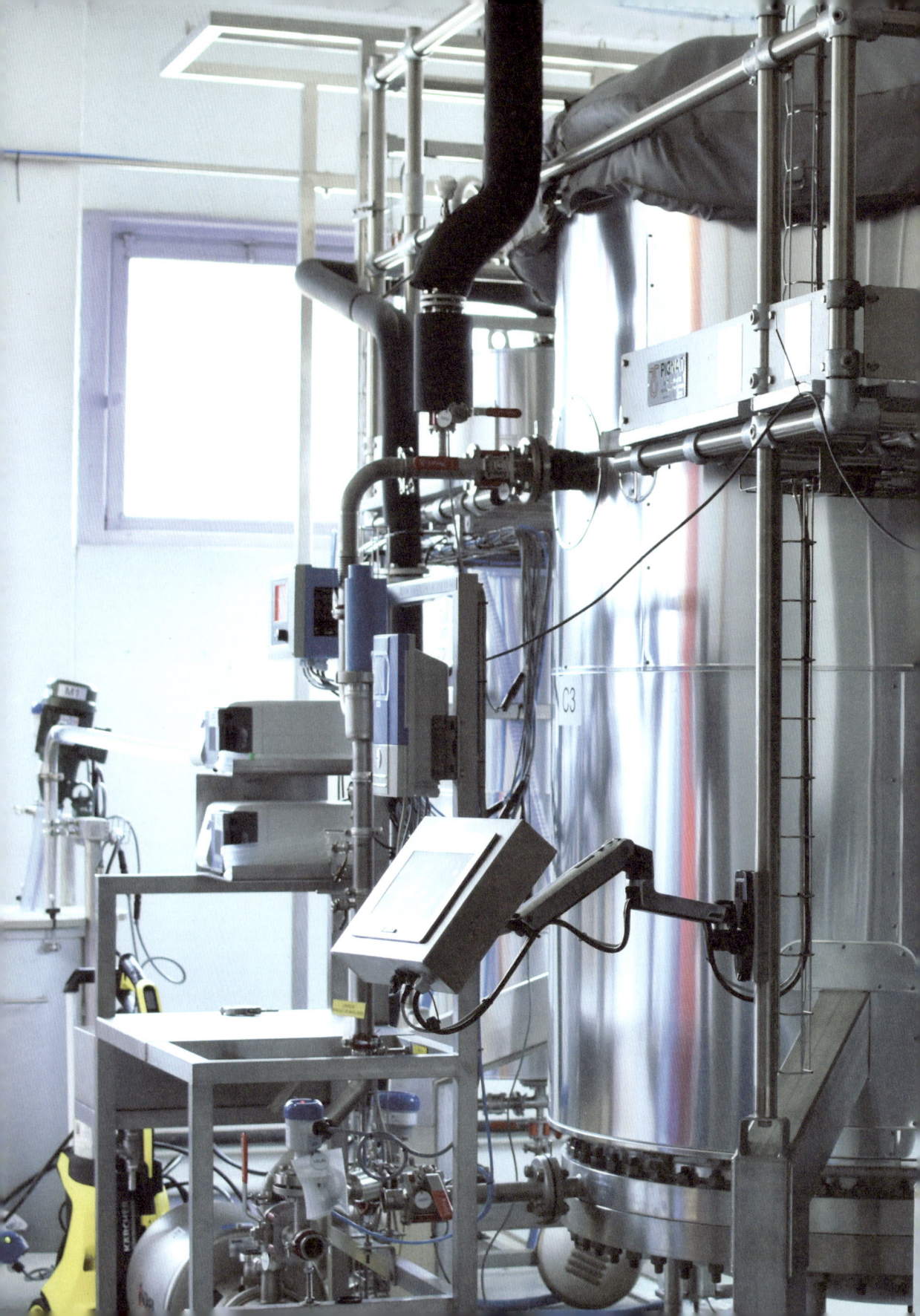

나투라몰의
생명 공학 기술로
만들어 내는 천연 원료들

인간의 천재성이 대자연의 편에서 연주될 때, 창의성은 재생 가능성과 지속 가능성의 운율을 형성한다. 생명 공학 기술과 함께 '천연 분자'를 다루는 나투라몰Naturamole은 바이오 촉매 및 발효 공정을 통해 생산한 제품군을 선보인다.

효소나 미생물 반응 공정을 통해 천연 성분을 생산하는 것은 식품향 전문가이자 그르노블 대학교에서 생물학 및 공정 공학 연구원이었던 압델크림 게랍티가 회사를 설립하게 만들어 준 아이디어였다. 그는 다음과 같이 회상했다. "1990년대부터 식품 시장에서는 천연 성분들의 교체에 대한 연구가 시작되었습니다." 이 사업가는 프랑스 공공 투자 은행의 지원을 받아 이제르의 알프스 고원에 위치한 시골 마을 쉬빌에 정착하여 프로젝트를 출범시킬 수 있었다. 그의 도전은 회사의 핵심 업무로 진가를 발휘할 수 있는 바이오 촉매 및 생물 전환 공정을 산업화하는 것이었다. 20여 년이 지난 후 회사는 100% 천연이며 재생 가능한 다수의 제품들을 향장향 및 식품향 분야의 대기업들에 납품하게 되었다.

천연을 위한 생명 공학 기술

바이오 촉매 공정을 통해 친환경 알코올과 산 성분에서 천연 에스테르를 생성하는 것은 회사의 핵심 기술 중 하나다. 특정 효소를 통한 상온 촉매 반응은 용매를 필요로 하지 않으며, 특별히 고안된 특허 받은 산업용 바이오 반응기 내에서 교반되며 일어난다. 반응 후 남은 알코올과 산 성분은 재활용되며, 효소는 그대로 다음 촉매 반응에 다시 사용된다. 특히 상온 상태에서는 약 10회의 반응까지 촉매력을 유지한다. 회사는 이 공정에서 생성된 과일 향, 플로럴 향, 우디 향, 풀잎 향 등을 가진 수백 가지의 에스테르를 제품화한다.

한편 생물 전환 기술로도 불리는 발효 공정은 효모나 곰팡이, 박테리아 같은 미생물의 작용을 통해 목표한 성분을 생산하는 것을 의미한다. 그 결과물 중 하나인 6-펜틸-알파-피론은 통카콩과 코코넛을 연상시키는 크리미한 과일 향의 락톤으로 회사 설립자가 1997년 작성한 박사 학위 논문의 주제였다. "그 이후로 생산성을 높이기 위해 끊임없이 공정을 최적화했습니다." 해당 분자는 섬유질이 풍부한 야생 버섯을 간단한 영양소와 물로 구성된 배양 매질에서 재배하여 생성할 수 있다. 이렇게 얻어진 6-펜틸-알파-피론은 다시 마소이아 락톤과 델타-데카락톤을 생산하기 위한 바이오 촉매 반응의 전구체로 사용된다.

이 기술들은 많은 이점을 가지고 있다. "재생 가능한 탄소로 구성된 원료와 '코스모스 내추럴' 천연 화장품 인증을 받은 분자들을 사용하여 탄소 발자국을 거의 남기지 않으며, 95퍼센트 이상의 천연 성분으로 구성된 제품에 사용될 수도 있습니다. 직접적인 추출을 거치지 않고 매우 높은 순도의 원료를 생성하는 공정 덕분에 제품을 제공하는 생태계에 미치는 영향이 적거나 없습니다." 나투라몰의 영업 부서 책임자인 플로랑 글라스는 설명했다.

회사는 20년간의 혁신을 통해 산업용 생명 공학 기술 연구 개발 플랫폼인 '그린 팩토리Green Factory'를 구축했다. 이것은 향장향 및 식품향 업체부터 정밀 화학 업체에 이르기까지 미생물들이 가진 다양성과 살아 있는 생명에 대한 새로운 지식을 사용하길 원하는 다양한 분야의 회사들을 대상으로 한다. "유전 암호는 모든 종이 보편적으로 가지고 있습니다. 박테리아는 식물과 동일한 분자를 생성할 수 있을 뿐 아니라 더 효율적으로 재배될 수 있습니다. 또 재배 면적, 지리적 위치와 관련된 제약과 기후나 질병으로 인한 위험이 적습니다." 이는 환경에 대한 영향과 비용을 줄이는 효과적인 방법이다.

공동체를 위한 새로운 이슈

천연 제품에 대한 소비자들의 수요가 증가함에 따라 발생하는 파급 효과가 향장향 및 식품향 생산업체들에게 미치고 있다. 새로운 트렌드에 발맞추기 위해 회사는 전문 인력을 채용하고 시설 면적을 두 배로 늘렸으며 생산 능력을 열 배로 확대하는 등 대규모 투자를 감행했다. "회사의 연간 생산 능력은 15-20톤 정도였지만, 올해 150톤으로 확대할 계획입니다. 결과적으로 우리는 뛰어난 가성비를 제공하여 고부가가치 제품에 대한 경쟁력을 더욱 강화할 것입니다." 압델크림 게랍티는 설명했다. 나투라몰은 이미 에스테르와 락톤을 넘어 알데하이드와 케톤 등으로 제품군을 다양화할 계획을 세우고 있다. 그들의 모든 새로운 분자들은 인간과 미생물의 혁신적인 공생으로부터 탄생할 것이다.

> **"박테리아는 식물과 동일한 분자를 생성할 수 있을 뿐 아니라 더 효율적으로 재배될 수 있습니다."**

향이 나는 식물을 선순환적인 방식으로 재배하는 모로코 기업, 피토프로드

폴 에릭 자리는 제2의 조국으로 여기는 모로코와 사랑에 빠졌고, 미국 화장품 기업 아베다의 설립자이자 그의 친구인 호르스트 레켈바커의 조언에 따라 2014년 피토프로드Phytoprod를 창립하게 되었으며, 곧이어 그의 혁신적인 접근 방식에 매료된 국내 유수의 투자자들이 사업에 참여하였다. 회사는 현재 모로코에서 열다섯 가지 품종의 식물을 재배하고 현장에서 가공하여 인간과 자연 모두에게 이로운 사업을 구축하고자 한다.

장미에서 캐모마일과 에버라스팅, 그리고 비터 오렌지 나무를 거쳐 로즈마리까지… 이들을 재배하는 300헥타르 규모의 농장이 모로코 북쪽 외딴 지방인 타우나트에 펼쳐져 있다. 이 낯선 장소가 비정상적이라고 생각할 수 있지만, 위치 선정에만 무려 2년의 프로젝트 연구가 선행되었으며 회사의 창립자 폴 에릭 자리는 이곳에 깊은 확신을 가지고 있다. "우리가 그랬던 것처럼 백지 상태에서 시작하는 것은 분명 많은 투자를 필요로 하지만, 선순환적인 비즈니스 방식을 매우 간단하게 적용시킬 수 있도록 해줍니다. 기존의 관습들과 싸울 필요가 없어지기 때문이죠. 우리의 사업 분야는 다른 경제 분야들과는 달리 올바르게만 접근한다면 공급망을 구축할 때부터 상당한 장점을 가집니다. 생산량의 증대와 환경 및 현지인들의 생활 조건 개선 사이의 강력한 인과적 관계를 확립할 수 있다는 점이죠. 한 예로, 우리가 초창기부터 해왔던 것처럼 지역의 야생 식물을 채집하는 것에서 재배하는 것으로 전환하게 되면 구매자들의 수요가 증가할수록 해당 종을 보호할 수 있게 됩니다. 지속되는 채집꾼들의 착취로 인해 해당 종의 예정된 멸종이 가속화되지 않기 때문이죠." 타우나트는 강수량이 높고 유역이 넓으며 댐이 있어 농작물 재배에 이상적인 장소인 동시에 전국에서 가장 빈곤한 지역 중 하나이기 때문에 주민들의 요구를 들어주는 것은 필수적이었다.

선순환적 농업 비즈니스 모델

경작되지 않은 땅에서 재배, 증류, 추출 같은 가공을 진행하기로 결정한 것과 마찬가지로 유기농 모델을 선택한 것은 당연한 일이었다. "이렇게 하면 조합 향료 회사에 납품하는 제품의 공급 지속성과 추적 가능성, 품질, 가격 안정성 등을 모두 보장할 수 있습니다."

해당 모델을 구축하는 데는 토양의 성질을 결정하고 어떤 식물이 가장 잘 적응하는지 알아내기 위한 지질 조사가 필수적으로 선행되어야 한다. "이것은 환경에 관심을 갖는 이라면 가장 먼저 해야 하는 질문입니다. 이것으로 성장 촉진제와 기타 살충제를 사용하지 않으며 물에 대한 수요도 제한할 수 있습니다." 공공 기관의 노력에도 불구하고 물 소비는 모로코에서 여전히 중요한 문제로 남아 있다. 따라서 회사는 모든 농장에 기상 관측소와 감지 장치를 갖춘 미세 관개 시스템을 구축하였다. 이 시스템을 통해 엔지니어들은 물이 필요할 때 최적화된 양을 투입할 수 있을 뿐 아니라 수확량을

개선하고 병해충의 위협을 줄일 수 있다.

회사는 농장 근처에서 사용 가능한 거름과 퇴비를 조달하고 식물 폐기물을 바이오 연료로 사용하며 가능한 한 태양 전지판을 설치하고 작물의 재배를 순환시키거나 휴경기를 계획하는 등 선순환적 구조를 확립하기 위해 다양한 활동들을 시행하고 있다. "우리는 땅이 부족하다는 핑계를 대며 토양을 과도하게 착취하는 경향이 있습니다. 이러한 방식은 불과 몇 년 안에 자원을 고갈시킵니다. 이제는 관점을 바꿔야 할 때입니다. 향이 나는 식물과 약용 식물, 그리고 허브는 옥수수나 밀과 같은 대량 생산품이 아니기 때문에 중요한 역할을 맡을 수 있습니다."

주민 통합

조향계의 천연 향료들은 지구상에서 가장 낮은 1인당 국내 총생산을 가진 국가들에 주로 분포되어 있으며 재배 과정에서 현지 주민들이 착취당하는 경우가 많았다. 피토프로드는 초창기부터 성장 계획에 현지 주민들을 포함시키고자 하였다. 그 전까지 이들은 대부분 물물교환 경제에 기반을 두고 자급자족하며 살아왔다. "일반적으로 약 100여 명의 정규직으로 구성된 핵심 인력을 배치하고, 재배 및 수확 성수기 동안에는 최대 1천5백 명의 계절 근로 계약 노동자를 투입하여 보완하는 방식으로 우리의 직원들에게 물물 교환의 범위를 넘어선 재화와 서비스에 대한 접근성을 높이고 사회적 권리를 부여합니다." 하지만 피토프로드는 일부 가구에만 지원금이 돌아가지 않도록 하기 위해 직원과 용역 업체의 목록을 업데이트하여 중복 수혜를 방지하기 위해 노력하고 있다. 이러한 행동을 실행하는 것은 언제나 어려운 일이다. 하지만 이러한 방식을 통해 보수적인 성향으로 인해 발생하는 성차별을 없애면서 개인의 역량을 키우도록 장려하고 재정적으로 자립할 수 있는 기회를 제공할 수 있다. 특히 여성들의 자립을 위해서는 은행 계좌를 필수적으로 개설해야 했다. "임금이 현금으로 지급되면 가족 안의 남자가 가져가는 경우가 많습니다. 이것이 바로 우리가 여성들이 은행 계좌를 개설할 수 있도록 지원하는 이유입니다." 이러한 맥락 안에서 마주한 가장 큰 어려움은 동등한 임금이었다. 이 부분은 몇몇 저항에 부딪혔지만 필수불가결한 요소였다. 회사는 사람들의 의견을 경청하고 지역 인프라 구축에 그것을 반영시키면서 인적 환경 안에서 차츰차츰 새로운 형태의 신뢰를 구축할 수 있었다. "우리는 이미지에 도움이 되는 사회 혹은 연대 프로젝트에 자금을 지원하지 않습니다. 우리의 모델을 밀어붙이는 대신 국가가 이미 기울이고 있는 노력을 보완할 수 있는 부분에서 주민 스스로가 필요하다고 하는 것을 간섭 없이 재량권을 주며 실천할 수 있도록 돕고 있습니다."

심라이즈를 위한 혁신의 땅, 마다가스카르

최초의 식물 실험이 이루어진 지 100년이 지난 지금도 마다가스카르는 특별한 야외 실험장으로 남아 있다. 향이 나는 식물의 재배에 유리하고 혁신을 가져오기 적합한 세계 유일의 떼루아… 심라이즈Symrise는 조향계를 위한 새로운 독점 원료를 개발하기 위하여 이곳에 정착하였다.

"2020년, 우리는 니아울리와 커피 블라썸으로 첫 콘크리트를 생산했습니다. 3월에는 냉침법을 통해 나비 생강Hedychium coronarium을 추출할 예정입니다! 아직 가장 적합한 지방질을 결정하지 못했지만 현재로서는 호호바 오일이 유력합니다." 냉침법은 사바 구의 심라이즈 마다가스카르 지부 원료 구매 담당자인 클레망 카브롤이 최근 즐겨 말하는 주제다. 이 섬의 향이 나는 식물에 대한 실험을 주도하는 재배자와 원예 농업인, 농업 기술자, 식물학자로 구성된 팀에서 클레망 카브롤은 가장 열정적인 멤버다.

심라이즈는 2008년 마다가스카르 북동쪽 해안의 울창하고 고립된 지역인 사바 구에 정착하였다. 2004년에 이미 바닐라의 산업적 가공 기술을 완전히 개발하였으며, 2010년에는 전통 방식을 도입하였다. 심라이즈는 현재 바닐라의 재배부터 완제품 제조까지 현지 생산망을 완벽하게 통제하는 유일한 향료 제조업체이며, 2014년 베나보니에 공장을 설립하면서 해당 분야의 입지를 더욱 강화하고 있다.

수작업 재배

바닐라는 매년 1천 톤에서 2천 톤 규모로 수출되며 산업적인 규모로 사용되지만 여전히 수작업으로 재배되고 있다. 마다가스카르어로는 '라바닐라lavanila'로 불리는 이 작물이 섬의 경제에서 핵심적인 역할을 해 준 덕분에 진저와 제라늄, 베티버, 시나몬, 레몬그라스 등 다른 향이 나는 식물의 공급망 또한 발전할 수 있었다. 이들은 소규모 생산자들이 바닐라 시즌 외에도 생계를 유지할 수 있도록 상당한 부가 수입을 제공한다. 또 심라이즈에게는 조향계를 위한 새로운 천연 원료를 개발할 수 있는 기회이기도 하다. 이들은 모두 유기농으로 재배되며, 다양한 종류의 친환경 인증을 받는다.

2020년 조향사의 팔레트에 두 가지 새로운 원료가 등장했다. 첫 번째는 롱고자longoza 에센셜 오일이다. 심라이즈의 조향사 알렉산드라 칼린의 말을 빌리면 해당 원료는 진저의 시트러스 노트와 카르다몸의 스파이시 노트를 가졌다고 한다. 두 번째는 마다가스카르 페퍼tsiperifery 에센셜 오일이다. 셰프인 앤 소피 픽과 쇼콜라티에 프랑수아 프랄루스는 이미 이 향신료에 찬사를 보낸 적이 있다.

심라이즈는 파일럿 프로젝트와 혁신적인 마이크로 트라이얼, 소규모 테스트 등을 확대하며 실험을 거듭하는 여정을 이어나가고 있다. 알렉산드라 칼린에 따르면 그들의 실험 대상 중 하나인 핑크 페퍼 리프 에센셜 오일은 프랑킨센스와 블랙 페퍼 노트를 가졌으며, 향수 안에서 시트러스의 상쾌

함을 끌어올려준다. 여기에는 그린 만다린, 사바 구의 적토에서 자란 일랑일랑과 베티버, 그리고 어린 시절 우리가 먹던 감기 시럽을 연상시키는 세인트 토마스 베이도 포함된다. "세인트 토마스 베이는 타바코 어코드에 매우 잘 어울리는 에센셜 오일이에요." 알렉산드라 칼린은 전했다. 특히 도미니카산이 몇 년 간 공급에 어려움을 겪었기 때문에 이 원료를 팔레트에서 다시 만나게 된 것은 조향사에게 큰 행운이라는 말을 덧붙였다. 그밖에도 심라이즈는 이 거대한 섬에 파촐리를 다시 도입하여 해당 식물의 새로운 레퍼런스를 확립하는 야심찬 프로젝트를 진행하고 있다. 이 작은 관목은 카카오와 바닐라, 커피나무 아래에서도 쉽게 자라고 1년에 서너 번 수확할 수 있으며 증류 추출에서 높은 수율을 보인다. 아직 실험 단계에 있는 파촐리의 생산은 점차 자리 잡는 중이며 언젠가는 인도네시아산 파촐리와 경쟁할 수 있을 것이다. "이곳에서 떼루아는 토양이 아닌 사람과 관련이 있는 개념입니다." 클레망 카브롤은 설명했다. 심라이즈 마다가스카르 지부의 현지 팀이 만들어 내는 혁신적인 제품에 파리와 뉴욕의 조향사들 모두 열광하고 있다.

심라이즈를 위한 혁신의 땅, 마다가스카르

"우리는 마다가스카르에서 최고의
후각적 품질을 가진 독보적인
제품을 개발하길 원합니다."
— 리카르도 오모리

리카르도 오모리는 심라이즈 파인 프래그런스 부문의 부사장이다. 그는 인도양의 붉은 섬 마다가스카르가 그곳에서 자라는 식물들에게도, 그들을 이용해 조향계의 뛰어난 원료들을 생산하는 인간에게도 매우 특별한 땅이라고 생각한다.

왜 마다가스카르를 또 하나의 그라스라고 부르나요?
마다가스카르는 그라스와 마찬가지로 놀랍도록 다양한 식물들과 열정적인 팀, 그리고 혁신적인 기술과 같이 고품질의 조향계 원료를 생산하는 데 필요한 모든 것을 갖추고 있기 때문입니다. 심라이즈는 그곳에서 마다가스카르 바닐라 공급망의 모든 것을 관리하고 있습니다.

그것은 어떤 이점으로 작용하나요?
우리가 산업을 다각화할 수 있었던 것은 바닐라 덕분이었습니다. 우리는 현장에 공장과 새로운 식물에 대한 더 많은 실험을 수행할 수 있게 해주는 연구 개발 센터를 가지고 있습니다. 또한 농업을 발전시키기 위한 거대한 농지도 매입하고 있습니다.

어떤 마다가스카르의 식물들이 조향사의 팔레트에 오르게 되나요?
조향사들에 선택되기 위해서는 생존력이 강해야 하고 경제적 가치가 있어야 합니다. 물론 후각적으로도 매력적이어야 하죠! 우리는 각기 다른 개발 단계에 있는 백여 가지의 원료들을 연구하고 있습니다. 5년간 두세 가지의 새로운 원료를 출시하려면 최소 오십 가지 이상의 실험을 동시에 진행해야 합니다.

새로운 천연 원료들로 어떠한 부가 가치를 창출하기를 원하나요?
우리는 마다가스카르에서 최고의 후각적 품질을 가진 독보적인 제품을 개발하길 원합니다. 양은 크게 중요하지 않습니다. 가장 중요한 것은 우리가 마다가스카르산 진저나 네팔산 페퍼의 에센셜 오일, 이집트산 '쾨르 드 세종' 재스민 앱솔루트처럼 그 무엇과도 닮지 않은 제품을 제공하기 위해 전 세계의 업체들과 맺은 독점적인 파트너십입니다.

'천연'의 가치를 돋보이게 하기 위한 새로운 도구가 있나요?
2008년 심라이즈가 특허를 낸 심트랩 기술은 식물을 증류 및 용매 추출 혹은 동결 건조하여 얻은 수용액 안에서 향기 분자를 포집하는 기술입니다. 베티버의 잎 부분과 코코아의 껍질은 현재 마다가스카르에서 폐기물로 취급되고 있지만, 이들은 해당 공정을 통해 곧 새로운 원료로 다시 태어날 수 있을 겁니다.

부록

향수 용어 사전 ······· 266

더 알고 싶다면 ······· 268

감사의 말 ·········· 269

저자 소개 ·········· 270

역자 후기 ·········· 271

도판 크레딧 ········· 272

향수 용어 사전

앱솔루트(Absolute/Absolue 압솔뤼)
휘발성 용매 추출법의 결과물인 콘크리트에서 알코올 세척 과정을 통해 왁스 성분을 제거하여 정제한 제품

어코드(Accord/아꼬르)
향의 근간을 이루는 원료들을 사용하여 구조화한 조화로운 향 조합물

위조(Adultération)
본 제품에 낮은 품질을 가진 다른 제품을 추가하여 판매하거나 제공하는 사기 행위

B

발사믹(Balsamique)
페루 발삼이나 벤조인, 바닐라처럼 '발삼'이라 불리며 부드럽고 포근하게 감싸는 느낌의 원료들과 연관된 향 노트

C

시프레(Chpyre)
오크모스와 시스투스/랍다넘, 파촐리, 로즈, 재스민, 베르가못의 조합을 핵심 어코드로 하는 향수 계열이다. 이 어코드는 1917년 출시되어 큰 성공을 거둔 프랑수아 코티의 향수 '시프레'에서 유래되었다. 그 이전의 여러 향수들도 해당 명칭을 사용하였지만, 이는 중세 시대에 향 물질을 담아 가지고 다니는 향구 '우아즐렛 드 시프레Oiselets de Chypre'에서 유래됐을 것으로 보인다.

코뮈넬(Communelle)
일정한 품질을 유지하기 위한 목적으로 각기 다른 지역이나 수확 시기, 생산자로부터 얻은 동일한 품종의 꽃을 추출하여 혼합한 제품

컴퍼지션(Composition/콩포지시옹)
향을 구성하는 여러 원료와 향 노트들의 조합물

콘크리트(Concrète/콩크레트)
반고체나 고체 상태의 왁스성 제품으로 식물성 원료의 향이 나는 성분을 대상으로 하는 용매 추출법을 통해 얻어진다. 콘크리트는 알코올 세척 과정을 거쳐 앱솔루트를 제공한다.

D

증류 추출법(Distillation)
천연물에서 휘발성 성분을 분리하여 얻기 위한 추출 기술로 다양한 종류가 존재한다.

1. 스팀 디스틸레이션(Steam Distillation)
식물 안에 존재하는 향이 나는 성분을 이끌어내기 위해 탱크 안에서 물을 끓여 생성한 증기를 분사하는 방식

2. 하이드로 디스틸레이션(Hydrodistillation)
식물이 서로 들러붙거나 증기의 압력에 짓눌리는 것을 피하기 위해 끓는 물 안에 잠기게 하여 진행하는 방식으로 이러한 혼합물을 끓여 발생시킨 증기가 향이 나는 성분을 이끌어낸다. 응결 과정을 거친 후 침전을 통해 친유성 성분과 친수성 성분을 분리시켜 에센셜 오일을 얻을 수 있다.

3. 분별 증류법(Fractional Distillation/Fractionation프락시오나시옹)
여러 층으로 이루어진 높은 증류 컬럼이 장착된 증기기를 통해 끓는 점에 따라 각기 다른 에센셜 오일 조합물들을 분리 추출시키는 방식으로 헤드, 하트, 테일로 나뉘는 에센스 프랙션을 얻을 수 있다.

4. 분자 증류법(Molecular Distillation)
진공 분별 증류로도 불리며 매우 낮은 압력과 완화된 온도 조건에서 이루어지는 방식으로 변질을 방지하기 위해 향 분자들을 아주 짧은 시간 동안만 열에 노출시킨다. 해당 공정은 원료를 손상시키지 않고 증류할 뿐 아니라 에센스 프랙션과 같이 휘발성 분자를 선별하고 분리하는 데 사용되기도 한다.

냉침법(Enfleurage)
침용을 통해 지방질이 향이 나는 성분이 자연스럽게 흡수하는 원리를 이용한 추출 방식이다. 전통적으로 로즈나 재스민처럼 연약한 꽃을 대상으로 행해진 해당 공정은 오늘날 휘발성 용매 추출법으로 대부분 대체되었다.

에센스(Essence/에센스) 혹은 에센셜 오일
천연물을 냉압법이나 증류 추출법으로 가공하여 얻은 향이 나는 제품

익스트렉션(Extraction/엑스트락시옹)
다양한 기술적 공정을 통해 원료로부터 향이 나는 성분을 추출하는 행위

1. 초임계 CO2 추출법(Supercritical CO2 Extraction)
높은 압력과 특정 온도 조건상에서 초임계 상태에 도달하는 CO_2 기체가 용매처럼 작용하여 식물에서 향이 나는

성분을 추출하는 방식이다. 조건을 해제하면 CO2는 다시 기체로 돌아가기 때문에 잔여물 없는 추출이 가능하다.

2. 휘발성 용매 추출법(Volatile Solvent Extraction)

헥산과 같은 휘발성 용매를 사용하여 식물에서 향이 나는 성분을 분리시키는 추출 기술이다. 결과물로 얻어진 콘크리트는 알코올 세척을 거치며 정제되어 앱솔루트가 된다.

인돌릭(Indolic/Indolée 앵돌레)

애니멀릭하며 말린 꽃이나 나프탈렌을 연상시키는 향 분자인 인돌과 연관된 향 노트

락토닉(Lactonique)

코코넛 열매나 무화과, 복숭아와 같은 과일 향으로 구성된 계열인 락톤 류와 연관된 향 노트

원료(Matière première)

향을 창작하는 데 사용되는 기본적인 재료로 동물성 혹은 식물성의 천연 향료와 기존 물질로부터 화학적 합성을 거쳐 만들어 내는 합성 향료로 나뉜다.

노트(Note)

향 조합물에 존재하는 여러 원료들 안에서 구분되는 특징적인 향기

냄새(Odeur)

후각으로 인지할 수 있으며 특정 대상으로부터 발산되는 휘발성 물질

페티그레인(Petitgrain/쁘띠그랑)

비가라드 오렌지 나무의 잎과 가지를 증류 추출하여 얻은 에센셜 오일의 이름

R

레지노이드(Résinoïde)

식물성 원료의 건조한 부분이나 특정 수지와 송진, 발삼을 휘발성 용매 추출을 통해 가공하여 얻은 제품

리좀(Rhizome)

식물의 지상 줄기와 뿌리를 지지하는 근경

용매(Solvant)

다른 물질들을 녹이는 데 사용되는 물질

틴크(Teinture/땅뛰르) 혹은 인퓨전(Infusion/앵피지옹)

알코올 용액 안에서 천연물을 침출시켜 얻은 향 제품

테르페닉(Terpénique)

시트랄이나 캠퍼 같이 아로마틱한 향이나 레몬 향, 치고 올라오는 느낌, 상쾌한 느낌을 가진 특정 테르펜 류와 연관된 향 노트

U

업사이클링(Upcycling)

폐기물을 재활용하여 새로운 제품으로 변환시키는 행위

더 알고 싶다면

읽을거리

Jean-Claude Ellena, *Atlas de botanique parfumée,* Arthaud, 2020

Xavier Fernandez, Farid Chemat, Thi Kieu Tiên Do, *Les Huiles essentielles, vertus et applications,* Vuibert, 2015

Nez, Collection « Nez + LMR Cahiers des naturels »

Nez, *Nez, la revue olfactive*

인터넷 사이트

auparfum.com
osmotheque.fr
parfumeurs-createurs.org
perfumer-creators.com
scentree.co

acsint.biz
afakhry.com
albertvieille.com
biolandes.com
bontoux.com
capua1880.com
drt.fr
firmenich.com
floral-concept.com
givaudan.com
hashembrothers.com
iff.com
kaapiingredients.com
keva.co.in
lluche.com
mane.com
nelixia.com
payanbertrand.com
phytoprod.bio
quimdis.com
quintis.com.au
robertet.com
simonegatto.com
symrise.com
takasago.com
tournaire.fr
vanaroma.com
vergersl.com

감사의 말

이 책이 출간될 수 있도록 도움을 준 분들께 감사의 말을 전합니다.

ACS
Serge Oldenbourg,
Nathalie Pinel,
Jan Specklin,
Koenraad Vanhessche

Agroforex Company
Adriano Chagnaud,
Francis Chagnaud

Albert Vieille - Givaudan
Aurélie Autric,
Christophe Delahaye,
Dominique Italiano,
Maria Lavao,
Léa Septier

Biolandes
Camille Stacul-Carette

Bontoux
Rémy Bontoux,
Bénédicte Chenuet,
Nicolas Hervé

Capua
Gianfranco Capua,
Rocco Capua

A. Fakhry & Co.
Hussein Fakhry,
Amany Ragab

Firmenich
Xavier Brochet,
Robert Fridovich,
Virginie Gervason,
Sophie Lavoine,
Camille Le Gall,
Claire Savoure,
Fabien Tisserand

Floral Concept
Alain Rémy,
Frédérique Rémy,
Julien von Eben-Worlée

Givaudan
Pierre Arnoux,
Jeremy Compton,
Fabien Durand,
Valérie de la Peschardière

Hashem Brothers
Nazly Foda,
Moustafa Hashem

Kaapi
Eduardo Mattoso,
André Tabanez,
Jamile Trevini

Keva
Amit Gulati,
Gopalkrishnan Krishnan,
Carlos Llorca,
Avani Mainkar,
Luc Malfait,
Laure Shalgian,
Vinod Tandon,
Kedar Vaze

Lluch Essence
Cécile Fabre,
Eva Lluch,
Sofia Lluch,
Jorge Miralles,
Gabriel Puig

LMR Naturals by IFF
Céline Barel,
Yves Cassar,
Judith Gross,
Sophie Palatan,
Bertrand de Préville,
Bernard Toulemonde

Mane
Olivier Bachelet,
Jennifer Behar,
Roxane Bessou,
Cyril Gallardo,
Rolph Gasparian,
Fanny Lambert,
Laure Lapeyronnie,
Serge Majoullier,
Julie Massé,
Eléa Noyant,
Cyrill Rolland,
Clément Toussaint,
Jonathan Valentin,
Mathilde Voisin

Mark Buxton Perfumes
Mark Buxton

Naturamole
Abdelkrim Gherrabti,
Florent Glasse

Nelixia
Elisa Aragon,
Jean-Marie Maizener

Payan Bertrand
Frédéric Badie,
Anne-Sophie Beyls,
Marie-Eugénie Bouge,
Alexia Giolivo,
Vincent Proal

Phytoprod
Meryem Bahira,
Paul-Éric Jarry

Quimdis
Thierry Duclos,
Emmanuel Linares

Quintis
Annabel Davy,
Vanessa Ligovich

Robertet
Stéphanie Groult,
Alina Horhul,
Julien Maubert,
Joséphine Roux

Simone Gatto
Rovena Raymo,
Vilfredo Raymo

Symrise
Alain Bourdon,
Clément Cabrol,
Alexandra Carlin,
Sandrine Caubel,
Catherine Dolisi,
Alexandre Illan,
Benoît Join,
Daniela Knoop,
Ricardo Omori,
Fanny Rakotoarivelo

Takasago
Sylvain Eyraud,
Aurélien Guichard,
Sébastien Henriet,
HongJoo Lee

Tournaire Équipement
Franck Bardini,
Nicolas Têtard

Van Aroma
Aayush Tekriwal,
Sandeep Tekriwal

Verger
Nuwan Delage,
Virginie Gervason,
Florence Larguier,
Juliette Allaire
Patrice Revillard

SIMPPAR의 소중한 파트너인 필립 앵글라드에게 이 책을 헌정합니다.

저자 소개

베아트리스 부아세리
Tournaire Équipement,
l'art de la transformation
Les bois ambrés
La camomille romaine
La cardamome
Le ciste-labdanum
Le gingembre
Madagascar, une terre
d'innovation pour Symrise

사라 부아스
La bergamote
Le citron
La flouve odorante
La graine d'ambrette
La lavande
La mandarine

외제니 브리오
Genèse de la synthèse

마틸드 코쿠알
Les routes des essences

올리비에 R. P. 데이비드
Fiches d'identité des
bois ambrés, lactones,
muscs et notes muguet

오렐리 드마통
La baie rose
L'encens
Le gaïac
L'iris
Les dérivés du pin
La rose de Damas
L'extraction naturelle
de la prochaine décennie
par Firmenich
Des ingrédients naturels
via la biotechnologie
par Naturamole

잔 도레
Textes parfums

안느-소피 호즐로
Simppar : plus de 30 ans
de rencontres
Le bois d'agar
Le bourgeon de cassis
La cannelle
La fleur d'oranger
Le géranium
Le jasmin grandiflorum
Les lactones
Les muscs
Les notes muguet
La tubéreuse
La vanille
Le vétiver
L'ylang-ylang
L'Ambrettolide HC,
le musc du futur
par ACS International
Le FiveCarbon Path
par Givaudan
Les E-Pure Jungle
Essence : Mane réinvente
l'enfleurage

제시카 미노
Phytoprod : une culture
vertueuse des plantes
à parfums au Maroc

클라라 뮐러
Textes parfums

기욤 테송
Le cèdre de Virginie
Le copaïba
Le patchouli
Le poivre noir
Le santal

역자 후기

향기의 조각들을 톺아보며

눈을 감는다. 시간의 흐름을 지그시 눌러본다. 향료 병을 집어든 손은 섬세한 속도로 가라앉는다. 아직 내게 닿지 않았지만 향기의 빛깔과 질감이 전해진다. 그것은 이미 나의 이면에서 몽개몽개 피어오르고 있다. 뚜껑을 들어올린다. 시향지의 치솟은 부분이 용액의 표면을 파고든다. 스며들기를 거부하는 액체는 만물의 법칙에 따라 위에서 아래로 흘러내린다. 나의 코를 발산의 영역 안으로 들이민다. 마침내 향기와 마주한다.

 셀 수 없을 만큼 반복해 온 이 행위를 굳이 시향이라는 단어에 가둬놓고 싶지 않다. 매 순간 그러할 수는 없지만 가끔은 꽤나 경건한 마음으로 임한다. 이는 실로 향기를 숭배하는 행위이기 때문이다. 어떠한 향기도 자신을 단번에 드러내지 않는다. 첫 만남과 재회, 어쩌면 마지막이 될 순간까지도 정복하지 못한 부분이 있기 마련이다. 오히려 깨달음에 확신이 드는 날이면 헛다리품을 들인 것은 아닐까 의심하게 만든다. 이러한 향기들이 내 품에만 수백여 개가 있으니 나는 이 일을 멈출 수가 없으며 쉬이 여길 수도 없다.

 나는 정말 운이 좋았다. 이러한 사실들을 거인의 어깨 위에 올라 확인할 수 있었기 때문이다. 현대 조향계를 대표하는 거장 도미니크 호피옹은 원료들을 끊임없이 연구하는 것이 자신에게 가장 중요한 작업이라 강조한다. 그 덕에 지방시의 아마리쥬(Amarige, 1991)부터 랑콤의 라비에벨(La vie est belle, 2012)까지 수많은 대작이 우리 곁에 놓일 수 있었다. 또 조향계의 미니멀리즘을 정립한 장 클로드 엘레나는 어떠한가. 그는 단 몇 가지의 원료만을 사용해도 수십여 가지의 향기를 낼 수 있다 말한다. 특히 에르메스에서 그가 탄생시킨 작품들이 그의 말을 방증한다. 이렇듯 향기의 답을 찾는 길은 언제나 그것을 이루는 조각, 즉 원료에서 시작된다.

 그 여정의 어딘가에서 나는 이 책과 조우하였다. 낯설고 불친절하지만, 한껏 향기를 품은 활자들을 통해 우리는 시간과 공간을 넘나든다. 한 단락이 마무리될 때면 마치 향기를 맞이하는 순간에 다다른 것처럼 눈을 감고 일련의 행동을 취한다. 만약 지금 이 책의 마지막 장을 넘기는 중이라면 당신은 이미 돌아오지 못할 세계로 첫발을 내디딘 셈이다. 향기의 조각들을 영원히 숭배해야 하는 저주에 걸렸다니, 이 얼마나 행복한 일인가! 나와 함께 원료를 탐하게 될 당신에게 동료애를 담은 찬사를 보낸다.

김태형, 조향사·『향료 A to Z』 번역자 (2024년 10월)

도판 크레딧

p. 19 : © Simppar

p. 23 : © Tournaire Équipement

p. 29 : © Patrick Lynch / Alamy banque d'images

p. 30 : © DR

p. 35 : © Capua

p. 36 : © Sarah Bouasse

p. 41 : © Romain Bassenne / Symrise Paris

p. 47 : © Agroforex Company

p. 53 : © Grégoire Mähler

p. 59 : © Albert Vieille

p. 65 : © Verger

p. 71 : © pumkinpie / Alamy banque d'images

p. 77 : © Ian Lycett-King / Alamy banque d'images

p. 78 : © Lluch Essence

p. 83 : © Albert Vieille

p. 89, 90 : © Simone Gatto S.r.l.

p. 95 : © Caio de Biasi

p. 96 : © Eduardo Mattoso

p. 101, 102 : © Payan Bertrand

p. 107 : © Courtesy of A. Fakhry & Co.

p. 113 : © Payan Bertrand

p. 119 : © Nelixia

p. 125 : © Hamady El-Manasterly

p. 131 : © Symrise

p. 132 : © Mat Jacob / Symrise

p. 137 : © Floral Concept

p. 143 : © Robertet

p. 149, 150 : © Courtesy of A. Fakhry & Co.

p. 155 : © Thierry Bouët

p. 161 : © Bontoux SAS

p. 167, 168 : © Capua

p. 173, 174 : © Keva

p. 179 : © Atelier Marge Design

p. 180 : © Takasago EPL

p. 185 : © Van Aroma

p. 191, 192 : © DR

p. 197, 198 : © Thierry Duclos / Quimdis

p. 203, 204 : © Robertet

p. 209 : © Quintis

p. 215 : © Grégoire Mähler

p. 216 : © Michael Avedon

p. 221 : © Mane

p. 222 : © Matthieu Dortomb

p. 227 : © Grégoire Mähler

p. 228 : © Michael Avedon

p. 233 : © Matthieu Sartre / Collection Biolandes

p. 238, 239, 241 : © Jan Specklin

p. 242, 243 : © Odds pour Firmenich

p. 246, 248 : © Givaudan

p. 249, 251 : © Mane

p. 252, 253 : © DR

p. 256, 257, 259 : Anthony J. Rayburn

p. 260, 262, 263 : © Mat Jacob / Symrise

p. 264 : © Romain Bassenne / Symrise Paris

Le texte « Genèse de la synthèse » est adapté d'un article paru en 2018 dans *Nez, la revue olfactive #5*, Le corps & l'esprit.

Le texte « Les routes des essences » est paru en 2020 dans *Nez, la revue olfactive #9*, Autour du monde.

Les mentions ® ou TM n'apparaissent pas dans ce livre. Pour autant, les produits des sociétés bénéficiant de ces appellations restent protégés par la loi.